中 等 职 业 教 育 国 家 规 划 教 材
全国中等职业教育教材审定委员会审定

测 量 平 差

（测量工程技术专业）

主　　编　颜　平
责任主审　田青文
审　　稿　张　勤　李家权

中国建筑工业出版社

图书在版编目（CIP）数据

测量平差/颜平主编 —北京：中国建筑工业出版社，
2003（2024.8 重印）
中等职业教育国家规划教材. 测量工程技术专业
ISBN 978-7-112-05424-4

Ⅰ. 测... Ⅱ. 颜... Ⅲ. 测量平差-专业学校-教
材 Ⅳ. P207

中国版本图书馆 CIP 数据核字（2003）第 041152 号

本书是教育部规划的中等职业学校测量工程技术专业系列教材之一。
全书共六章，包括：误差理论与测量平差的准则，条件平差，间接平差，
测角网、测边网和边角网的平差，导线网平差，误差椭圆等。

本书可供中等职业学校测量工程技术专业的学生使用，也可供相关技
术人员参考。

中 等 职 业 教 育 国 家 规 划 教 材
全国中等职业教育教材审定委员会审定

测 量 平 差

（测量工程技术专业）

主 编 颜 平
责任主审 田青文
审 稿 张 勤 李家权

*

中国建筑工业出版社出版、发行（北京西郊百万庄）
各地新华书店、建筑书店经销
北京云浩印刷有限责任公司印刷

*

开本：787×1092 毫米 1/16 印张：11 字数：265 千字
2003 年 6 月第一版 2024 年 8 月第十六次印刷
定价：28.00 元
ISBN 978-7-112-05424-4
（34331）

中等职业教育国家规划教材出版说明

为了贯彻《中共中央国务院关于深化教育改革全面推进素质教育的决定》精神，落实《面向21世纪教育振兴行动计划》中提出的职业教育课程改革和教材建设规划，根据教育部关于《中等职业教育国家规划教材申报、立项及管理意见》（教职成［2001］1号）的精神，我们组织力量对实现中等职业教育培养目标和保证基本教学规格起保障作用的德育课程、文化基础课程、专业技术基础课程和80个重点建设专业主干课程的教材进行了规划和编写，从2001年秋季开学起，国家规划教材将陆续提供给各类中等职业学校选用。

国家规划教材是根据教育部最新颁布的德育课程、文化基础课程、专业技术基础课程和80个重点建设专业主干课程的教学大纲（课程教学基本要求）编写，并经全国中等职业教育教材审定委员会审定。新教材全面贯彻素质教育思想，从社会发展对高素质劳动者和中初级专门人才需要的实际出发，注重对学生的创新精神和实践能力的培养。新教材在理论体系、组织结构和阐述方法等方面均作了一些新的尝试。新教材实行一纲多本，努力为教材选用提供比较和选择，满足不同学制、不同专业和不同办学条件的教学需要。

希望各地、各部门积极推广和选用国家规划教材，并在使用过程中，注意总结经验，及时提出修改意见和建议，使之不断完善和提高。

教育部职业教育与成人教育司

2002 年 10 月

3

前　言

本书是教育部规划的中等职业学校测量工程技术专业系列教材之一，是根据教育部新颁教学大纲编写的。

全书共六章，分为三大部分：第一部分（第一章）介绍了衡量精度的指标、两个传播律和测量平差应遵循的准则；第二部分（第二章、第三章）系统阐述了条件平差、间接平差等经典的平差理论和方法；第三部分（第四章～第六章）讨论各种平面控制网平差计算及精度评定的基本方法。

本书编写力求深入浅出、通俗易懂，尽量做到重点突出，循序渐进。在内容的编排上考虑了教学中各门课程的相互配合与衔接，融入当前测量平差的新理论，注意中等专业学校职业教育学校教材的特点，着重基本概念的讲解和基本方法的传授。为保持理论联系实际、强调基本技能等特点，本书提供了丰富的实例，每章后附有思考题及习题，并在教材的最后给出习题的参考答案，以增加思考性和教材的完整性。

全书共分六章，编写分工如下：第一章、第二章、第四章由颜平老师编写；第三章由庄宝杰老师编写；第五章、第六章由潘国锋老师编写。本书由颜平老师任主编，由长安大学的田青文老师负责主审，由张勤、李家权两位老师审稿。

在编写过程中，较广泛地参考了兄弟院校的教材和有关单位的文献、资料，在此表示衷心感谢。尽管我们尽了很大的努力，由于编者业务水平有限，书中难免有错漏，恳请读者批评指正。

编者

目　　录

第一章　误差理论与测量平差的准则

大量观测数据的处理与测量误差的分析，是测量工作重要的理论问题和实践环节。《测量平差》就是用误差理论、最小二乘原理对外业观测的数据作数学分析处理，并评定其精度的一门学科。本章将叙述偶然误差的特性、衡量精度的指标、测量平差的准则，并着重阐明误差理论中的基本问题——广义传播律。

第一节　偶然误差的特性

一、观测条件与观测误差

测量实践表明，在一定的观测条件下，测量所得数据中必然包含有误差。尽管随着科学技术的不断发展，人们能够把误差控制得愈来愈小，但却不能消除它们。产生误差的原因很多，概括起来有三个方面：测量仪器、观测者和外界条件。在测量界，人们习惯把引起测量误差的三个主要因素综合起来统称为观测条件。很显然，观测条件好，观测成果的质量就好；反之，观测成果的质量就差。

根据观测误差对观测结果的影响性质，可将观测误差分为系统误差和偶然误差两种。

系统误差：在相同的观测条件下获得的观测列中，如果误差在数值、符号上保持不变，或按一定的规律变化，那么，这种误差就称为系统误差。系统误差具有一定的累积性，它对成果的质量影响显著。因此，在测量工作中，常在观测方法和观测程序上采取必要的措施，以限制或削弱系统误差的影响。此外，也可以采用计算的方法加以改正。

偶然误差：在相同的观测条件下作一系列的观测，如果观测误差在大小和符号上均呈现出偶然性，即从表面现象看，该列误差的大小和符号没有规律性，但就大量误差的总体而言，却具有一定的统计规律，这种误差称为偶然误差。产生偶然误差的原因较多而且往往是不固定和难以控制的。因此，偶然误差的数值会忽大忽小，其符号或正或负。就个别偶然误差而言，无论是数值的大小或符号的正负都不能预先知道。所以，观测结果不可避免地包含着偶然误差，并且不可能被消除，只好选择好的观测条件来削弱它。

在测量工作的整个过程中，除了上述两种性质的误差以外，还可能发生错误。例如，照错了目标，读错或记错数据等。一般来说，错误不能算做观测误差。

本教材研究的主要对象是带偶然误差的观测值，即总是假定：错误的观测值已经纠正，含系统误差的观测值已经过适当的改正。因此，在观测值中，仅含有偶然误差或偶然误差占主导地位。

二、偶然误差的特性

任何一个观测量，客观上总存在着一个能代表其真正大小的数值，这个数值就称为该观测量的真值。设进行了 n 次观测，其观测值为 L_1、$L_2 \cdots \cdots L_n$，现以 $\tilde{L}_1$、$\tilde{L}_2 \cdots \cdots \tilde{L}_n$ 表示观测量的真值。由于观测中存在着误差，因此，真值与观测值之间一定存在着差数，设为：

$$\Delta_i = \tilde{L}_i - L_i \qquad (i = 1、2、\cdots\cdots n) \tag{1-1}$$

式中　Δ_i 称为真误差，简称误差。

测量平差研究的对象是一系列含有偶然误差的观测值，因此，Δ_i 仅指偶然误差。为了揭示偶然误差的规律性，前人曾在相同的观测条件下，独立地观测了 182 个三角形的全部内角。由于观测值中含有观测误差，因此，每个三角形的三内角之和 $(\beta_1 + \beta_2 + \beta_3)_i$，一般不会等于它的真值 180°。由式（1-1）可求出 182 个三角形内角和的真误差为：

$$\Delta_i = 180° - (\beta_1 + \beta_2 + \beta_3)_i \qquad (i = 1、2、\cdots\cdots 182)$$

现将全部误差按其正负分成两组，并将每组中的真误差按从小到大排列，以误差区间 $d\Delta = 0.2''$ 统计出误差落入到各个区间内的个数 μ_i，计算出误差出现在各个区间的频率 f_i，其计算公式为：

$$f_i = \frac{\mu_i}{n} \tag{1-2}$$

式中　n 为误差的总个数。现将统计结果列于表 1-1 中。

表 1-1

误差区间 $d\Delta$	Δ 为负值		Δ 为正值	
	个数 μ	频率 μ/n	个数 μ	频率 μ/n
$0'' \sim 0.2''$	22	0.121	22	0.121
$0.2'' \sim 0.4''$	20	0.110	20	0.110
$0.4'' \sim 0.6''$	16	0.088	14	0.077
$0.6'' \sim 0.8''$	11	0.060	12	0.066
$0.8'' \sim 1.0''$	10	0.055	9	0.049
$1.0'' \sim 1.2''$	6	0.033	7	0.038
$1.2'' \sim 1.4''$	2	0.011	4	0.022
$1.4'' \sim 1.6''$	2	0.011	3	0.016
$1.6'' \sim 1.8''$	1	0.006	1	0.006
$1.8''$ 以上	0	0	0	0
总　　和	90	0.495	92	0.505

为了形象地表示偶然误差的统计规律，还可以利用直方图来表示误差分布的情况。设以误差 Δ 的数值为横坐标，以 $\dfrac{\mu_i/n}{d\Delta}$ 为纵坐标，则根据表 1-1 中的数据可绘出直方图如图 1-1 所示。显然，根据直方图上的长方形的高矮及图形的对称性等特点，可直观地看出偶然误差的统计规律。

由于误差的取值是连续的，故当误差的个数 n 无限增多，并将误差区间无限缩小时，则可以想象，图 1-1 中各小长方条顶边的折线就变成一条如图 1-2 所示的光滑曲线。该曲线称为误差分布的概率密度曲线，简称误差曲线。误差曲线上任一点的纵坐标 y 均为横坐标 Δ 的函数，即：

$$y = f(\Delta) \tag{1-3}$$

式中 $f(\Delta)$ 通常称为 Δ 的密度函数。根据科学家高斯的推证，偶然误差 Δ 是服从均值为零的正态分布的随机变量，其密度函数的具体形式为：

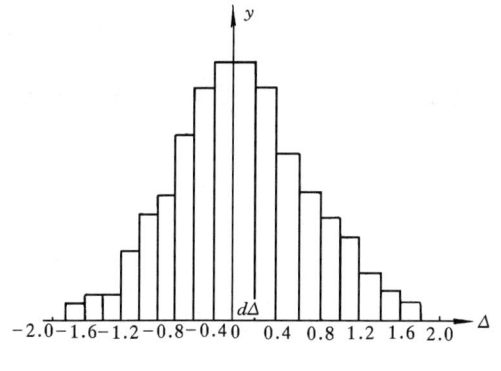

图 1-1

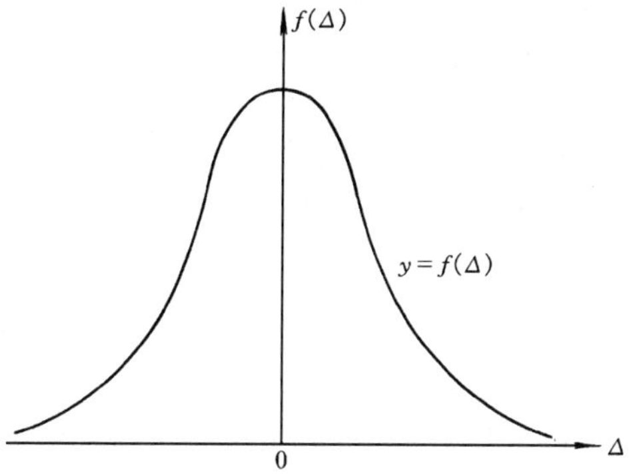

图 1-2

$$f(\Delta) = \frac{1}{\sqrt{2\pi}\sigma}e^{-\frac{\Delta^2}{2\sigma^2}} \tag{1-4}$$

式中 σ 为均方差。

上面通过列表、绘直方图和密度函数这三种方法，详细地分析了偶然误差出现的规律。大量的实践告诉我们，在其他测量结果中，偶然误差也都显示出上述同样的规律。因此，上述闭合差的分布规律，实际上就是偶然误差所具有的统计规律性。因此，人们将偶然误差的特性阐述如下：

（1）在一定的观测条件下，偶然误差的绝对值不会超过一定的限值；或者说，偶然误差的绝对值出现在某一限值内的概率为1；

（2）绝对值较小的偶然误差比绝对值较大的偶然误差出现的可能性大；

（3）绝对值相等的正、负偶然误差出现的可能性相等；

（4）由偶然误差的对称性和抵消性可以看出，偶然误差的理论平均值应为零；

即：

$$\lim_{n \to \infty} \frac{[\Delta]}{n} = 0 \tag{1-5}$$

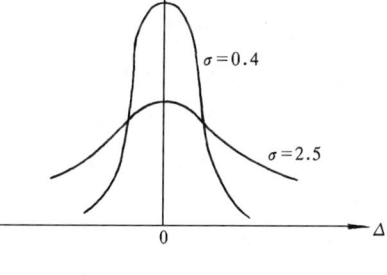

图 1-3

对于一系列的观测而言，不论其观测条件如何，也不论是对同一个量还是对不同的量进行观测，只要这些观测是在相同的条件下独立进行的，则所产生的一组偶然误差必然都具有上述的四个特性。

下面再对误差曲线作进一步的讨论：

（1）由图 1-2 可知，密度函数 $f(\Delta)$ 的图像误差曲线，全部位于横轴的上方。$f(\Delta)$是偶函数，其图像以纵轴为对称轴，它向左右对称地无穷伸延，并以横轴作为渐近线。当 $\Delta = 0$ 时，曲线处于最高点，当 Δ 向左右远离纵轴时，曲线逐渐降低，整条曲线呈中间高两边低的钟形。曲线与 X 轴之间所夹的面积代表概率，全部面积总是等于1。

（2）随着式（1-4）中的 σ 取值不同，曲线的形状也不相同。图 1-3 中分别给出了 σ 为2.5、σ 为0.4的两条曲线：σ 越大，曲线越"矮胖"；σ 越小，曲线越"高瘦"，即参数

σ 决定了曲线的形状。

(3) 对 $f(\Delta)$ 取一阶导数，并令其为零，可知，函数在 $\Delta = 0$ 处取得最大值，$f(0) = \dfrac{1}{\sqrt{2\pi}\sigma}$；对 $f(\Delta)$ 取二阶导数，并令其为零，则可得 $\Delta = \pm\sigma$，说明 σ 为误差曲线拐点的横坐标。

第二节 衡量精度的指标

测量平差的基本任务之一是衡量测量成果的精度。因此，正确地理解精度的含义并准确地评定观测结果的精度，是非常重要的。

一、精度的含义

设在两种不同的观测条件下进行了两组观测，分别用这两组观测值的真误差作直方图，并画出对应的误差曲线（如图 1-3 所示）。可见，在一定的观测条件下进行一组观测，它总是对应着一种确定不变的误差分布。若观测条件好，小误差出现的个数多，该组观测误差所对应的误差曲线就比较陡峭，表示这组观测质量较好，精度较高。反之，若观测条件较差，观测值的波动大，大误差出现了不少，该组观测误差所对应的误差曲线就比较平坦，表示这组观测质量较差，精度较低。由此可见，所谓精度就是指误差分布的密集或离散的程度。

精度总是对一组观测而言的。在相同的观测条件下进行的一组观测，由于它们对应着同一种误差分布，因此，这一组中的每一个观测值，都是同精度的观测值。例如，在表 1-1 所列的 182 个三角形的真误差中，尽管真误差有大有小，有的为 1.5″，有的为 0.1″，但由于它们所对应的误差分布相同，故这些观测值彼此是同精度的。

二、衡量精度的指标

为了衡量观测值精度的高低，可用误差分布表、直方图或误差曲线来表达一组观测值精度的高低。但这样做很不方便，有时甚至很困难。人们希望对精度有一个数字概念，能用它来反映误差分布的密集或离散的程度，并用该数字来作为衡量精度的指标。

衡量精度的指标有很多种，常用的有以下几种。

（一）方差与中误差

设在一定的观测条件下，得到一组独立的观测值 L_1、L_2……L_n，它们的真误差分别为 Δ_1、Δ_2……Δ_n，则称这组独立真误差 Δ_i 平方的理论平均值为这组误差（或这组观测值）的方差，记为：

$$\sigma^2 = \lim_{n \to \infty} \frac{[\Delta\Delta]}{n} \qquad (1-6)$$

称方差的平方根 σ 为这组误差（或这组观测值）的均方差（或标准差），即：

$$\sigma = \pm \lim_{n \to \infty} \sqrt{\frac{[\Delta\Delta]}{n}} \qquad (1-7)$$

因不同的 σ 将对应着不同形状的误差曲线，即 σ 愈小，曲线愈陡峭，σ 愈大，则曲线愈平缓。σ 的几何意义是：误差曲线拐点的横坐标，对于一个确定的误差分布，就有一个对应的、惟一确定的 σ 值。因此，σ 的数值可以反映出精度的高低。于是常用方差 σ^2、

均方差 σ 作为衡量精度的指标。

应当指出，上面关于方差和均方差的计算式只有在观测个数 n 足够大时才成立。实际工作中观测个数总是有限的，由有限个观测值的真误差只能求得方差和均方差的估值。方差 σ^2 的估值用符号 $\hat{\sigma}^2$ 表示，均方差 σ 的估值用符号 $\hat{\sigma}$ 表示。在测绘界习惯用 m^2 和 m 分别表示方差和均方差的估值，并称 m 为中误差，其计算公式为：

$$m = \hat{\sigma} = \pm\sqrt{\frac{[\Delta\Delta]}{n}} \tag{1-8}$$

（二）平均误差

在一定的观测条件下，一组独立误差绝对值的理论平均值，称为这组误差（或这组观测值）的平均误差，记为：

$$\theta = \lim_{n\to\infty}\frac{[|\Delta|]}{n} \tag{1-9}$$

可以证明，平均误差 θ 与相应的均方差 σ 之间存在以下理论关系式：

$$\left.\begin{array}{l} \theta = \sigma\sqrt{\dfrac{2}{\pi}} \approx 0.7979\sigma \approx \dfrac{4}{5}\sigma \\[3mm] \sigma = \theta\sqrt{\dfrac{\pi}{2}} \approx 1.2533\theta \approx \dfrac{5}{4}\theta \end{array}\right\} \tag{1-10}$$

由式（1-10）可以看到：不同大小的 θ 对应着不同的 σ，也就对应着不同的误差分布曲线。因此，可以用平均误差 θ 作为衡量精度的指标。

由于实际工作中观测值的个数 n 总是个有限数，故常用有限个观测误差来计算平均误差的估值 $\hat{\theta}$，即：

$$\hat{\theta} = \pm\frac{[|\Delta|]}{n} \approx \frac{4}{5}m \tag{1-11}$$

【例 1-1】 为了检定一台经纬仪的测角精度，现对某一精确测定的水平角（$\beta = 78°42'35''$）作了 24 次观测（其观测结果列于表 1-2 中），试计算观测值的方差、中误差和平均误差。

表 1-2

观 测 值	Δ	观 测 值	Δ	观 测 值	Δ
78°42′33.7″	+1.3	78°42′33.0″	+2.0	78°42′32.5″	+2.5
36.1	-1.1	35.8	-0.8	35.7	-0.7
36.2	-1.2	34.5	+0.5	33.8	+1.2
36.0	-1.0	33.7	+1.3	36.3	-1.3
37.0	-2.0	34.4	+0.6	33.2	+1.8
34.8	+0.2	35.3	-0.3	35.5	-0.5
34.4	+0.6	37.0	-2.0	35.7	-0.7
36.2	-1.2	34.2	+0.8	34.2	+0.8

解：按式（1-1）可计算出各个观测值的真误差 Δ_i，并将它们对应填在表 1-2 中。根据表 1-2 中的数据可算得：

$$\hat{\sigma}^2 = m^2 = \frac{[\Delta\Delta]}{n} = \frac{37.34}{24} = 1.56$$

$$\hat{\sigma} = m = \pm \sqrt{\frac{[\Delta\Delta]}{n}} = \pm 1.25''$$

$$\hat{\theta} = \pm \frac{[|\Delta|]}{n} = \pm \frac{26.4}{24} = \pm 1.10''$$

均方差、平均误差都可以作为衡量精度的指标。实际工作中，由于观测值的个数是有限的，仅能计算出均方差和平均误差的估值，它们与理论值之间有一定的差异。当然，n 值愈大，这一差异将愈小，就愈能反映观测精度。由于当 n 不大时，中误差 m 比平均误差 $\hat{\theta}$ 更能反映大的真误差的影响。因此，测绘界通常都采用中误差作为衡量精度的指标。

（三）极限误差

观测必然要产生误差，那么，多大的误差算是正常情况下出现的偶然误差？多大的误差是由于观测条件不好而造成的粗差，其相应的观测值应返工重测？这就需要规定出一个标准来判断，这个标准就是极限误差。

由概率论、误差理论及实践证明：在大量同精度观测的一组误差中，绝对值大于一倍均方差的偶然误差出现的可能性是 31.7%；大于二倍均方差的偶然误差出现的可能性是 4.5%，大于三倍均方差的偶然误差出现的可能性非常小只有 0.3%，实际上就是不可能出现的。即误差出现在 $(-\sigma, +\sigma)$，$(-2\sigma, +2\sigma)$，$(-3\sigma, +3\sigma)$ 中的概率分别为：

$$P(-\sigma < \Delta < +\sigma) \approx 68.3\%$$
$$P(-2\sigma < \Delta < +2\sigma) \approx 95.5\% \tag{1-12}$$
$$P(-3\sigma < \Delta < +3\sigma) \approx 99.7\%$$

因此，人们通常以三倍均方差作为偶然误差的极限误差，即：

$$\Delta_{限} = 3\sigma \tag{1-13}$$

若对观测的要求较为严格，也可规定二倍均方差为极限误差，即：

$$\Delta_{限} = 2\sigma \tag{1-14}$$

实用上以均方差的估值中误差 m 代替 σ，即以 3m 或 2m 作为极限误差。

极限误差在实际测量工作中是经常采用的。测量规范中明确规定了各类不同等级测量的极限误差值。在测量工作中，如果某误差超过极限误差，就认为该误差是粗差，其相应的观测值应舍去不用或返工重测。

（四）相对中误差

对于某些观测结果，有时单靠中误差还不能完全表达观测结果精度的高低。例如，分别丈量了 2000m 和 20m 两段距离，观测值的中误差均为 ±2cm。虽然两者的中误差相同，但就单位长度的精度而言，两者并不相同。很显然，前者的精度比后者要高。因此，人们常采用另一种方法去衡量精度，这就是相对中误差。

所谓相对中误差，就是观测值的中误差与观测值之比。相对中误差是一个无量纲的数。为了便于比较，在测量中通常将其分子化为 1，即用 1/N 表示。例如，上述两段距离，前者的相对中误差为 1/100000，而后者的相对中误差为 1/1000，显然，2000m 距离的量测精度高。

与相对误差相对应，真误差、中误差和平均误差均称为绝对误差。

三、权

为了比较各观测值之间的精度，除了可以用方差以外，还可以通过方差之间的比例关系来衡量观测值之间的精度高低。这种表示各观测值方差之间的比例关系的数字特征，称之为权。

权就是衡量轻重的意思。在平差计算中，如果有一组观测值是等精度的，那么在平差计算时就应将它们同等对待，因此说这组观测值是等权的。而对于一组不等精度的观测值，在平差计算时就不能同等对待。容易理解，精度高的观测值在平差结果中应占较大的比重，或者说应具有较大的权。反之，精度低的观测值在平差结果中就占较小的比重，或者说应具有较小的权。因此，权起了权衡各观测量在平差结果中所占分量的作用。

在实际工作中，观测值的方差在平差计算之前往往是不知道的，而各观测值在平差计算中所占的比重，却可以根据事先给定的条件予以确定，然后根据平差的结果进而求出方差。因此，在平差计算中，权起着非常重要的作用。

设有观测值 L_i（$i = 1$、$2 \cdots\cdots n$），它们的方差 σ_i^2（$i = 1$、$2 \cdots\cdots n$），如选定任一常数 σ_0，则权定义为：

$$p_i = \frac{\sigma_0^2}{\sigma_i^2} \tag{1-15}$$

式中 p_i 为观测值 L_i 的权。

由上式可知，观测值 L_i 的权 p_i 与方差 σ_i^2 成反比。方差越小，其权越大。所以，权的大小也可以说明观测值本身精度的高低。但由于 σ_0 可以任意选定，故观测值的权不是惟一的，是随着 σ_0 的不同而变化的。就是说，选定了一个 σ_0，就有一组对应的权。或者说，有一组权，必有一个对应的 σ_0 值。

由权的定义式（1-15），可以写出各观测值的权之间的比例关系为：

$$p_1 : p_2 : \cdots\cdots : p_n = \frac{\sigma_0^2}{\sigma_1^2} : \frac{\sigma_0^2}{\sigma_2^2} : \cdots\cdots : \frac{\sigma_0^2}{\sigma_n^2} = \frac{1}{\sigma_1^2} : \frac{1}{\sigma_2^2} : \cdots\cdots : \frac{1}{\sigma_n^2} \tag{1-16}$$

上式说明，σ_0 是可以任选的，但不论 σ_0 选用何值，一组权之间的比例关系始终不变。对于一组观测值，其权之比等于相应方差的倒数之比。权的意义就在于这种相对性，它的作用是衡量观测值之间的相对精度。因此，常称观测值的权为观测值的相对精度指标，而称观测值的方差为绝对精度指标。

必须注意：为了使权能起到比较精度高低的作用，在同一个问题中只能选定一个 σ_0 值。不能同时选用几个不同的 σ_0，否则就破坏了权之间的比例关系。

【例 1-2】 设有三个观测值 L_1、L_2、L_3，其方差分别为：$\sigma_1^2 = 2$、$\sigma_2^2 = 4$、$\sigma_3^2 = 6$，现分别选 σ_1^2 及 8 作为 σ_0^2 计算权：

当 $\sigma_0^2 = 2$ 时：$p_1 = 1$；$p_2 = \dfrac{1}{2}$；$p_3 = \dfrac{1}{3}$ 当 $\sigma_0^2 = 8$ 时：$p_1 = 4$；$p_2 = 2$；$p_3 = \dfrac{4}{3}$

此例说明，比例常数 σ_0 的改变，并不影响权之间的比例关系，即：

$$p_1 : p_2 : p_3 = 1 : \frac{1}{2} : \frac{1}{3} = 4 : 2 : \frac{4}{3}$$

可见，一组权可以同乘或同除某数而不破坏权的相对性。离开了权的相对性，单纯看某观测值的权是大是小就没有意义。

从上面的讨论还可以看出，σ_0 在定权时只起着一个比例常数的作用，但 σ_0 值一经选定，它就有着具体的含义。若令 $\sigma_i = \sigma_0$，并代入式（1-15），则 $p_i = 1$。可见，凡是观测值

的方差等于 σ_0^2 时，其权必然等于 1；或者说，权为 1 的观测值的方差必然等于 σ_0^2。因此，通常称 σ_0^2 为单位权观测值的方差（简称单位权方差或方差因子）；把权等于 1 的观测值，称为单位权观测值。例如，在例 1-2 中，当 $\sigma_0^2 = \sigma_1^2$ 时，$p_1 = 1$，σ_1^2 是单位权方差，L_1 就是单位权观测值。当 $\sigma_0^2 = \sigma_3^2$ 时，$p_3 = 1$，σ_3^2 是单位权方差，L_3 就是单位权观测值。

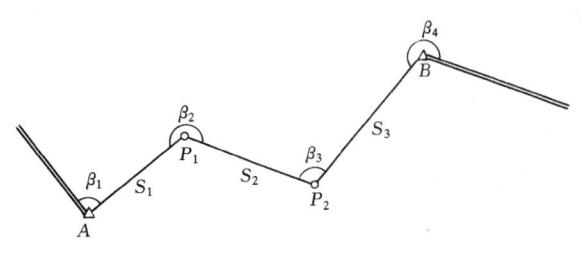

图 1-4

【例 1-3】 某附合导线如图 1-4 所示，现观测了四个角度 β_1、β_2、β_3、β_4 和三条边长 S_1、S_2、S_3。设它们的中误差分别为 $m_{\beta_1} = m_{\beta_2} = m_{\beta_3} = m_{\beta_4} = \pm 1.8''$，$m_{s_1} = \pm 0.6\text{cm}$，$m_{s_2} = \pm 0.8\text{cm}$，$m_{s_3} = \pm 0.9\text{cm}$。试确定角度观测值和边长观测值的权。

解： 以角度观测值为单位权观测值，并用方差的估值代入进行计算。现令 $\sigma_0 = \hat{\sigma}_\beta = m = \pm 1.8''$，由此可得：

$$p_{\beta_1} = p_{\beta_2} = p_{\beta_3} = p_{\beta_4} = \frac{\sigma_0^2}{\hat{\sigma}_\beta^2} = 1$$

$$p_{s_1} = \frac{\sigma_0^2}{\hat{\sigma}_{s_1}^2} = 9.00 \frac{('')^2}{\text{cm}^2}；p_{s_2} = \frac{\sigma_0^2}{\hat{\sigma}_{s_2}^2} = 5.06 \frac{('')^2}{\text{cm}^2}；p_{s_3} = \frac{\sigma_0^2}{\hat{\sigma}_{s_3}^2} = 4.00 \frac{('')^2}{\text{cm}^2}$$

从上例可见，用权衡量各观测值之间的相对精度，可以是同一类的观测值，也可以是不同类的观测值。在确定一组同类元素的观测值的权时，所选取的单位权方差 σ_0^2 的单位一般与观测值方差 σ_i^2 的单位相同。确定两种不同类型的观测值的权时，若某类观测量的权是无单位的，则另一类观测值的权必然是有单位的，这种情况在平差计算中是常常会遇到的。

第三节　协方差与协方差传播律

上一节介绍了衡量精度的指标，通常采用方差或均方差来衡量观测值的精度。在实际工作中，往往会遇到这样一个问题，即有些量的大小并不是直接测定的，而是由观测值通过一定的函数关系间接计算出来的。例如，已知水平距离 D，垂直角观测值 α，则三角高程测量计算高差的公式为：

$$h = D\text{tg}\alpha + i - t$$

式中　h 就是观测值的函数。类似的例子还可以举出很多。现在的问题是，如何衡量这些观测值函数的精度？观测值的方差与观测值函数的方差之间，存在着怎样的关系？这就是协方差传播律要解决的问题。

一、协方差

在一定范围内能以一定的概率随机地取得各种不同数值的量，称为随机变量。在测量工作中，观测误差和观测值都是随机变量。对于一个随机变量 x，可根据式（1-6），将其方差定义为：

$$\sigma_x^2 = \lim_{n \to \infty} \frac{[\Delta_x \Delta_x]}{n} \tag{1-17}$$

如果有另一个随机变量 y，根据式（1-6）同样可以将其方差定义为：

$$\sigma_y^2 = \lim_{n \to \infty} \frac{[\Delta_y \Delta_y]}{n} \qquad (1-18)$$

当讨论两个或多个随机变量时，就要考虑描述它们之间相互关系的数学特征——协方差。设有随机变量 x 和 y，则它们的协方差定义为：

$$\sigma_{xy} = \lim_{n \to \infty} \frac{[\Delta_x \Delta_y]}{n} \qquad (1-19)$$

可见，协方差是两种真误差 Δ_x、Δ_y 所有可能取值的乘积的理论平均值。显然，协方差描述了两个随机变量之间的关系。因测量上所涉及到的观测值和观测误差都是服从正态分布的随机变量，故当 $\sigma_{xy} = 0$ 时，就表示 x 和 y 这两个随机变量的误差是不相关的，或者说，x 和 y 是互相独立的两个随机变量。若 $\sigma_{xy} \neq 0$，则表示它们的误差是相关的，即 x 和 y 是相关的、不独立的。

实际工作中，因 n 总是有限值，所以只能求得协方差的估值，且记为：

$$m_{xy} = \hat{\sigma}_{xy} = \frac{[\Delta_x \Delta_y]}{n} \qquad (1-20)$$

二、协方差阵

由两个随机变量推广之，设有 n 个随机变量 x_1、x_2……x_n，对测量工作来说，这 n 个随机变量可以是等精度的独立观测值，也可以是不等精度的相关观测值，还可以是观测值的函数，故统称为 n 个随机变量。由它们组成的 $n \times 1$ 阶列矩阵为：

$$\underset{n \times 1}{X} = \begin{bmatrix} x_1 & x_2 & \cdots\cdots & x_n \end{bmatrix}^T \qquad (1-21)$$

式中　X 称为 n 维随机向量。

则 n 维随机向量 X 的方差 D_{XX} 定义为 n 阶方阵

$$\underset{n \times n}{D}_{XX} = \begin{bmatrix} \sigma_{x_1}^2 & \sigma_{x_1 x_2} & \cdots\cdots & \sigma_{x_1 x_n} \\ \sigma_{x_2 x_1} & \sigma_{x_2}^2 & \cdots\cdots & \sigma_{x_2 x_n} \\ \cdots & \cdots & \cdots\cdots & \cdots \\ \sigma_{x_n x_1} & \sigma_{x_n x_2} & \cdots\cdots & \sigma_{x_n}^2 \end{bmatrix} \qquad (1-22)$$

D_{XX} 阵中的主对角线元素 $\sigma_{x_i}^2$ 为各个随机变量 x_i 的方差，而非对角线元素 $\sigma_{x_i x_j}$ 为两两随机变量 x_i 关于 x_j（$i \neq j$）的协方差，故称 D_{XX} 为随机向量 X 的方差-协方差阵，简称 X 的方差阵或自协方差阵。

可以证明：$\sigma_{x_i x_j} = \sigma_{x_j x_i}$，故 D_{XX} 为 n 阶对称方阵。

当随机向量 X 中的任意两个随机变量，两两相互独立时，则有 $\sigma_{x_i x_j} = \sigma_{x_j x_i} = 0$（$i \neq j$），此时随机向量 X 的方差-协方差阵为一对角阵，即：

$$\underset{n \times n}{D}_{XX} = \begin{bmatrix} \sigma_{x_1}^2 & & & \\ & \sigma_{x_2}^2 & & \\ & & \cdots & \\ & & & \sigma_{x_n}^2 \end{bmatrix} \qquad (1-23)$$

进一步，当随机向量 X 中的变量不仅两两相互独立，且所有的随机变量的精度均相同时，则 D_{XX} 为一纯量阵，即：

$$\underset{n\times n}{D_{XX}} = \begin{bmatrix} \sigma^2 & & & \\ & \sigma^2 & & \\ & & \cdots & \\ & & & \sigma^2 \end{bmatrix} \tag{1-24}$$

三、协方差传播律

设有随机向量 X 的一个线性函数为：

$$z = k_1 x_1 + k_2 x_2 + \cdots\cdots + k_n x_n + k_0 \tag{1-25}$$

若记：

$$K^{\mathrm{T}} = \begin{bmatrix} k_1 \\ k_2 \\ \vdots \\ k_n \end{bmatrix} \qquad X = \begin{bmatrix} x_1 \\ x_2 \\ \vdots \\ x_n \end{bmatrix}$$

则式（1-25）可以用矩阵表示为：

$$\underset{1\times 1}{z} = \underset{1\times n}{K}\ \underset{n\times 1}{X} + \underset{1\times 1}{k_0} \tag{1-26}$$

现已知随机向量 X 的方差阵为：

$$\underset{n\times n}{D_{XX}} = \begin{bmatrix} \sigma_1^2 & \sigma_{12} & \cdots & \sigma_{1n} \\ \sigma_{21} & \sigma_2^2 & \cdots & \sigma_{2n} \\ \cdots & \cdots & \cdots & \cdots \\ \sigma_{n1} & \sigma_{n2} & \cdots & \sigma_n^2 \end{bmatrix}$$

矩阵中元素 σ_{ij} 即为 $\sigma_{x_i x_j}$ 的简略表示，则随机向量 X 的线性函数 z 的方差为：

$$\underset{1\times 1}{D_{zz}} = \sigma_z^2 = \underset{1\times n}{K}\ \underset{n\times n}{D_{XX}}\ \underset{n\times 1}{K^{\mathrm{T}}} \tag{1-27}$$

若将上式用矩阵乘展开成纯量形式，并考虑 $\sigma_{ij} = \sigma_{ji}$ 则得：

$$\begin{aligned} D_{zz} = \sigma_z^2 = {} & k_1^2\sigma_1^2 + k_2^2\sigma_2^2 + \cdots\cdots + k_n^2\sigma_n^2 \\ & + 2k_1 k_2 \sigma_{12} + 2k_1 k_3 \sigma_{13} + \cdots\cdots + 2k_1 k_n \sigma_{1n} \\ & + 2k_2 k_3 \sigma_{23} + \cdots\cdots + 2k_2 k_n \sigma_{2n} \\ & + \cdots\cdots \\ & + 2k_{n-1} k_n \sigma_{n-1\,n} \end{aligned} \tag{1-28}$$

当随机向量 X 中的各个分量 x_i（$i = 1、2\cdots\cdots n$）两两独立时，它们之间的协方差 $\sigma_{ij} = 0$，D_{XX} 为对角阵，此时 z 的方差为：

$$D_{zz} = \sigma_z^2 = k_1^2\sigma_1^2 + k_2^2\sigma_2^2 + \cdots\cdots + k_n^2\sigma_n^2 \tag{1-29}$$

实际计算时，随机向量中各分量的方差和两两之间的协方差，可以用估值代入进行计算，即：

$$D_{zz} = m_z^2 = KD_{XX}K^{\mathrm{T}} \tag{1-30}$$

其纯量形式为：

$$D_{zz} = m_z^2 = k_1^2 m_1^2 + k_2^2 m_2^2 + \cdots\cdots + k_n^2 m_n^2$$
$$+ 2k_1 k_2 m_{12} + 2k_1 k_3 m_{13} + \cdots\cdots + 2k_1 k_n m_{1n}$$
$$+ 2k_2 k_3 m_{23} + \cdots\cdots + 2k_2 k_n m_{2n}$$
$$+ \cdots\cdots$$
$$+ 2k_{n-1} k_n m_{n-1\,n} \tag{1-31}$$

当各分量两两之间相互独立时，则有：

$$D_{zz} = m_z^2 = k_1^2 m_1^2 + k_2^2 m_2^2 + \cdots\cdots + k_n^2 m_n^2 \tag{1-32}$$

这就是地形测量学中已讨论过的误差传播定律。

【例 1-4】 用长度为 L 的钢尺量距，接连丈量了 N 个尺段，则全长：$S = L_1 + L_2 + \cdots\cdots + L_N$。设量得的每一尺段的距离都是独立观测值，其量距中误差为 m，求全长 S 的中误差。

解： 因 L_1、$L_2 \cdots\cdots L_N$ 是独立观测值，且其中误差均为 m，故按式（1-32）得：

$$m_S^2 = m^2 + m^2 + \cdots\cdots + m^2 = Nm^2$$

$$m_S = m\sqrt{N}$$

【例 1-5】 设有观测值 L_1、L_2、L_3 的函数 $F = L_1 + 2L_2 - 3L_3$，已知 L_1、L_2、L_3 的方差分别为 $\sigma_1^2 = 4$、$\sigma_2^2 = 2$、$\sigma_3^2 = 3$，L_1、L_2、L_3 两两之间的协方差分别为 $\sigma_{12} = 0$，$\sigma_{13} = 1$，$\sigma_{23} = 0$，求函数 F 的方差。

解： 按式（1-22）观测值的方差阵为：

$$D_{LL} = \begin{bmatrix} 4 & 0 & 1 \\ 0 & 2 & 0 \\ 1 & 0 & 3 \end{bmatrix}$$

函数 F 可以表示为：

$$F = L_1 + 2L_2 - 3L_3 = \begin{bmatrix} 1 & 2 & -3 \end{bmatrix} \begin{bmatrix} L_1 \\ L_2 \\ L_3 \end{bmatrix}$$

按式（1-27）得函数的方差：

$$D_{FF} = \begin{bmatrix} 1 & 2 & -3 \end{bmatrix} \begin{bmatrix} 4 & 0 & 1 \\ 0 & 2 & 0 \\ 1 & 0 & 3 \end{bmatrix} \begin{bmatrix} 1 \\ 2 \\ -3 \end{bmatrix} = 33$$

如直接按式（1-28）计算，同样可得函数的方差：

$$D_{FF} = 1^2 \times 4 + 2^2 \times 2 + (-3)^2 \times 3 + 2 \times (-3) = 33$$

上面讨论了对随机向量 X 的一个线性函数，求其方差的问题。现设有随机向量 X 的 t 个线性函数为：

$$\left.\begin{aligned} F_1 &= a_{11} x_1 + a_{12} x_2 + \cdots\cdots + a_{1n} x_n + a_{10} \\ F_2 &= a_{21} x_1 + a_{22} x_2 + \cdots\cdots + a_{2n} x_n + a_{20} \\ \cdots &\quad \cdots \quad \cdots \quad \cdots \quad \cdots \quad \cdots \quad \cdots \\ F_t &= a_{t1} x_1 + a_{t2} x_2 + \cdots\cdots + a_{tn} x_n + a_{t0} \end{aligned}\right\} \tag{1-33}$$

令：
$$F = \begin{bmatrix} F_1 \\ F_2 \\ \vdots \\ F_t \end{bmatrix}; \quad X = \begin{bmatrix} x_1 \\ x_2 \\ \vdots \\ x_n \end{bmatrix}; \quad A_0 = \begin{bmatrix} a_{10} \\ a_{20} \\ \vdots \\ a_{t0} \end{bmatrix};$$

$$\underset{t \times n}{A} = \begin{bmatrix} a_{11} & a_{12} & \cdots\cdots & a_{1n} \\ a_{21} & a_{22} & \cdots\cdots & a_{2n} \\ \cdots & \cdots & \cdots & \cdots \\ a_{t1} & a_{t2} & \cdots\cdots & a_{tn} \end{bmatrix}$$

则式（1-33）可用矩阵表示为：

$$\underset{t \times 1}{F} = \underset{t \times n}{A} \underset{n \times 1}{X} + \underset{t \times 1}{A_0} \tag{1-34}$$

设有随机向量 X 的另 r 个线性函数为：

$$\left. \begin{aligned} G_1 &= b_{11}x_1 + b_{12}x_2 + \cdots\cdots + b_{1n}x_n + b_{10} \\ G_2 &= b_{21}x_1 + b_{22}x_2 + \cdots\cdots + b_{2n}x_n + b_{20} \\ \cdots\ &\ \ \cdots\quad\ \cdots\quad\ \cdots\quad\ \cdots\quad\ \cdots \\ G_r &= b_{r1}x_1 + b_{r2}x_2 + \cdots\cdots + b_{m}x_n + b_{r0} \end{aligned} \right\} \tag{1-35}$$

同理式（1-35）可用矩阵表示为：

$$\underset{r \times 1}{G} = \underset{}{BX} + \underset{r \times 1}{B_0} \tag{1-36}$$

式（1-34）、（1-36）中的 A_0、B_0、A、B 均为常数矩阵，则根据方差阵的定义和随机向量数学期望的性质，可得：

$$\left. \begin{aligned} \underset{t \times t}{D_{FF}} &= AD_{XX}A^{\mathrm{T}} \\ \underset{r \times r}{D_{GG}} &= BD_{XX}B^{\mathrm{T}} \\ \underset{t \times r}{D_{FG}} &= AD_{XX}B^{\mathrm{T}} \\ \underset{r \times t}{D_{GF}} &= BD_{XX}A^{\mathrm{T}} \end{aligned} \right\} \tag{1-37}$$

通常将式（1-30）、（1-37）称为协方差传播律。

【例 1-6】 以等精度观测了三角形的三个内角 L_1、L_2、L_3，其方差都是 σ^2，设 L_i 之间是互相独立的，试求平均分配闭合差之后的三个内角 $\hat{L}_1$、$\hat{L}_2$、$\hat{L}_3$ 的方差。

解：三角形闭合差为：

$$w = L_1 + L_2 + L_3 - 180°$$

平均分配闭合差之后的三个内角分别为：

$$\hat{L}_1 = L_1 - \frac{w}{3} = \frac{1}{3}(2L_1 - L_2 - L_3) + 60°$$

$$\hat{L}_2 = L_2 - \frac{w}{3} = \frac{1}{3}(-L_1 + 2L_2 - L_3) + 60°$$

$$\hat{L}_3 = L_3 - \frac{w}{3} = \frac{1}{3}(-L_1 - L_2 + 2L_3) + 60°$$

将上式用矩阵表示，有：

$$\hat{L}_{3\times1} = A_{3\times3} L_{3\times1} + A_0_{3\times1}$$

式中 $\hat{L} = \begin{bmatrix} \hat{L}_1 \\ \hat{L}_2 \\ \hat{L}_3 \end{bmatrix}$；$A = \dfrac{1}{3}\begin{bmatrix} 2 & -1 & -1 \\ -1 & 2 & -1 \\ -1 & -1 & 2 \end{bmatrix}$；$A_0 = \begin{bmatrix} 60° \\ 60° \\ 60° \end{bmatrix}$；$L = \begin{bmatrix} L_1 \\ L_2 \\ L_3 \end{bmatrix}$。

由题意可知：$D_{LL} = \begin{bmatrix} \sigma^2 & & \\ & \sigma^2 & \\ & & \sigma^2 \end{bmatrix}$。故应用协方差传播律得：

$$D_{\hat{L}\hat{L}} = \begin{bmatrix} \sigma_{\hat{L}_1}^2 & \sigma_{\hat{L}_1\hat{L}_2} & \sigma_{\hat{L}_1\hat{L}_3} \\ \sigma_{\hat{L}_2\hat{L}_1} & \sigma_{\hat{L}_2}^2 & \sigma_{\hat{L}_2\hat{L}_3} \\ \sigma_{\hat{L}_3\hat{L}_1} & \sigma_{\hat{L}_3\hat{L}_2} & \sigma_{\hat{L}_3}^2 \end{bmatrix} = AD_{LL}A^{\mathrm{T}}$$

$$= \frac{1}{3}\begin{bmatrix} 2 & -1 & -1 \\ -1 & 2 & -1 \\ -1 & -1 & 2 \end{bmatrix}\begin{bmatrix} \sigma^2 & & \\ & \sigma^2 & \\ & & \sigma^2 \end{bmatrix}\frac{1}{3}\begin{bmatrix} 2 & -1 & -1 \\ -1 & 2 & -1 \\ -1 & -1 & 2 \end{bmatrix}$$

$$= \frac{\sigma^2}{3}\begin{bmatrix} 2 & -1 & -1 \\ -1 & 2 & -1 \\ -1 & -1 & 2 \end{bmatrix}$$

由上例可知，在一个三角形中，观测了三个角度，平均分配闭合差后，平差值 $\hat{L}_1$、$\hat{L}_2$、$\hat{L}_3$ 的方差均为 $\dfrac{2\sigma^2}{3}$，平差值 $\hat{L}_1$、$\hat{L}_2$、$\hat{L}_3$ 两两之间的协方差均为 $-\dfrac{\sigma^2}{3}$。由此可见，应用协方差传播律，可以同时求得各变量的方差及相互之间的协方差。

四、非线性函数情况下的协方差传播律

前面在讨论方差传播律时，都是从线性函数着手的，但在测量工作中还经常会遇到一些函数是非线性的情况。对于这类函数，只有将其线性化之后，才能应用上述的协方差传播律。设有随机向量 X 的非线性函数为：

$$z = f(X) = f(x_1, x_2 \cdots\cdots x_n) \tag{1-38}$$

且已知 X 的方差阵为 D_{XX}，欲求 z 的方差 D_{zz}。

现设 x_1、$x_2 \cdots\cdots x_n$ 有近似值 x_1^0、$x_2^0 \cdots\cdots x_n^0$，并将函数在此处按泰勒级数展开，仅取其一次项，则有：

$$z = f(x_1^0, x_2^0 \cdots\cdots x_n^0) + \left(\frac{\partial f}{\partial x_1}\right)_0 (x_1 - x_1^0) +$$

$$+ \left(\frac{\partial f}{\partial x_2}\right)_0 (x_2 - x_2^0) + \cdots\cdots$$

$$+ \left(\frac{\partial f}{\partial x_n}\right)_0 (x_n - x_n^0) \tag{1-39}$$

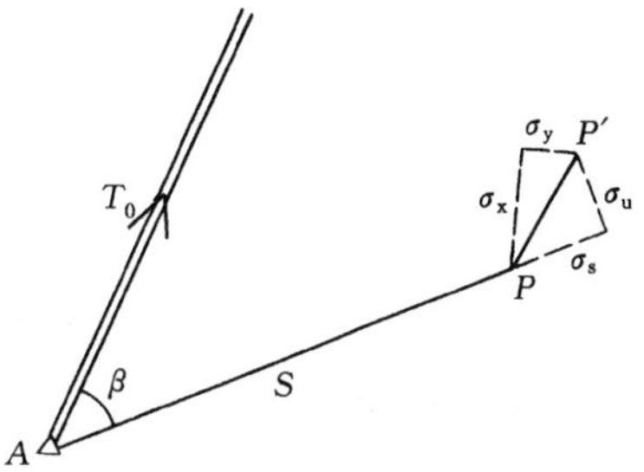

令：$k_i = \left(\dfrac{\partial f}{\partial x_i}\right)_0$，$(i = 1、2、\cdots\cdots n)$；$k_0 =$

图 1-5

$f\ (x_1^0, x_2^0 \cdots\cdots x_n^0)\ -\ \sum_{i=1}^{n}\left(\dfrac{\partial f}{\partial x_i}\right)_0 x_i^0,$ 则：

$$z\ =\ k_1 x_1\ +\ k_2 x_2\ +\ \cdots\cdots\ +\ k_n x_n\ +\ k_0 \tag{1-40}$$

若记 $K = \begin{bmatrix} k_1 & k_2 & \cdots\cdots & k_n \end{bmatrix}$; $X = \begin{bmatrix} x_1 & x_2 & \cdots\cdots & x_n \end{bmatrix}^{\mathrm{T}}$，则式（1-40）可以用矩阵表示成：

$$z\ =\ KX\ +\ k_0 \tag{1-41}$$

式（1-41）同式（1-26）完全相同。故应用协方差传播律可得：

$$D_{zz}\ =\ KD_{XX}K^{\mathrm{T}} \tag{1-42}$$

因此，求非线性函数的方差，应先列出函数式，然后求全微分，再应用协方差传播律求其方差。如果求随机向量 X 的 t 个非线性函数的协方差，应先对 t 个函数求全微分，再应用协方差传播律求其协方差阵。

【例 1-7】 有一支导线如图 1-5 所示，图中 A 为已知点，T_0 为已知方位角，β 为观测角，其方差为 $6.25\ (")^2$，观测边长 S 为 800.0m，其方差为 $1.0\mathrm{cm}^2$，试求 P 点的点位方差。

由图可知，P 点的点位方差有两种计算方法：$\sigma_\mathrm{P}^2 = \sigma_\mathrm{x}^2 + \sigma_\mathrm{y}^2 = \sigma_\mathrm{s}^2 + \sigma_\mathrm{u}^2$

解法一：由 P 点的坐标方差 σ_x^2、σ_y^2 计算 P 点的点位方差。

（1）列函数式　由图 1-5 可知：

$x_\mathrm{P} = x_\mathrm{A} + S\cos\alpha$;

$y_\mathrm{P} = y_\mathrm{A} + S\sin\alpha$;

$\alpha = T_0 + \beta$

（2）对 x_P、y_P 求全微分　因 $\mathrm{d}\alpha = \mathrm{d}\beta$，故得：

$$\mathrm{d}x_\mathrm{P} = \cos\alpha\,\mathrm{d}S - \dfrac{S}{\rho}\sin\alpha\,\mathrm{d}\beta;$$

$$\mathrm{d}y_\mathrm{P} = \sin\alpha\,\mathrm{d}S + \dfrac{S}{\rho}\cos\alpha\,\mathrm{d}\beta$$

将以上二式写成矩阵表达式为：

$$\mathrm{d}x_\mathrm{P} = \begin{bmatrix} \cos\alpha & -\dfrac{S}{\rho}\sin\alpha \end{bmatrix}\begin{bmatrix} \mathrm{d}S \\ \mathrm{d}\beta \end{bmatrix}$$

$$\mathrm{d}y_\mathrm{P} = \begin{bmatrix} \sin\alpha & \dfrac{S}{\rho}\cos\alpha \end{bmatrix}\begin{bmatrix} \mathrm{d}S \\ \mathrm{d}\beta \end{bmatrix}$$

（3）应用协方差传播律求 P 点坐标的方差 $\sigma_{x_\mathrm{P}}^2$、$\sigma_{y_\mathrm{P}}^2$。因为观测角 β 同观测边长 S 是相互独立的，则有：

$$\sigma_{x_\mathrm{P}}^2 = \begin{bmatrix} \cos\alpha & -\dfrac{S}{\rho}\sin\alpha \end{bmatrix}\begin{bmatrix} 1.0 & \\ & 6.25 \end{bmatrix}\begin{bmatrix} \cos\alpha \\ -\dfrac{S}{\rho}\sin\alpha \end{bmatrix}$$

$$= 1.0\cos^2\alpha + 6.25\,\dfrac{S^2}{\rho^2}\sin^2\alpha$$

同理，可得：

$$\sigma_{y_\mathrm{p}}^2 = 1.0\sin^2\alpha + 6.25\,\dfrac{S^2}{\rho^2}\cos^2\alpha$$

（4）计算 P 点的点位方差   因为 $\sigma_P^2 = \sigma_{x_P}^2 + \sigma_{y_P}^2 = 1.0 + 6.25\dfrac{S^2}{\rho^2} = 1.94\text{cm}^2$，$P$ 点的点位均方差为：

$$\sigma_P = \pm 1.39\text{cm}$$

解法二：由 P 点的纵、横向方差计算 P 点的点位方差。

图 1-5 中，P 点在 AP 边上的方差 σ_S^2 称为纵向方差；而在它的垂直方向上的方差 σ_u^2 称为横向方差。横向方差是由 AP 边的方位角 α 的方差引起的。即：

$$\sigma_u^2 = \frac{S^2}{\rho^2}\sigma_\alpha^2 = \frac{S^2}{\rho^2}\sigma_\beta^2 = \frac{(800\times10^2)^2\times6.25}{206265^2} = 0.94$$

因 $\sigma_S^2 = 1.0$，故有：

$$\sigma_P^2 = \sigma_S^2 + \frac{S^2}{\rho^2}\sigma_\beta^2 = 1.94\text{cm}^2，即 \sigma_P = \pm 1.39\text{cm}。$$

根据以上讨论可以看出，应用协方差传播律的具体步骤是：

（1）按题目的要求写出函数式；

（2）若是非线性函数，对函数式求全微分；

（3）将线性函数式或微分式写成矩阵形式；

（4）应用协方差传播律，求函数的方差或协方差阵。

第四节   协因数与协因数传播律

一、协因数、协因数阵

由权的定义可知，观测值的权与方差成反比。现有随机变量 x_i、x_j，它们的方差分别为 $\sigma_{x_i}^2$、$\sigma_{x_j}^2$，其相互之间的协方差为 $\sigma_{x_ix_j}$。设方差因子为 σ_0^2，并令：

$$\left.\begin{array}{l} Q_{x_ix_i} = \dfrac{1}{p_{x_i}} = \dfrac{\sigma_{x_i}^2}{\sigma_0^2} \\[3mm] Q_{x_jx_j} = \dfrac{1}{p_{x_j}} = \dfrac{\sigma_{x_j}^2}{\sigma_0^2} \\[3mm] Q_{x_ix_j} = \dfrac{1}{p_{x_ix_j}} = \dfrac{\sigma_{x_ix_j}}{\sigma_0^2} \end{array}\right\} \qquad (1\text{-}43)$$

称 $Q_{x_ix_i}$、$Q_{x_jx_j}$ 分别为变量 x_i、x_j 的协因数或权倒数，而称 $Q_{x_ix_j}$ 为 x_i 关于 x_j 的协因数或相关权倒数。以上三式又可写为：

$$\left.\begin{array}{l} \sigma_{x_i}^2 = \sigma_0^2 Q_{x_ix_i} \\[2mm] \sigma_{x_j}^2 = \sigma_0^2 Q_{x_jx_j} \\[2mm] \sigma_{x_ix_j} = \sigma_0^2 Q_{x_ix_j} \end{array}\right\} \qquad (1\text{-}44)$$

由式（1-44）可以看出：随机变量的协因数 $Q_{x_ix_i}$ 和 $Q_{x_jx_j}$ 与其方差成正比，而随机变量相互之间的协因数 $Q_{x_ix_j}$ 与其协方差成正比。容易理解，协因数同权倒数有类似的作用，它们是比较观测值精度高低的一种指标。

将协因数的概念推广之。今设有随机向量 $\underset{n\times1}{X}$，其方差阵为 $\underset{n\times n}{D_{XX}}$，将式（1-44）代入方差阵 D_{XX}，则可得：

$$\underset{n\times n}{D_{XX}} = \begin{bmatrix} \sigma_{x_1}^2 & \sigma_{x_1x_2} & \cdots & \sigma_{x_1x_n} \\ \sigma_{x_2x_1} & \sigma_{x_2}^2 & \cdots & \sigma_{x_2x_n} \\ \cdots & \cdots & \cdots & \cdots \\ \sigma_{x_nx_1} & \sigma_{x_nx_2} & \cdots & \sigma_{x_n}^2 \end{bmatrix} = \sigma_0^2 \begin{bmatrix} Q_{x_1x_1} & Q_{x_1x_2} & \cdots & Q_{x_1x_n} \\ Q_{x_2x_1} & Q_{x_2x_2} & \cdots & Q_{x_2x_n} \\ \cdots & \cdots & \cdots & \cdots \\ Q_{x_nx_1} & Q_{x_nx_2} & \cdots & Q_{x_nx_n} \end{bmatrix} \tag{1-45}$$

若设 $\quad \underset{n\times n}{Q_{XX}} = \begin{bmatrix} Q_{x_1x_1} & Q_{x_1x_2} & \cdots & Q_{x_1x_n} \\ Q_{x_2x_1} & Q_{x_2x_2} & \cdots & Q_{x_2x_n} \\ \cdots & \cdots & \cdots & \cdots \\ Q_{x_nx_1} & Q_{x_nx_2} & \cdots & Q_{x_nx_n} \end{bmatrix}$，则式（1-45）可写成：

$$\underset{n\times n}{D_{XX}} = \sigma_0^2 \underset{n\times n}{Q_{XX}} \tag{1-46}$$

称 $\underset{n\times n}{Q_{XX}}$ 为随机向量 x_1、x_2……x_n 的协因数阵。Q_{XX} 阵的主对角线元素为各变量 x_i 的权倒数，非对角线元素为 x_i 关于 x_j（$i\neq j$）两两变量的相关权倒数。

二、协因数传播律

已知随机向量的协因数阵，如何求随机向量函数的协因数阵，这便是协因数传播律要解决的问题。

设有随机向量 $\underset{n\times1}{X}$ 的一个线性函数：

$$z = k_1x_1 + k_2x_2 + \cdots\cdots + k_nx_n + k_0$$

用矩阵可表示为：

$$z = KX + k_0 \tag{1-47}$$

根据协方差传播律式（1-27），z 的方差为：$\underset{1\times1}{D_{zz}} = KD_{XX}K^T$，由式（1-46）可知：

$$\left.\begin{matrix} D_{XX} = \sigma_0^2 Q_{XX} \\ D_{ZZ} = \sigma_0^2 Q_{ZZ} \end{matrix}\right\} \tag{1-48}$$

将式（1-48）代入式 $\underset{1\times1}{D_{zz}} = KD_{XX}K^T$，再约去 σ_0^2，即得：

$$Q_{ZZ} = KQ_{XX}K^T \tag{1-49}$$

将上式展开成纯量形式，并将 $Q_{x_ix_j}$ 简写成 Q_{ij}，则：

$$Q_{zz} = k_1^2Q_{11} + k_2^2Q_{22} + \cdots\cdots + k_n^2Q_{nn}$$
$$+ 2k_1k_2Q_{12} + 2k_1k_3Q_{13} + \cdots\cdots + 2k_1k_nQ_{1n}$$
$$+ 2k_2k_3Q_{23} + \cdots\cdots + 2k_2k_nQ_{2n}$$
$$\cdots\cdots$$
$$+ 2k_{n-1}k_nQ_{n-1\,n} \tag{1-50}$$

当随机向量 X 中的各分量两两之间相互独立，它们之间的协因数为零，此时 z 的协因数为：

$$Q_{zz} = k_1^2 Q_{11} + k_2^2 Q_{22} + \cdots\cdots + k_n^2 Q_{nn} \qquad (1\text{-}51)$$

根据式（1-43），上式中的协因数可用其权倒数代入，则有：

$$\frac{1}{p_z} = k_1^2 \frac{1}{p_1} + k_2^2 \frac{1}{p_2} + \cdots\cdots + k_n^2 \frac{1}{p_n} \qquad (1\text{-}52)$$

上式就是独立观测值的权倒数与其函数的权倒数之间的关系式，通常称之为权倒数传播律。

前面讨论了随机向量的一个线性函数，求其协因数（即权倒数）的问题。同讨论协方差传播律一样，现设有随机向量

$$\left.\begin{array}{l} \underset{t\times 1}{F} = \underset{t\times n}{A}\,\underset{n\times 1}{X} + \underset{t\times 1}{A_0} \\[2mm] \underset{r\times 1}{G} = \underset{r\times n}{B}\,\underset{n\times 1}{X} + \underset{r\times 1}{B_0} \end{array}\right\} \qquad (1\text{-}53)$$

因任一随机向量的协方差阵等于单位权方差因子 σ_0^2 与该向量的协因数阵的乘积。因此，可以很方便地由协方差传播律公式得到协因数传播律的公式：

$$\left.\begin{array}{l} \underset{t\times t}{Q_{FF}} = AQ_{XX}A^{T} \\[3mm] \underset{r\times r}{Q_{GG}} = BQ_{XX}B^{T} \\[3mm] \underset{t\times r}{Q_{FG}} = AQ_{XX}B^{T} \\[3mm] \underset{r\times t}{Q_{GF}} = BQ_{XX}A^{T} \end{array}\right\} \qquad (1\text{-}54)$$

通常称式（1-49）、（1-54）为协因数传播律。

协方差传播律和协因数传播律，合称为广义传播律。

【例 1-8】 在测站 O 上观测了 A、B、C、D 四个方向（如图 1-6 所示），并得方向值 L_1、L_2、L_3、L_4。设各个方向值之间互相独立且等精度，其协因数阵为：

$$Q_{\underset{4\times4}{LL}} = \begin{bmatrix} 1 & 0 & 0 & 0 \\ 0 & 1 & 0 & 0 \\ 0 & 0 & 1 & 0 \\ 0 & 0 & 0 & 1 \end{bmatrix}, \quad 试求角度\ \beta = \begin{bmatrix} \beta_1 & \beta_2 & \beta_3 \end{bmatrix}^{T}$$

的协因数阵。

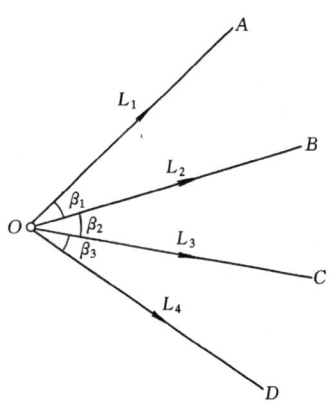

图 1-6

解： 按图 1-6 可写出角度与方向值之间的关系式为：

$$\beta_1 = -L_1 + L_2$$
$$\beta_2 = \quad\quad -L_2 + L_3$$
$$\beta_3 = \quad\quad\quad\quad -L_3 + L_4$$

$$\begin{bmatrix} \beta_1 \\ \beta_2 \\ \beta_3 \end{bmatrix} = \begin{bmatrix} -1 & 1 & 0 & 0 \\ 0 & -1 & 1 & 0 \\ 0 & 0 & -1 & 1 \end{bmatrix} \begin{bmatrix} L_1 \\ L_2 \\ L_3 \\ L_4 \end{bmatrix}$$

按协因数传播律式（1-54）得：

$$Q_{\beta\beta} = \begin{bmatrix} -1 & 1 & 0 & 0 \\ 0 & -1 & 1 & 0 \\ 0 & 0 & -1 & 1 \end{bmatrix} \begin{bmatrix} 1 & 0 & 0 & 0 \\ 0 & 1 & 0 & 0 \\ 0 & 0 & 1 & 0 \\ 0 & 0 & 0 & 1 \end{bmatrix} \begin{bmatrix} -1 & 0 & 0 \\ 1 & -1 & 0 \\ 0 & 1 & -1 \\ 0 & 0 & 1 \end{bmatrix}$$

$$= \begin{bmatrix} 2 & -1 & 0 \\ -1 & 2 & -1 \\ 0 & -1 & 2 \end{bmatrix}$$

此例说明，在一个测站上，当有两个以上方向时，由方向观测值求出的角值之间是相关的。

从上面的讨论可见，由于协因数传播律与协方差传播律在形式上基本相同，因此，应用协因数传播律的实际步骤也与协方差传播律相同。

第五节 广义传播律在测量中的应用

一、测量中常用的定权方法

（一）水准测量中高差之权的确定

在水准测量中，设经过 N 个测站测定 A、B 两水准点间的高差，其中第 i 站的观测高差为 h_i，于是，A、B 两水准点间的总高差为：

$$h_{AB} = h_1 + h_2 + \cdots\cdots + h_N; \tag{1-55}$$

设各测站的观测高差是同精度的独立观测值，且方差均为 $\sigma_{\text{站}}^2$，则由协方差传播律式（1-29）可得：

$$\sigma_{h_{AB}}^2 = \sigma_{\text{站}}^2 + \sigma_{\text{站}}^2 + \cdots\cdots + \sigma_{\text{站}}^2 = N\sigma_{\text{站}}^2 \tag{1-56}$$

现取 C 个测站的观测高差的方差为单位权方差，即取 $\sigma_0^2 = C\sigma_{\text{站}}^2$，于是根据权的定义式可得 A、B 两点间高差的权为：

$$p_{h_{AB}} = \frac{\sigma_{\text{站}}^2}{\sigma_{\text{站}}^2} \frac{C}{N} = \frac{C}{N} \tag{1-57}$$

式（1-56）、（1-57）说明：当各测站的观测高差精度相同时，水准测量中高差的方差与测站数成正比，其权与测站数成反比。

若水准路线敷设在平坦地区，则各测站的距离 s 大致相等。设 A、B 两水准点间的距离为 S，则测站数 $N = \dfrac{S}{s}$，代入式（1-56）便得：

$$\sigma_{h_{AB}}^2 = \frac{S}{s}\sigma_{\text{站}}^2 = S\frac{1}{s}\sigma_{\text{站}}^2 \tag{1-58}$$

如果 S 及 s 均以千米为单位，则 $\dfrac{1}{s}$ 表示单位距离（1 km）水准路线上的测站数。$\dfrac{1}{s}\sigma_{\text{站}}^2$ 就是 1 km 水准路线上观测高差的方差，通常用 σ_{km}^2 表示之：$\sigma_{\text{km}}^2 = \dfrac{1}{s}\sigma_{\text{站}}^2$，代入上式就有：

$$\sigma_{h_{AB}}^2 = S\sigma_{km}^2 \tag{1-59}$$

若取 Ckm 上的水准观测高差的方差为单位权方差，即取 $\sigma_0^2 = C\sigma_{km}^2$，则得依距离定权的公式为：

$$p_{h_{AB}} = \frac{\sigma_{km}^2 C}{\sigma_{km}^2 S} = \frac{C}{S} \tag{1-60}$$

式（1-59）、（1-60）表明：当各测站的距离大致相等、每千米观测高差的精度相同时，水准测量中高差的方差与距离成正比，高差的权与距离成反比。

（二）导线边方位角之权的确定

设有支导线如图1-7所示。

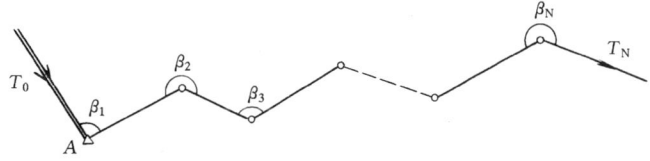

图 1-7

图中 T_0 为已知方位角，视为无误差。现以同精度独立地测得 N 个转折角（左角）β_1、β_2、……β_N，它们的方差均为 σ_β^2。已知第 N 条导线边的坐标方位角为：

$$T_N = T_0 + \beta_1 + \beta_2 + \cdots + \beta_N \pm N \cdot 180° \tag{1-61}$$

由协方差传播律式（1-29）可得导线第 N 条边的坐标方位角方差为：

$$\sigma_{T_N}^2 = \sigma_\beta^2 + \sigma_\beta^2 + \cdots + \sigma_\beta^2 = N\sigma_\beta^2 \tag{1-62}$$

若取 C 个折角方位角的方差为单位权方差，即取 $\sigma_0^2 = C\sigma_\beta^2$，则导线第 N 条边方位角的权为：

$$p_{T_N} = \frac{\sigma_\beta^2 C}{\sigma_\beta^2 N} = \frac{C}{N} \tag{1-63}$$

式（1-62）、（1-63）说明：支导线中第 N 条边的坐标方位角的方差，等于各转折角之方差的 N 倍，其权与转折角数成反比。

（三）算术平均值或带权平均值之权的确定

设对某量以同精度独立地观测了 N 次，其观测值为 L_1、L_2……L_N，各观测值的方差均为 σ^2，现取 N 个观测值的算术平均值作为该量的最后结果，即：

$$x = \frac{[L]}{N} = \frac{1}{N}(L_1 + L_2 + \cdots + L_N) \tag{1-64}$$

由协方差传播律可得算术平均值的方差为：

$$\sigma_x^2 = \frac{1}{N^2}\sigma^2 + \frac{1}{N^2}\sigma^2 + \cdots + \frac{1}{N^2}\sigma^2 = \frac{\sigma^2}{N} \tag{1-65}$$

若取 C 次观测值的算术平均值为单位权观测值，即取 $\sigma_0^2 = \dfrac{\sigma^2}{C}$，则有：

$$p_x = \frac{N}{C} \tag{1-66}$$

可见，算术平均值的方差随着观测次数的增多而减少；算术平均值的权与观测次数成正比。

设对某量以不等精度独立地观测了 N 次，其观测值为 L_1、L_2……L_N，各观测值的权为 p_1、p_2……p_N。现取 N 个观测值的带权平均值作为该量的最后结果，即：

$$x = \frac{1}{[p]}(p_1 L_1 + p_2 L_2 + \cdots\cdots + p_N L_N) = \frac{[pL]}{[p]} \qquad (1\text{-}67)$$

应用权倒数传播律得

$$\frac{1}{p_x} = \frac{1}{[p]^2}\left(p_1^2 \frac{1}{p_1} + p_2^2 \frac{1}{p_2} + \cdots\cdots + p_N^2 \frac{1}{p_N}\right) = \frac{1}{[p]} \qquad (1\text{-}68)$$

也即：
$$p_x = [p]$$

可见，带权平均值的权等于各观测值权之和。

二、单位权中误差

首先讨论根据不等精度观测值的真误差 Δ_i，计算单位权中误差的公式。

根据权的定义式（1-21），有 $\sigma_i^2 = \dfrac{\sigma_0^2}{p_i}$，在实用时总是用估值代之，即：

$$\hat{\sigma}_i^2 = \frac{\hat{\sigma}_0^2}{p_i} \quad 或 \quad m_i^2 = \frac{m_0^2}{p_i} （式中 \hat{\sigma}_0 和 m_0 是单位权中误差。）$$

可见，如果单位权中误差已知，则不难求得各观测值的中误差。

设有一组不等精度的独立观测值为 L_1、L_2……L_n，已知它们的真误差为 Δ_1、Δ_2……Δ_n，它们的权为 p_1、p_2……p_n。为了求单位权中误差，就需要得到一组精度相同，且其权为 1 的独立真误差。有了这样一组真误差，便可根据式（1-8）来求 $\hat{\sigma}_0$。

为此，用 $\sqrt{p_i}$ 乘以 L_i 得一组数值 L'_i，即：

$$L'_i = \sqrt{p_i} L_i \qquad (i = 1, 2\cdots\cdots n) \qquad (1\text{-}69)$$

则 L'_i 的真误差为：

$$\Delta'_i = \sqrt{p_i}\Delta_i \qquad (1\text{-}70)$$

按权倒数传播律式（1-52），可得 L'_i 的权倒数为：$\dfrac{1}{p'_i} = (\sqrt{p_i})^2 \dfrac{1}{p_i} = 1$，由此得：$p'_i = 1$。

可见，L'_i 为单位权观测值，Δ'_i 为单位权观测值的真误差。因此，根据式（1-8）可得：

$$\hat{\sigma}_0 = \mu = m_0 = \pm\sqrt{\frac{[\Delta'\Delta']}{n}} = \pm\sqrt{\frac{[p\Delta\Delta]}{n}} \qquad (1\text{-}71)$$

式（1-71）便是根据一组不同精度的真误差计算单位权中误差的基本公式。

根据权的定义式（1-15），有：

$$\hat{\sigma}_i^2 = \frac{\hat{\sigma}_0^2}{p_i} \quad 或 \quad m_i^2 = \frac{m_0^2}{p_i} （式中 \hat{\sigma}_0 和 m_0 是单位权中误差。）$$

可见，如果单位权中误差已知，则不难求得各观测值或观测函数的中误差。

上面导出的公式（1-71），只有当观测值的真误差 Δ 为已知时，才能求得单位权中误差。但在一般情况下，观测值的真误差 Δ 是不知道的，而观测值的改正数 v 是可以求得的。为了衡量精度必须找出能利用改正数计算单位权中误差的公式。用 $\tilde{x}$ 表示真值，x 表示平差值（有时也称或然值），则

$$\Delta_i = \tilde{x} - L_i \tag{1-72}$$

$$v_i = x - L_i \tag{1-73}$$

则
$$\Delta_i = v_i + (\tilde{x} - x)$$

其中 $(\tilde{x} - x)$ 为 x 的真误差，记为 Δ_x，则

$$\Delta_i = v_i + \Delta_x \qquad (i = 1, 2\cdots\cdots n)$$

将上式两边平方并乘以相应的权 p_i，再对 n 个式子求和，得

$$[p\Delta\Delta] = [pvv] + 2[pv]\Delta_x + [p]\Delta_x^2 \tag{1-74}$$

对式（1-73）两边同乘 p_i 并求和得

$$[pv] = [p]x - [pL]$$

因为 $x = \dfrac{[pL]}{[p]}$，则：$[pv] = 0$。于是式（1-74）可以写为

$$[pvv] = [p\Delta\Delta] - [p]\Delta_x^2 \tag{1-75}$$

上式中 Δ_x^2 是最或然值 x 真误差的平方。由于真值不知道，因此 Δ_x^2 也无法求得。在这里用 x 的中误差的平方 m_x^2 来代替，于是得

$$[pvv] = [p\Delta\Delta] - [p]m_x^2 = [p\Delta\Delta] - [p]\frac{\mu^2}{p_x} \tag{1-76}$$

由式（1-71）知 $\mu^2 n = [p\Delta\Delta]$，而上式中的 $[p] = p_x$，故式（1-76）可写为

$$\mu = \pm\sqrt{\frac{[pvv]}{n-1}} \tag{1-77}$$

这就是改正数计算单位权中误差的实用公式。

上式是在对一个量进行 n 次不等精度观测的情况下求单位权中误差的计算式。式中 n 是观测次数，1 可理解为必要观测数，$n-1$ 是多余观测的个数。若对多个量进行了不等精度观测，当观测量总数为 n，必要观测的个数为 t 时，可以证明（证明从略），单位权中误差的计算公式为：

$$\mu = \pm\sqrt{\frac{[pvv]}{n-t}} \tag{1-78}$$

三、由观测值函数的真误差计算观测值的中误差

在实际工作中，观测量的真值一般是不知道的，因此，其真误差、中误差就无法计算。但是，在某些情况下，由若干观测值构成的函数，其真值是已知的，因而，它们的真误差也是可以求得的。故可用有限个观测值函数的真误差，去计算观测值的中误差。

1. 等精度观测

以根据三角形闭合差计算测角中误差为例。设在一个三角网中，以等精度独立地观测了 n 个三角形的三个内角 α_i、β_i、γ_i，则第 i 个三角形的闭合差为：

$$w_i = \alpha_i + \beta_i + \gamma_i - 180° = \Sigma_i - 180° \qquad (i = 1、2\cdots\cdots n) \tag{1-79}$$

式中 $\Sigma_i = \alpha_i + \beta_i + \gamma_i$。

因平面三角形的三内角之和的理论值为 $180°$，所以三角形闭合差是真误差。根据式（1-8），三角形闭合差的中误差为：

$$m_{\mathrm{w}} = \pm \sqrt{\frac{[ww]}{n}} \tag{1-80}$$

若每个角度观测值的中误差为 m，则对式（1-79）应用协方差传播律得：

$$m_{\mathrm{w}}^2 = 3m^2 \tag{1-81}$$

将式（1-81）代入式（1-80），即得由三角形闭合差计算角度观测值中误差的公式：

$$m = \pm \sqrt{\frac{[ww]}{3n}} \tag{1-82}$$

上式称为菲列罗公式。在三角测量中，经常用它来初步评定测角的精度。

2. 不等精度观测

下面讨论由不等精度的双观测值之差来计算观测值中误差的计算公式。

设对 n 个同类量 L_1、L_2……L_n 各观测两次，其独立观测值分别为：

L'_1、L'_2……L'_n；L''_1、L''_2……L''_n。其中 L'_i、L''_i 是对量 L_i 的两次观测的结果，常称为一个观测对。因同一观测对的两个观测值的精度相同，故各观测对的权分别为：p_1、p_2……p_n。由于观测值带有误差，因此，每个量的两个观测值的差数一般不为零，设：

$$d_i = L'_i - L''_i \qquad (i = 1、2……n) \tag{1-83}$$

已知各差数的真值应为零，因此，d_i 就是各差数的真误差。由式（1-83）按权倒数传播律，得相应的权为：

$$\frac{1}{p_{d_i}} = \frac{1}{p_i} + \frac{1}{p_i} = \frac{2}{p_i},$$

即：

$$p_{d_i} = \frac{p_i}{2}$$

代入式（1-71），便得由双观测之差计算单位权中误差的公式：

$$\hat{\sigma}_0 = m_0 = \pm \sqrt{\frac{[p_{\mathrm{d}}dd]}{n}} = \pm \sqrt{\frac{[pdd]}{2n}} \tag{1-84}$$

式中 d 是第 i 对观测值的差数；p_{d} 是差数的权；p 是观测值的权；n 为观测对数，它是个有限数。

有了单位权中误差 $\hat{\sigma}_0$，即可求得各观测值 L'_i 和 L''_i 的中误差为：

$$m'_{L_i} = m''_{L_i} = m_0 \sqrt{\frac{1}{p_i}} \tag{1-85}$$

而对于第 i 对观测值的平均值 $x_i = \dfrac{L'_i + L''_i}{2}$ 的中误差应为：

$$m_{x_i} = \frac{m'_{L_i}}{\sqrt{2}} \tag{1-86}$$

【例 1-9】 设在 A、B 两水准点间分五段进行水准测量。每段各测两次，其结果列于表1-3中。试求：（1）每千米观测高差的中误差；（2）第二段观测高差的中误差；（3）第二段高差平均值的中误差；（4）全长一次观测高差的中误差；（5）全长高差平均值的中误差。

表 1-3

段　　号	高　　差		$d_i = L'_i - L''_i$ （mm）	S_i (km)
	往　测（m）	返　测（m）		
1	+ 1.444	+ 1.437	+ 7	4.0
2	− 0.348	− 0.356	+ 8	3.0
3	+ 0.584	+ 0.593	− 9	2.0
4	− 3.360	− 3.352	− 8	1.5
5	− 0.053	− 0.063	+ 10	2.5

解：令 $C = 1$，即令 1km 观测高差为单位权观测值。

（1）单位权中误差（每 km 观测高差的中误差）为：

$$\hat{\sigma}_0 = m_0 = \pm \sqrt{\frac{[pdd]}{2n}} = \pm 3.96 \text{mm}$$

（2）第二段观测高差的中误差为：

$$m'_{L_2} = \pm m_0 \sqrt{\frac{1}{p_2}} = \pm 6.86 \text{mm}$$

（3）第二段高差平均值的中误差为：

$$m_{x_2} = \pm \frac{m'_{L_2}}{\sqrt{2}} = \pm 4.85 \text{mm}$$

（4）全长一次观测高差的中误差为：

$$m_全 = \pm m_0 \sqrt{[s]} = \pm 14.28 \text{mm}$$

（5）全长高差平均值的中误差为：

$$m_{x全} = \pm \frac{m_全}{\sqrt{2}} = \pm 10.10 \text{mm}$$

第六节　测量平差的任务与准则

一、测量平差的任务

为了提高观测成果的质量，同时也为了检查和及时发现观测值中有无错误存在，在实际工作中，通常要使观测值的个数多于未知量的个数，也就是要进行多余观测。例如，三角网中每个三角形只需观测其中两个内角便可解算三角形，但在实际作业时，总是观测了每个三角形的全部内角。又如在一个三角点上只需观测一测回，便可知道各方向值，但实际上总要进行若干测回的重复观测。

由于观测结果不可避免地受到偶然误差的影响，通过多余观测必然会发现在观测结果之间不相一致，或不符合应有关系而产生的不符值。于是怎样对这些含偶然误差的观测值进行处理，合理地配赋不符值，从而得到最可靠的结果，这就是测量平差的一个主要任务。

概括起来，测量平差的任务是：

（1）对一系列带偶然误差的观测值，按最小二乘原理，消除各观测值之间的不符值。合理地配赋误差，求出观测值及其函数的最可靠值。

（2）运用合理的方法来评定测量成果的精度。

二、测量平差的准则

测量平差的主要任务是消除由观测误差所引起的不符值，求观测量及其函数的最可靠值。那么依据什么原则平差呢？下面就简述测量平差应遵循的准则。

设在一个三角形中测了 A、B、C 三个内角，得观测值 $L_1 = 45°17\,'21\,''$，$L_2 = 79\,°34\,'56\,''$，$L_3 = 55\,°07\,'37\,''$，由于观测中不可避免地存在误差，三角形三个内角之和，与其理论值之间存在不符值：$w = L_1 + L_2 + L_3 - 180\,° = -6\,''$。显然，为了消除观测值之间的不符值，各观测值上应分别加上一个改正数 v_i（$i = 1$、2、3），使得改正后的结果之和，与其应有值之间不再存在不符值，即达到：

$$(L_1 + v_1) + (L_2 + v_2) + (L_3 + v_3) - 180° = 0$$

若仅仅为了配赋闭合差，对 v_i' 分别为 +2、+2、+2；v_i'' 分别为 +3、+2、+1；任意取其一组，都能达到这一目的。这就产生一个问题，即：随着每一组改正数的不同，观测值的平差值也不同，那么取哪一组 v 值来消除不符值最为合理，其对应的观测值的平差值最接近真值且是惟一的一组解？

解决这类问题时，一般应用的是最小二乘原理。最小二乘法是根据最大似然法推导出来的。所谓最大似然法，是数理统计中一种选择未知数最可靠值的原则。这种方法的基本思想是：将可能发生的事估计为"其出现的可能性最大"的事。

例如，某一射手，根据他近期的射击成绩记录，已知其每发子弹平均可得 9.0 环以上的可能性为 0.22，得 8.0~9.0 环的可能性为 0.61，得 8.0 环以下的可能性为 0.17。现该射手仍在正常情况下射出一发子弹，那么人们很自然地会估计这发子弹命中的环数为 8.0~9.0，因为这样估计其出现的可能性最大。

运用最大似然法解决问题时，应先组成一个似然函数，然后求其极值。即：

$$G = f(v_1)f(v_2)\cdots\cdots f(v_n) = \max \tag{1-87}$$

上式称为似然函数。

通常将满足式（1-87）的 v 值称为最或然误差，而将其相应的 x，称为未知量的最或然值。

根据最大似然函数便可导出最小二乘原理。将误差分布的密度函数 $f(\Delta) = \dfrac{1}{\sigma\sqrt{2\pi}}$ $e^{-\frac{\Delta^2}{2\sigma^2}}$ 代入式（1-87），并用 v_i 代替 Δ_i，则可得似然函数的具体形式：

$$
\begin{aligned}
G &= \left(\frac{1}{\sigma_1\sqrt{2\pi}}e^{-\frac{v_1^2}{2\sigma_1^2}}\right)\left(\frac{1}{\sigma_2\sqrt{2\pi}}e^{-\frac{v_2^2}{2\sigma_2^2}}\right)\cdots\cdots\left(\frac{1}{\sigma_n\sqrt{2\pi}}e^{-\frac{v_n^2}{2\sigma_n^2}}\right) \\
&= \frac{1}{\sigma_1\sigma_2\cdots\cdots\sigma_n(2\pi)^{n/2}}e^{-\frac{1}{2}\left(\frac{v_1^2}{\sigma_1^2}+\frac{v_2^2}{\sigma_2^2}+\cdots\cdots+\frac{v_n^2}{\sigma_n^2}\right)}
\end{aligned}
\tag{1-88}
$$

由式（1-88）可见：若要使 G 等于最大，只需使 e 的指数部分达到最小值。即：

$$\frac{v_1^2}{\sigma_1^2} + \frac{v_2^2}{\sigma_2^2} + \cdots\cdots + \frac{v_n^2}{\sigma_n^2} = \min \tag{1-89}$$

由权定义式（1-15）知：$\sigma_i^2 = \dfrac{\sigma_0^2}{p_i}$，将其代入式（1-89），并约去常数 σ_0^2 后，可得：

$$p_1 v_1^2 + p_2 v_2^2 + \cdots\cdots + p_n v_n^2 = [pvv] = \min \tag{1-90}$$

因此处讨论的 L_i 为独立观测值，其权阵为对角阵，设 $V_{n \times 1} = \begin{pmatrix} v_1 \\ v_2 \\ \vdots \\ v_n \end{pmatrix}$，$P_{n \times n} = \begin{pmatrix} p_1 & & & \\ & p_2 & & \\ & & \ddots & \\ & & & p_n \end{pmatrix}$ 则式（1-90）可以表示为：

$$[pvv] = V^{\mathrm{T}} P V = \min \tag{1-91}$$

如果各观测值相互独立且等精度，它们的权相等（设为 1）时，则上式可变换成：

$$v_1^2 + v_2^2 + \cdots\cdots + v_n^2 = V^{\mathrm{T}} V = \min \tag{1-92}$$

于是，利用式（1-90）和式（1-92）等于最小的原理，可求出观测量的最或然值。

因式（1-90）、式（1-92）均表示 v_i 平方和为最小，顾名思义，这种求最或然值的方法称为最小二乘法。最小二乘法是测量平差的理论依据，是测量平差应遵循的准则。

【**例 1-10**】 设对某量同精度观测了 n 次，其观测值为 L_1、$L_2\cdots\cdots L_n$，试按最小二乘原理求该量的最或然值。

解：设该量的最或然值为 $\hat{x}$，观测值 L_i 的改正数为 v_i，则有：$v_i = \hat{x} - L_i$（$i = 1$、2 $\cdots\cdots n$）。依据式（1-92），此时 v_i 应满足：

$$[vv] = (\hat{x} - L_1)^2 + (\hat{x} - L_2)^2 + \cdots\cdots + (\hat{x} - L_n)^2 = \min$$

为此，将上式对 $\hat{x}$ 取一阶导数，并令其等于零，遂得：

$$\frac{\mathrm{d}[vv]}{\mathrm{d}\hat{x}} = 2(\hat{x} - L_1) + 2(\hat{x} - L_2) + \cdots\cdots + 2(\hat{x} - L_n) = 0$$

经整理后便得：

$$n\hat{x} - [L] = 0, 即：\hat{x} = \frac{[L]}{n}$$

上式表明，对某个未知量进行的一组同精度观测值的算术平均值，就是该未知量的最或然值。

思考题及习题

1-1 产生观测误差的原因主要有哪几个方面？观测条件是由哪些因素构成的？

1-2 测量误差分哪几类？对观测成果有何影响？

1-3　什么是精度？衡量精度的指标有哪些？为什么可以用方差作为衡量精度的指标？

1-4　什么是极限误差？它的理论依据是什么？

1-5　已知两段距离的长度及其中误差为 $231.519 \pm 3.6\text{cm}$、$569.844 \pm 3.6\text{cm}$，试说明这两个长度的真误差是否相等？它们的最大限差是否相等？它们的最精度是否相等？它们的相对精度是否相等？

1-6　在 $p_i = \dfrac{\sigma_0^2}{\sigma_i^2}$ 中，σ_0 的任意假定的常数，为什么要称它为单位权中误差？什么样的观测值称为单位权观测值。

1-7　A、B、C 为三个角度，其权分别为 $\dfrac{1}{4}$、$\dfrac{1}{2}$ 及 2，B 角的方差为 $16\ (")^2$，试求出单位权方差及 A、C 角之方差。

1-8　设 L_1、L_2 及 L_3 为某量的不等精度的观测值，它们的权比为 $p_1 : p_2 : p_3 = 1 : 2 : 3$。已知 L_1 的中误差 $m_1 = \pm 4"$，试求 L_2、L_3 的中误差 m_2 和 m_3。

1-9　协方差传播律是用来解决什么问题的？试述应用协方差传播律的具体步骤。

1-10　已知观测值 L_1、L_2、L_3 的方差分别为 $\sigma_1^2 = 2$、$\sigma_2^2 = 3$、$\sigma_3^2 = 2$，试求下列函数的方差。

（1）$F = L_1 - \dfrac{1}{3}\ (L_1 + L_2 + L_3)$

（2）$Z = L_1 - 2L_2 + 3L_3$

1-11　已知观测向量 $\underset{3 \times 1}{L}$ 的方差阵为：$D_{LL} = \begin{bmatrix} 4 & 1 & -1 \\ 1 & 3 & 1 \\ -1 & 1 & 2 \end{bmatrix}$，试求函数 $F = L_1 - 2L_2 + 2\ (L_1 + L_3)$ 的方差。

1-12　设在某三角形中，独立地测得 L_A、L_B，它们的中误差分别为 $m_A = \pm 2."4$，$m_B = \pm 3."2$，试求 L_C 的中误差 m_c。

1-13　设有随机变量 x_1，x_2，其方差阵为：$D_{XX} = \begin{bmatrix} 3 & 1 \\ 1 & 3 \end{bmatrix}$。现有函数：$y_1 = 2x_1 + x_2$；$y_2 = x_1 + 2x_2$。试求 σ_{y1}^2、σ_{y2}^2、σ_{y1y2}。

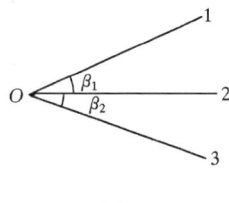

图 1-8

1-14　如图 1-8 所示，在测站 o 上观测了 1，2，3 三个方向，得方向观测值 L_1、L_2、L_3，设各方向值之间相互独立且等精度，其方差均为 σ^2，试求 β_1、β_2 角的方差和协方差。

1-15　已知独立观测值 L_1、L_2、L_3 的方差分别为 σ_1^2、σ_2^2 和 σ_3^2，试求函数 $F = L_1^2 + L_2 + L_3^{\frac{1}{2}}$ 的方差。

1-16　由公式 $h = D \cdot \text{tg}\alpha$ 计算高差，已知 $D = 184.81\text{m}$，其中误差为 $\pm 0.03\text{m}$，垂直角 $\alpha = 21°40'24"$，其中误差为 $\pm 4".0$，求高差 h 及其中误差 m_h。

1-17　设有一系列不等精度的独立观测值 L_1、L_2、L_3，它们的权分别为 p_1、p_2、p_3，试求下列各函数的协因数。

（1）$F_1 = \dfrac{1}{5}L_1 - \dfrac{4}{5}L_2 + \dfrac{3}{5}L_3$；

（2）$F_2 = \dfrac{L_1 + L_2}{2} + L_3$；

1-18　设有观测值 L_1，L_2，其方差、协方差分别为 $\sigma_1^2 = 1$，$\sigma_2^2 = 4$，$\sigma_{12} = 1$，已知 $\sigma_0^2 = 2$，求观测值 L_1、L_2 的协因数阵 Q_{LL} 和权阵 P_{LL}。

1-19　设 $\Delta_x = S \cdot \cos\alpha$，$\Delta y = S \cdot \sin\alpha$，已知 S 的权为 p_s，α 的权为 p_a，且 S 与 α 独立，试求 Δ_x、Δ_y 的协因数。

1-20　以等精度独立地观测某三角形的三个内角 L_1、L_2、L_3，其协因数阵 $Q_{LL} = I$，现将三角形闭合

差 w 反号平均分配给各角，得：$\hat{L}_i = L_i - \dfrac{w}{3}$；$w = L_1 + L_2 + L_3 - 180°$。试求 $\hat{L}_i$ 的协因数阵。

1-21 在某平坦地区内的 A、B 两点间敷设水准路线，以 2km 长的水准测量高差中误差为 ±5mm 的精度进行测量，试求 9km 及 15km 长的水准路线高差的中误差。

1-22 角 C 是由角 A 和角 B 之和求得，角 A 由 16 次观测之算术平均值求出，角 B 由 24 次观测之算术平均值得出，一次观测之中误差为 ±4.0″，试求 C 角之中误差。

1-23 在三角形 ABC 中，用一测回中误差为 ±5″ 的经纬仪观测 A 角 10 测回，其权为 2，试问用一测回中误差为 ±8″ 的经纬仪观测 B 角多少测回，才能使其权为 1。

1-24 有一水准路线分四段进行测量，每段均作往、返观测。观测值见下表：

路线长度（km）	往测高差（m）	返测高差（m）
5.3	5.263	5.258
3.1	1.715	1.717
4.3	2.626	2.629
1.0	3.799	3.796

令 1km 观测高差的权为单位权，试求：

（1）第二段一次观测高差中误差；

（2）第二段高差平均值的中误差；

（3）全长一次观测高差的中误差；

（4）全长高差平均值的中误差。

1-25 测量工作中为什么要进行多余观测？测量平差的任务是什么？

第二章　条　件　平　差

第一节　条件平差原理

一、概述

为了提高观测精度和避免差错，我们测量的量和对同一个量观测的次数，总是比必要观测的次数多。例如对一个平面三角形，如果仅仅为了确定其形状，只要知道其中任意两个内角就行了。这种为了确定未知量而必须观测的个数，称为必要观测，通常以 t 表示。但通常也对第三个内角进行观测，凡超过必要观测数的观测数，相对于必要观测而言，就称为多余观测，通常以 r 表示。设观测总数为 n，则有：

$$r = n - t \tag{2-1}$$

由于测量工作总是要进行多余观测，而观测中不可避免地要产生误差，于是出现了观测值之间的矛盾，也就产生了平差。测量平差就是根据最小二乘原理，正确地消除各观测值之间的矛盾，合理地分配误差，求出观测值及其函数的最或然值，同时评定测量结果的精度。

根据不同情况，测量平差的方法有许多。有直接平差、条件平差、间接平差、分区平差、相关平差、秩亏自由网平差等。本教材仅介绍最常用的条件平差和间接平差。

条件平差法是根据条件方程式按最小二乘原理求观测值的最或然值。间接平差法是根据独立未知量与未知量函数关系列出的误差方程式，按最小二乘原理求未知量的最或然值。这两种平差方法虽然原理不同，但都是解决求多个未知量或然值的问题，平差的最后结果应当是一致的。实际工作中应采用哪一种平差方法，主要视计算工具与计算工作量的多少而定。

由于观测条件不同，平差时会遇到同精度和不同精度两种情况。这就有带权和不带权的平差方法。测角网平差多数情况下是不带权的，而边角网、测边网、导线网与高程网平差则是带权平差。

二、条件平差原理

在控制网中，由于有多余观测，而观测量之间又受到几何上或物理上的约束，形成了一定的条件；又因为观测值存在误差，所以观测值不能满足条件而产生闭合差。条件平差就是要根据观测元素之间所构成的条件，按最小二乘法原理求得各观测值的最或然值，以消除因多余观测而产生的不符值，并做出相应的精度评定。

（一）条件方程

在图 2-1 中，设 H_A 为 A 点的已知高程，为了确定 B、C 两点的高程，只要观测两个高差就够了，即必要观测数 $t=2$，而图中按箭头方向观测了 h_1、h_2、h_3 三个高差，则 $n=3$，因为有了多余观测（$r=1$），所以在观测高差的最或然值 $\hat{h}_1$、$\hat{h}_2$、$\hat{h}_3$ 之间产生了一个条件，即：

$$\hat{h}_1 + \hat{h}_2 + \hat{h}_3 = 0 \qquad (2\text{-}2)$$

式（2-2）称为平差值条件方程。由于存在观测误差，所以有：

$$h_1 + h_2 + h_3 = w_{\mathrm{h}} \qquad (2\text{-}3)$$

因观测量的最或然值等于观测值加改正数，即：

$$h_1 + v_1 + h_2 + v_2 + h_3 + v_3 = 0 \qquad (2\text{-}4)$$

将式（2-3）代入式（2-4）得：

$$v_1 + v_2 + v_3 + w_{\mathrm{h}} = 0 \qquad (2\text{-}5)$$

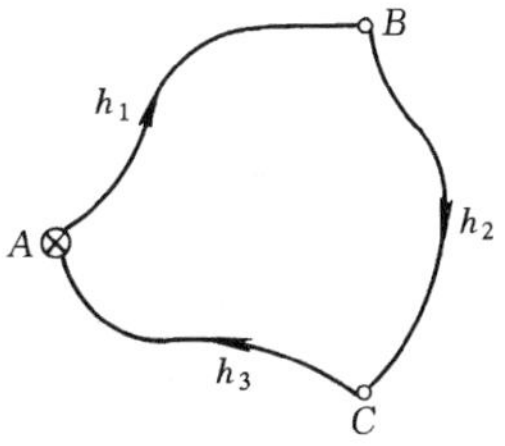

式中 v_i 为条件方程的未知数（即改正数）；w_{h} 为条件方程的自

图 2-1

由项（即闭合差）。通常所说的"条件方程"是指改正数应满足的条件方程，简称条件方程。式（2-5）便是条件方程。

在被平差的实际问题中，若有 n 个观测值 L_i 时，就会有 n 个改正数 v_i；有 r 个多余观测时，就有 r 个条件方程。

下面以一般形式讨论条件平差的原理。

（二）条件平差原理

我们先定义下列符号：

设有 n 个观测值为 $\quad L_1$、L_2……L_n；$\quad$ 平差值为 $\quad\quad\quad\quad\quad \hat{L}_1$、$\hat{L}_2$……$\hat{L}_n$；

相应的权为 $\quad\quad\quad p_1$、p_2……p_n；$\quad$ 条件方程的常数项为 a_0、b_0……r_0；

观测值改正数为 $\quad\quad v_1$、v_2……v_n；$\quad$ 条件方程的闭合差为 w_{a}、w_{b}……w_{r}。

为简便起见，设多余观测数 $r = 3$，则有三个平差值条件方程为：

$$\left.\begin{array}{l} a_1\hat{L}_1 + a_2\hat{L}_2 + \cdots\cdots + a_n\hat{L}_n + a_0 = 0 \\ b_1\hat{L}_1 + b_2\hat{L}_2 + \cdots\cdots + b_n\hat{L}_n + b_0 = 0 \\ c_1\hat{L}_1 + c_2\hat{L}_2 + \cdots\cdots + c_n\hat{L}_n + c_0 = 0 \end{array}\right\} \qquad (2\text{-}6)$$

式中 $\quad a_i$、b_i、c_i（$i = 1$，2……n）为平差值条件方程的系数，它们是某些固定值，随方程的条件不同而取不同的值。例如在式（2-2）中，对照式（2-6）的第一式，$a_1 = a_2 = a_3 = +1$，$\hat{L}_4$、$\hat{L}_5$……$\hat{L}_n$ 缺项，其系数 $a_4 = a_5 = \cdots\cdots = a_n = 0$，$a_0 = 0$。随着具体问题的不同，平差值条件方程有线性形式，也有非线性形式。下面在进行推导公式时，是假设全部条件均为线性形式。至于非线性条件的处理问题将在下节中阐述。

因为 $\hat{L}_i = L_i + v_i$（$i = 1$，2……n），所以式（2-6）可写为：

$$\left.\begin{array}{l} a_1(L_1 + v_1) + a_2(L_2 + v_2) + \cdots\cdots + a_n(L_n + v_n) + a_0 = 0 \\ b_1(L_1 + v_1) + b_2(L_2 + v_2) + \cdots\cdots + b_n(L_n + v_n) + b_0 = 0 \\ c_1(L_1 + v_1) + c_2(L_2 + v_2) + \cdots\cdots + c_n(L_n + v_n) + c_0 = 0 \end{array}\right\} \qquad (2\text{-}7)$$

令

$$\left.\begin{array}{l} a_1L_1 + a_2L_2 + \cdots\cdots + a_nL_n + a_0 = w_{\mathrm{a}} \\ b_1L_1 + b_2L_2 + \cdots\cdots + b_nL_n + b_0 = w_{\mathrm{b}} \\ c_1L_1 + c_2L_2 + \cdots\cdots + c_nL_n + c_0 = w_{\mathrm{c}} \end{array}\right\} \qquad (2\text{-}8)$$

将上式代入（2-7）式，得：

$$\left.\begin{array}{l} a_1 v_1 + a_2 v_2 + \cdots\cdots + a_n v_n + w_{\mathrm{a}} = 0 \\[1mm] b_1 v_1 + b_2 v_2 + \cdots\cdots + b_n v_n + w_{\mathrm{b}} = 0 \\[1mm] \quad\cdots \qquad \cdots \qquad \cdots \qquad \cdots \qquad \cdots \\[1mm] r_1 v_1 + r_2 v_2 + \cdots\cdots + r_n v_n + w_{\mathrm{r}} = 0 \end{array}\right\} \tag{2-9}$$

式（2-9）即为有 n 个未知数 v_i 的条件方程。现设：

$$\mathop{A}\limits_{r \times n} = \begin{pmatrix} a_1 & a_2 & \cdots & a_n \\ b_1 & b_2 & \cdots & b_n \\ \cdots & \cdots & \cdots & \cdots \\ r_1 & r_2 & \cdots & r_n \end{pmatrix} \qquad \mathop{L}\limits_{n \times 1} = \begin{pmatrix} L_1 \\ L_2 \\ \vdots \\ L_n \end{pmatrix} \qquad \mathop{V}\limits_{n \times 1} = \begin{pmatrix} v_1 \\ v_2 \\ \vdots \\ v_n \end{pmatrix}$$

$$\mathop{W}\limits_{r \times 1} = \begin{pmatrix} w_{\mathrm{a}} \\ w_{\mathrm{b}} \\ \vdots \\ w_{\mathrm{r}} \end{pmatrix} \qquad \mathop{A_0}\limits_{r \times 1} = \begin{pmatrix} a_0 \\ b_0 \\ \vdots \\ r_0 \end{pmatrix}$$

则式（2-8）、（2-9）可用矩阵表达式成：

$$\mathop{A}\limits_{r \times n} \mathop{V}\limits_{n \times 1} + \mathop{W}\limits_{r \times 1} = \mathop{O}\limits_{r \times 1}$$

$$\mathop{W}\limits_{r \times 1} = \mathop{A}\limits_{r \times n} \mathop{L}\limits_{n \times 1} + \mathop{A_0}\limits_{r \times 1} \tag{2-10}$$

因为多余观测数等于条件方程的个数，而多余观测数只是观测量总个数 n 的一部分，所以，未知数的数目总是大于条件方程的数目，即 $n > r$。故式（2-9）的解是不定的。而我们所需要的是其中能使 $[pvv] = \min$（最小）的一组 v 值。为了求得一组既能满足条件方程式（2-9），而又能使 $[pvv] = $ 最小的 v 值，可采用数学中求条件极值的原理。为此，组成新函数：

$$\begin{aligned} \varPhi = F(v_1, v_2 \cdots\cdots v_n) = {} & (p_1 v_1^2 + p_2 v_2^2 + \cdots\cdots + p_n v_n^2) \\ & - 2 k_{\mathrm{a}}(a_1 v_1 + a_2 v_2 + \cdots\cdots + a_n v_n + w_{\mathrm{a}}) \\ & - 2 k_{\mathrm{b}}(b_1 v_1 + b_2 v_2 + \cdots\cdots + b_n v_n + w_{\mathrm{b}}) \\ & \cdots \qquad \cdots \qquad \cdots \qquad \cdots \qquad \cdots \\ & - 2 k_{\mathrm{r}}(r_1 v_1 + r_2 v_2 + \cdots\cdots + r_n v_n + w_{\mathrm{r}}) \end{aligned} \tag{2-11}$$

式中 $-2k_{\mathrm{a}}$、$-2k_{\mathrm{b}} \cdots\cdots -2k_{\mathrm{r}}$ 系数在数学中称为拉格朗日乘数。在测量平差中，常称这些 k 为联系数，其个数与条件方程的个数相同。

为求新函数 $\varPhi$ 的极值，应对式（2-11）中的各个变量 v_i 求其一阶偏导数，并令其等于零。于是有：

$$\left.\begin{array}{l} \dfrac{\partial \varPhi}{\partial v_1} = 2p_1 v_1 - 2a_1 k_a - 2b_1 k_b - \cdots\cdots - 2r_1 k_r = 0 \\[2mm] \dfrac{\partial \varPhi}{\partial v_2} = 2p_2 v_2 - 2a_2 k_a - 2b_2 k_b - \cdots\cdots - 2r_2 k_r = 0 \\[2mm] \cdots \quad \cdots \quad \cdots \quad \cdots \quad \cdots \quad \cdots \\[2mm] \dfrac{\partial \varPhi}{\partial v_n} = 2p_n v_n - 2a_n k_a - 2b_n k_b - \cdots\cdots - 2r_n k_r = 0 \end{array}\right\} \tag{2-12}$$

由式（2-12）可解得一组 v 值：

$$\left.\begin{array}{l} v_1 = \dfrac{1}{p_1}(a_1 k_a + b_1 k_b + \cdots\cdots + r_1 k_r) \\[2mm] v_2 = \dfrac{1}{p_2}(a_2 k_a + b_2 k_b + \cdots\cdots + r_2 k_r) \\[2mm] \cdots \quad \cdots \quad \cdots \quad \cdots \\[2mm] v_n = \dfrac{1}{p_n}(a_n k_a + b_n k_b + \cdots\cdots + r_n k_r) \end{array}\right\} \tag{2-13}$$

式（2-13）称为改正数方程。

现设观测值的权阵为 $n \times n$ 的对角阵，又设联系数矩阵 $K = (k_a \quad k_b \quad \cdots\cdots \quad k_r)^{\mathrm{T}}$，则式（2-11）可用矩阵表示为：

$$\varPhi = V^{\mathrm{T}} P V - 2K^{\mathrm{T}}(AV + W)$$

为求新函数 $\varPhi$ 的极值，对上式中的变量 V 求其一阶偏导数，并令其等于零。于是有：

$$\frac{\mathrm{d}\varPhi}{\mathrm{d}V} = 2V^{\mathrm{T}} P - 2K^{\mathrm{T}} A = O$$

等式两边同除以 2，同时转置，移项，同时左乘 P^{-1} 则有

$$\underset{n\times 1}{V} = \underset{n\times n}{P^{-1}} \ \underset{n\times r}{A^{\mathrm{T}}} \ \underset{r\times 1}{K} \tag{2-14}$$

式（2-14）的纯量形式即为式（2-13）。

为了求得各改正数 v 值，就必须先求出联系数 k_a、k_b……k_r 的值。为此将式（2-13）的 v_i 分别代入式（2-9），并按 k 集项，可得：

$$\left(\frac{a_1 a_1}{p_1} + \frac{a_2 a_2}{p_2} + \cdots\cdots + \frac{a_n a_n}{p_n} \right) k_a + \left(\frac{a_1 b_1}{p_1} + \frac{a_2 b_2}{p_2} + \cdots\cdots + \frac{a_n b_n}{p_n} \right) k_b$$
$$+ \cdots\cdots + \left(\frac{a_1 r_1}{p_1} + \frac{a_2 r_2}{p_2} + \cdots\cdots + \frac{a_n r_n}{p_n} \right) k_r + w_a = 0$$

$$\left(\frac{a_1 b_1}{p_1} + \frac{a_2 b_2}{p_2} + \cdots\cdots + \frac{a_n b_n}{p_n} \right) k_a + \left(\frac{b_1 b_1}{p_1} + \frac{b_2 b_2}{p_2} + \cdots\cdots + \frac{b_n b_n}{p_n} \right) k_b$$
$$+ \cdots\cdots + \left(\frac{b_1 r_1}{p_1} + \frac{b_2 r_2}{p_2} + \cdots\cdots + \frac{b_n r_n}{p_n} \right) k_r + w_b = 0$$

$$\cdots\cdots$$

$$\left(\frac{a_1 r_1}{p_1} + \frac{a_2 r_2}{p_2} + \cdots\cdots + \frac{a_n r_n}{p_n} \right) k_a + \left(\frac{b_1 r_1}{p_1} + \frac{b_2 r_2}{p_2} + \cdots\cdots + \frac{b_n r_n}{p_n} \right) k_b$$
$$+ \cdots\cdots + \left(\frac{r_1 r_1}{p_1} + \frac{r_2 r_2}{p_2} + \cdots\cdots + \frac{r_n r_n}{p_n} \right) k_r + w_r = 0$$

若分别以 $\left[\dfrac{aa}{p}\right]$、$\left[\dfrac{ab}{p}\right]$、$\left[\dfrac{ac}{p}\right]$……$\left[\dfrac{ar}{p}\right]$ 表示圆括号内的和数，则上式可写成：

$$\left.\begin{array}{l}\left[\dfrac{aa}{p}\right]k_a + \left[\dfrac{ab}{p}\right]k_b + \cdots\cdots + \left[\dfrac{ar}{p}\right]k_r + w_a = 0 \\[3mm] \left[\dfrac{ab}{p}\right]k_a + \left[\dfrac{bb}{p}\right]k_b + \cdots\cdots + \left[\dfrac{br}{p}\right]k_r + w_b = 0 \\[3mm] \cdots\quad\cdots\quad\cdots\quad\cdots\quad\cdots \\[3mm] \left[\dfrac{ar}{p}\right]k_a + \left[\dfrac{br}{p}\right]k_b + \cdots\cdots + \left[\dfrac{rr}{p}\right]k_r + w_r = 0\end{array}\right\} \tag{2-15}$$

这就是用以解算联系数 k 的方程组，称为联系数法方程组，简称法方程。

若将式（2-14）代入式（2-10）可得法方程的矩阵表达式：

$$\underset{r \times n}{A}\ \underset{n \times n}{P^{-1}}\ \underset{n \times r}{A^T}\ \underset{r \times 1}{K} + \underset{r \times 1}{W} = \underset{r \times 1}{O}$$

$$\underset{r \times 1}{W} = \underset{r \times n}{A}\ \underset{n \times 1}{L} + \underset{r \times 1}{A_0} \tag{2-16}$$

由式（2-15）可以看出，法方程具有明显的规律：

（1）它是一组线性对称方程，系数排列与对角线成对称；

（2）在对角线上的系数都是自乘系数；

（3）它的系数由条件方程的系数所组成，常数项是相应条件方程的常数项。

如果是同精度观测，则 $p_1 = p_2 = \cdots\cdots = p_n = 1$，这时的法方程为：

$$\left.\begin{array}{l}[aa]k_a + [ab]k_b + \cdots\cdots + [ar]k_r + w_a = 0 \\[2mm] [ab]k_a + [bb]k_b + \cdots\cdots + [br]k_r + w_b = 0 \\[2mm] \cdots\quad\cdots\quad\cdots\quad\cdots\quad\cdots \\[2mm] [ar]k_a + [br]k_b + \cdots\cdots + [rr]k_r + w_r = 0\end{array}\right\} \tag{2-17}$$

其相应的改正数方程为：

$$v_i = a_i k_a + b_i k_b + \cdots\cdots + r_i k_r \quad i = 1、2\cdots\cdots n \tag{2-18}$$

式（2-17）、（2-18）分别可用矩阵表示为：

$$\underset{r \times n}{A}\ \underset{n \times r}{A^T}\ \underset{r \times 1}{K} + \underset{r \times 1}{W} = \underset{r \times 1}{O} \tag{2-19}$$

$$\underset{n \times 1}{V} = \underset{n \times r}{A^T}\ \underset{r \times 1}{K} \tag{2-20}$$

在实际计算时，并不需要由条件方程及 $[pvv]$ 组成新的函数 Φ，而可以直接由条件方程组成法方程，由法方程解得联系数 k，再将 k 代入改正数方程求出 v，最后求得平差值 $\hat{L}_i = L_i + v_i$。

（三）条件平差的计算步骤

归纳上述内容，可得条件平差的实际计算步骤如下：

（1）确定条件方程的个数，条件方程的个数等于多余观测数。

（2）列条件方程。

（3）根据条件方程系数、闭合差及观测值的权组成法方程，法方程的个数等于多余观测数。

（4）解算法方程，求出联系数 k 值。

（5）将 k 代入改正数方程求改正数 v，并计算平差值 $\hat{L}_i = L_i + v_i$。

（6）检核平差计算结果的正确性。

（7）精度评定。

【例 2-1】 设对某个三角形的 3 个内角作同精度观测，得观测值为 $L_1 = 62°17'53.''6$，$L_2 = 33°52'19.''8$，$L_3 = 83°49'43.''6$。试求 3 个内角的平差值。

解：由于只有 1 个多余观测，$r = n - t = 1$，故只有 1 个平差值条件方程，即：$\hat{L}_1 + \hat{L}_2 + \hat{L}_3 - 180° = 0$。若以 $\hat{L}_i = L_i + v_i$ 代入之，并将观测值数据代入则得条件方程：

$$v_1 + v_2 + v_3 - 3''.0 = 0$$

式中 闭合差为：$w = (L_1 + L_2 + L_3) - 180° = 62°17'53.''6 + 33°52'19.''8 + 83°49'43.''6 - 180° = -3''.0$

由于观测精度相同，故令 $p_1 = p_2 = p_3 = 1$。

条件方程中的系数均为 $+1$，所以 $[aa] = 3$。组成的法方程为：$3k_a - 3''.0 = 0$。解之得：

$$k_a = 1.''0$$

根据式（2-18）可求得改正数为：

$$v_1 = a_1 k_a = 1.''0$$

$$v_2 = a_2 k_a = 1.''0$$

$$v_3 = a_3 k_a = 1.''0$$

由此得各角的平差值为：

$$\hat{L}_1 = 62°17'53.''6 + 1''.0 = 62°17'54.''6$$

$$\hat{L}_2 = 33°52'19.''8 + 1.''0 = 33°52'20.''8$$

$$\hat{L}_3 = 83°49'43.''6 + 1.''0 = 83°49'44.''6$$

将平差值代入平差值条件方程进行检核，各角的平差值满足了三角形内角的几何条件，不再存在闭合差，故知计算无误。

第二节 条 件 方 程

用条件平差法求平差值时，首先须从确定条件方程的个数和列条件方程入手。如果条件方程的个数确定的不正确，或条件方程列立的不正确，则即使在后面的解算过程中不发生计算错误，但通过平差求得的改正数，仍不能消除实际存在的不符值。因此，在条件平差中正确确定条件方程的个数，掌握条件方程的列立是非常重要的。

一、确定条件方程的个数

在条件平差中，条件方程的个数等于多余观测的个数，即 $r = n - t$。n 是观测值的个数，是已知的，t 是必要观测的个数。因此，确定条件方程的个数，关键就是确定必要观测的个数。在一个平差问题中，必要观测值的多少取决于测量问题的本身，而不在于观测值的多少。下面就不同形式的控制网，讨论其必要观测值的个数。

1. 水准网

在图 2-2 中 A 为已知点，B、C、D 为待定点，若要确定 B、C、D 三点高程，必须观测 3 个高差，故必要观测数 $t = 3$。

若图 2-2 中 A 也是待定点，即水准网中无已知高程点，这时只能假定某一点的高程为已知，并以它为基准去推算其余三点的相对高程。因此，必要观测数仍为 3。

由以上讨论可以得知，水准网平差时，确定必要观测数的规则为：

(1) 当水准网中有已知点时，其必要观测数等于待定点的个数，即 $t = P$（P 为待定点数）；

(2) 当水准网中无已知点时，则必要观测数等于全部待定点数减 1，即 $t = P - 1$。

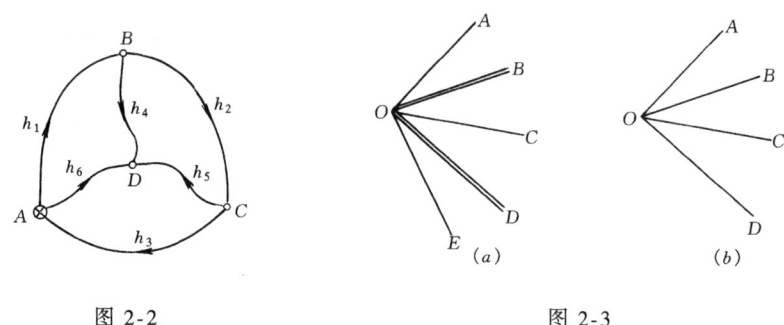

图 2-2   图 2-3

2. 测站平差

图 2-3（a）中，在测站 O 上进行方向观测，设 OB、OD 为已知方向（即坐标方位角为已知），其余 3 个方向为待定方向，要确定它们的坐标方位角，必须测定 3 个角，故必要观测数 $t = 3$；

在图 2-3（b）中，4 个方向都是待定方向，这时只能确定它们之间的相对位置，也只需要观测 3 个角度，因此，t 仍等于 3。

由以上讨论可得出进行测站平差时确定必要观测数的规则：

(1) 有已知方向时，其必要观测值的个数等于待定方向的个数，即 $t = s$（s 为待定方向数）；

(2) 当无已知方向时，必要观测值的个数等于全部待定方向数减 1，即 $t = s - 1$。

测角网、边角网、测边网、导线网必要观测值的个数将在第四章中讨论。

二、条件方程的列立

在列立条件方程时，必须列立足数而又彼此线性无关的条件方程。条件方程不能少列，列少了，通过平差计算不能达到消除不符值的目的。条件方程不须多列，因为那样会增加不必要的工作量。所列的条件方程应该线性无关，如果在列立条件方程时，一部分条件方程能由另一部分条件方程导出，那么这两部分的条件方程就是线性相关的。这时前一部分条件满足了，则后一部分条件必然满足。另外采用了线性相关的条件方程，表面上条件方程是足数的，而实际上却不足数，通过平差计算不能达到消除全部不符值的目的。

【例 2-2】 在图 2-2 所示的水准网中，测得各段高差 h_1、h_2……h_6，试列出条件方程。

解： 题中 $n = 6$，有一个已知水准点三个待定点，故 $t = 3$，$r = n - t = 3$，应列出 3 个条件方程。但按图可列出如下 7 个条件方程：

$$v_1 + v_4 - v_6 + w_a = 0 \quad (a)$$
$$v_2 - v_4 + v_5 + w_b = 0 \quad (b)$$
$$v_3 - v_5 + v_6 + w_c = 0 \quad (c)$$
$$v_1 + v_2 + v_5 - v_6 + w_d = 0 \quad (d)$$
$$v_2 + v_3 - v_4 + v_6 + w_e = 0 \quad (e)$$
$$v_1 + v_3 + v_4 - v_5 + w_c = 0 \quad (f)$$
$$v_1 + v_2 + v_3 + w_g = 0 \quad (g)$$

本题只需列出 3 个条件方程，也就是说在全部可能列出的条件方程中，只有 3 个条件方程是线性无关的，因为在上面的条件方程中，各式存在下列关系：

$(a) + (b) = (d)$；$(b) + (c) = (e)$；$(c) + (a) = (f)$；$(a) + (b) + (c) = (g)$

显然，当 (a)、(b)、(c) 3 个条件方程得到满足时，其余 4 个方程也必然可以满足，因而在平差计算时可以取 (a)、(b)、(c) 3 个条件方程，当然也可取另外 3 个线性无关的条件方程。

$$v_1 + v_4 - v_6 + w_a = 0 \quad (a)$$
$$v_2 - v_4 + v_5 + w_b = 0 \quad (b)$$
$$v_3 - v_5 + v_6 + w_c = 0 \quad (c)$$

式中

$$w_a = h_1 + h_4 - h_6$$
$$w_b = h_2 - h_4 + h_5$$
$$w_c = h_3 - h_5 + h_6$$

三、非线性条件的线性化

前面所列的条件方程都是线性形式的条件方程，根据这些条件方程中各 v_i 前的系数 a_i、b_i、c_i 等及观测值的权 p_i，可以组成法方程。但在许多平差问题中还会出现非线性条件方程，根据这些非线性的条件方程无法确定 a_i、b_i、c_i 等系数，无法组成法方程。因此，须将其化成线性的条件方程。

将非线性条件方程化成线性形式的条件方程，是用台劳公式进行的。

设有非线性的条件方程：

$$f_d(\hat{L}_1, \hat{L}_2 \cdots\cdots \hat{L}_n) = f_d(L_1 + v_1, L_2 + v_2 \cdots\cdots L_n + v_n) = 0 \tag{2-21}$$

按台劳公式展开上式，取至一次项时，得

$$f_d(\hat{L}_1, \hat{L}_2 \cdots\cdots \hat{L}_n) = f_d(L_1, L_2 \cdots\cdots L_n)$$
$$+ \left(\frac{\partial f}{\partial \hat{L}_1}\right)_{\hat{L}=L} v_1 + \left(\frac{\partial f}{\partial \hat{L}_2}\right)_{\hat{L}=L} v_2 + \cdots\cdots + \left(\frac{\partial f}{\partial \hat{L}_n}\right)_{\hat{L}=L} v_n = 0 \tag{2-22}$$

当上式是第 (d) 个条件时，可写为

$$d_1 v_1 + d_2 v_2 + \cdots\cdots + d_n v_n + w_d = 0$$

式中

$$d_i = \left(\frac{\partial f}{\partial \hat{L}_i}\right)_{\hat{L}=L}$$
$$w_d = f_d(L_1, L_2 \cdots\cdots L_n)$$

上式即为线性化以后的线性条件方程。

例如边角网按条件平差时，可列出非线性条件方程

$$\hat{a}\sin\hat{B} - \hat{b}\sin\hat{A} = 0$$

将其线性化后得：

$$\sin B v_a - \sin A v_b + \frac{a}{\rho}\cos B v_B - \frac{b}{\rho}\cos A v_A + w = 0$$

$$w = (a\sin B - b\sin A)$$

第三节　法方程的组成

在平差计算中，当所有的条件方程列出后，下一个计算步骤就是组成法方程。如果法方程系数的计算有了错误，将导致整个计算失败。因此，组成法方程系数时必须认真、仔细，免得全盘返工。

法方程的系数是由条件方程系数和观测值的权组成；法方程的常数项就是条件方程的常数项；联系数 k 的个数由条件数确定。因此，法方程的组成工作，主要是法方程系数的计算。

一、用矩阵乘法组成法方程

现以一般形式来讨论。设某平差问题有三个条件方程，共有 n 个改正数 v_1、v_2……v_n，观测值的权为 p_1、p_2……p_n，根据式（2-9）则其条件方程为：

$$\left.\begin{array}{l} a_1 v_1 + a_2 v_2 + \cdots\cdots + a_n v_n + w_a = 0 \\ b_1 v_1 + b_2 v_2 + \cdots\cdots + b_n v_n + w_b = 0 \\ c_1 v_1 + c_2 v_2 + \cdots\cdots + c_n v_n + w_c = 0 \end{array}\right\} \tag{2-23}$$

式中　a_i、b_i、c_i 是条件方程的系数（$i = 1$，2……n）。这时，应组成三个法方程。法方程的系数可直接根据式（2-16）用矩阵乘法组成。这时法方程的矩阵表达式为：

$$\underset{3\times n}{A}\ \underset{n\times n}{P^{-1}}\ \underset{n\times3}{A^T}\ \underset{3\times1}{K} + \underset{3\times1}{W} = \underset{3\times1}{O} \tag{2-24}$$

其分量形式可以写成：

$$\begin{pmatrix} a_1 & a_2 & \cdots & a_n \\ b_1 & b_2 & \cdots & b_n \\ c_1 & c_2 & \cdots & c_n \end{pmatrix} \begin{pmatrix} \dfrac{1}{p_1} & & & \\ & \dfrac{1}{p_2} & & \\ & & \ddots & \\ & & & \dfrac{1}{p_n} \end{pmatrix} \begin{pmatrix} a_1 & b_1 & c_1 \\ a_2 & b_2 & c_2 \\ \vdots & \vdots & \vdots \\ a_n & b_n & c_n \end{pmatrix} \begin{pmatrix} k_a \\ k_b \\ k_c \end{pmatrix} + \begin{pmatrix} w_a \\ w_b \\ w_c \end{pmatrix} = \begin{pmatrix} 0 \\ 0 \\ 0 \end{pmatrix}$$

$$\Rightarrow \begin{pmatrix} \dfrac{a_1}{p_1} & \dfrac{a_2}{p_2} & \cdots & \dfrac{a_n}{p_n} \\ \dfrac{b_1}{p_1} & \dfrac{b_2}{p_2} & \cdots & \dfrac{b_n}{p_n} \\ \dfrac{c_1}{p_1} & \dfrac{c_2}{p_2} & \cdots & \dfrac{c_n}{p_n} \end{pmatrix} \begin{pmatrix} a_1 & b_1 & c_1 \\ a_2 & b_2 & c_2 \\ \vdots & \vdots & \vdots \\ a_n & b_n & c_n \end{pmatrix} \begin{pmatrix} k_a \\ k_b \\ k_c \end{pmatrix} + \begin{pmatrix} w_a \\ w_b \\ w_c \end{pmatrix} = \begin{pmatrix} 0 \\ 0 \\ 0 \end{pmatrix}$$

$$\left.\begin{array}{l}\left[\dfrac{aa}{p}\right]k_{\mathrm{a}} + \left[\dfrac{ab}{p}\right]k_{\mathrm{b}} + \left[\dfrac{ac}{p}\right]k_{\mathrm{c}} + w_{\mathrm{a}} = 0\\[3mm]\Rightarrow\left[\dfrac{ab}{p}\right]k_{\mathrm{a}} + \left[\dfrac{bb}{p}\right]k_{\mathrm{b}} + \left[\dfrac{bc}{p}\right]k_{\mathrm{c}} + w_{\mathrm{b}} = 0\\[3mm]\left[\dfrac{ac}{p}\right]k_{\mathrm{a}} + \left[\dfrac{bc}{p}\right]k_{\mathrm{b}} + \left[\dfrac{cc}{p}\right]k_{\mathrm{c}} + w_{\mathrm{c}} = 0\end{array}\right\}$$

当条件方程个数较多时，直接用矩阵乘法计算数据量大，容易出错。这时可用程序进行计算。下面简单介绍用 Visual Basic6.0 编写的组成法方程的程序。

启动 VB6.0，屏幕出现如图 2-4 所示的 VB6.0 环境（中间 Form1 窗口是空的）。

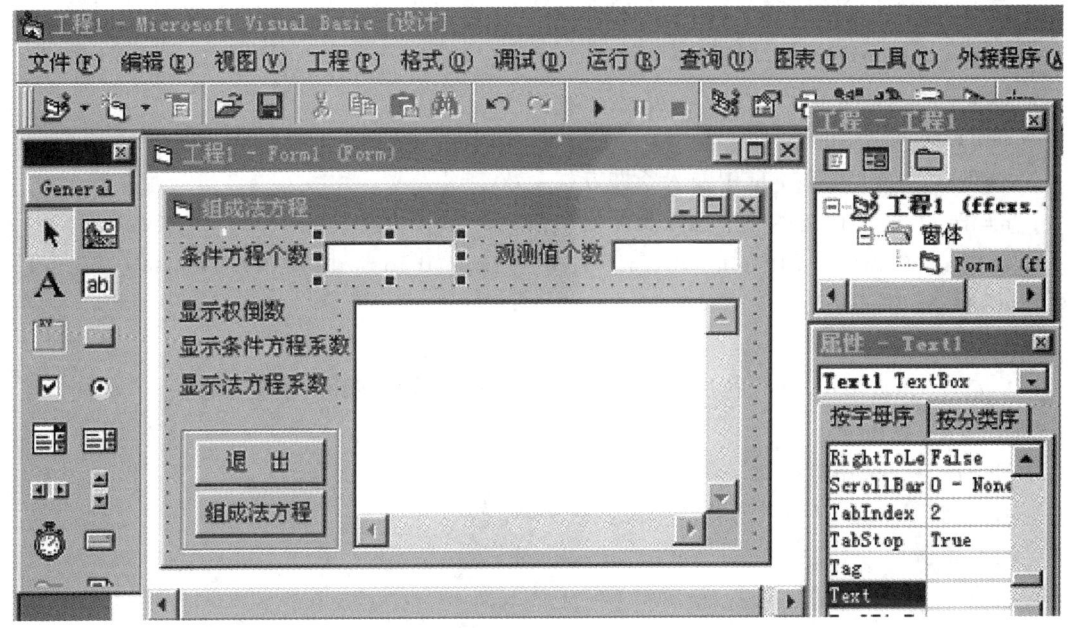

图 2-4

用 VB 编写简单的程序，首先是在窗体上画一个应用程序的界面，然后在相应的控件中编入程序，最后执行程序通过按键进行计算。其程序设计的过程是：

(1) 用鼠标单击 VB 主界面左边工具箱上的文本控件（标有 ab 的按钮），再将鼠标移回到中间的窗体窗口，这时鼠标指针变为十字形，表明可以开始绘制文本框；在合适的位置按住鼠标左键并拖动鼠标，当框的大小确定后，松开鼠标左键，窗体窗口上就出现一个文本框。再单击 VB 主界面右下方属性栏中的 Text 属性，将原有的 Text1 删掉，这时一个方本框就设计好了。同理可画出第二个文本框和第三个文本框，并用同样的方法设置第二个文本框的 Text 属性。因第三个文本框（下面一个最大的）带有水平和垂直滚动条，因此，还需用鼠标左键单击主界面右下方属性栏标题下面 Text1 Textbox 旁的下拉箭头，选择 Text3 Textbox，将其属性列表中的 Multiline（多行）属性设置成 True，将属性列表中的 Scrollbars（滚动条）属性设置成 3both，这时三个文本框的属性就设计好了。

(2) 用鼠标单击工具箱上的标签控件（标有 A 的按钮），再将鼠标移回到中间的窗体窗口，在合适的位置画五个标签。再将属性栏中的 Caption 属性分别改为条件方程个数、观测值个数、显示权倒数、显示条件方程系数、显示法方程系数。

（3）用鼠标单击工具箱上的命令控件（凸出的矩形按钮），再将鼠标移回到中间的窗体窗口，在合适的位置画二个命令按钮。再将其 Caption 属性栏中的 Caption 属性分别改为退出、组成法方程。

（4）为命令按钮编写程序。双击"退出"（Command1）命令按钮，弹出代码窗口，这时代码窗口的正文部分已出现以下两条语句：

Private Sub Command1_Click（）
End Sub

在中间输入语句：End。

同理双击"组成法方程"（Command2）命令按钮,弹出代码窗口,在中间输入以下源程序：

```
Private Sub Command2_Click()
Dim sh As String
Dim i, j, k As Integer
r = Text1.Text '在文本框中输入条件方程个数
n = Text2.Text '在文本框中输入观测值个数
ReDim a(0 To r-1, 0 To n-1), q(0 To n-1), a1(0 To r-1, 0 To n-1), m(0 To r-1, 0 To r-1) As Double
For i = 0 To n-1
    q(i) = InputBox("输入权倒数(输一个数据按一次确定按钮)", "输入框")
If i = n-1 Then
sh = sh + Str(q(i))
GoTo 5
End If
sh = sh + Str(q(i)) + ","
5: Next i
Text3.Text = sh            '在文本框中显示输入的权倒数
MsgBox "权倒数输入完毕!", 64, "信息框"
sh = ""
For i = 0 To r-1
For j = 0 To n-1
    a(i, j) = InputBox("输入条件方程系数(输一个数据按一次确定按钮)", "输入框")
If j = n-1 Then
sh = sh + Str(a(i, j)) + Chr$(13) + Chr$(10)
GoTo 10
End If
sh = sh + Str(a(i, j)) + ","
10: Next j
Next i
Text3.Text = sh            '在文本框中显示输入的条件方程系数
MsgBox "系数输入完毕!", 64, "信息框"
```

```
For i = 0 To r − 1
    For j = 0 To n − 1
        a1(i, j) = a(i, j) * q(j)        '条件方程系数阵乘权倒数阵
    Next j
Next i
sh = ""
For i = 0 To r − 1
    For j = 0 To r − 1
        m(i, j) = 0
    For k = 0 To n − 1
        m (i, j) = m(i, j) + a1(i, k) * a(j, k)  '再乘条件方程系数阵的转置阵
    Next k
 If j = r − 1 Then
sh = sh + Str(m(i, j)) + Chr $ (13) + Chr $ (10)
GoTo 15
End If
sh = sh + Str(m(i, j)) + ","
15:   Next j
Next i
Text3.Text = sh        '在文本框中显示组成好的法方程系数
MsgBox "法方程组成完毕!", 64, "信息框"
End Sub
```

为了使编写的程序具有通用性,程序中根据输入的 r 和 n 的具体数值重新定义数组。故还应在代码窗口标题下面的两个带有下拉箭头的列表框中选择(通用)、(声明)并输入数组说明语句:

Dim r, n As Integer   '整型量说明

Dim a( ), q( ), a1( ), m( ) As Double   '数组说明

(5) 运行程序(按 F5 或单击运行菜单启动命令),在标有"条件方程个数"旁的文本框中输入条件方程个数;在标有"观测值个数"旁的文本框中输入观测值个数;单击组成法方程按钮,在弹出输入框中输入观测值的权倒数如图 2-5 所示,输入条件方程系数(按行输)。注意每输一个数据按一次确定按钮,等精度时权倒数均输 1。最后在文本框中会得到法方程系数。

(6) 将程序存盘,以便解题时使用。

二、用条件方程系数表组成法方程

为了便于法方程的组成,在手算时还可以编制条件方程系数表(见表 2-1)。将条件方程系数竖着填入表中,有了这些系数,便可用求乘积和的方法求出法方程系数。法方程系数的组成可以这样进行:将表 2-1 的 $\frac{1}{p}$ 列中的 $\frac{1}{p_i}$ 值,分别与表中 a 列、a 列;a 列、b

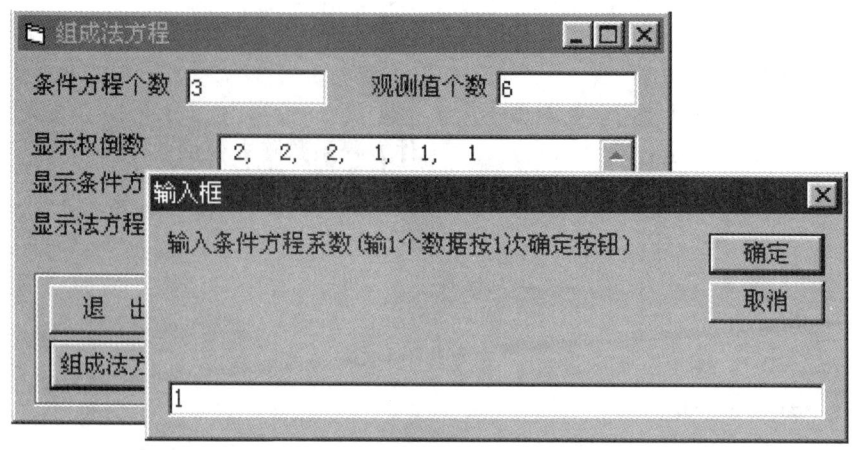

图 2-5

列；a 列、c 列的系数对应相乘，然后求总和，便可求得 $\left[\dfrac{aa}{p}\right]$、$\left[\dfrac{ab}{p}\right]$、$\left[\dfrac{ac}{p}\right]$，这样就算出了法方程中的第一个方程的系数。同样，以表中的 $\dfrac{1}{p}$ 列中的 $\dfrac{1}{p_i}$ 值，分别与表中 a 列、b 列；b 列、b 列；b 列、c 列的系数对应相乘，然后求总和，可以算出了法方程中的第二个方程的系数。由于法方程的系数对称，第二个法方程第一项的系数，已在计算第一个法方程系数时算出，不必重复计算，只要从 b 列开始相乘即可。以此类推，可以算出法方程中的第三个方程的系数。

条件方程系数表   表 2-1

改正数编号	a	b	c	$\dfrac{1}{p}$
1	a_1	b_1	c_1	$\dfrac{1}{p_1}$
2	a_2	b_2	c_2	$\dfrac{1}{p_2}$
…	…	…	…	…
n	a_n	b_n	c_n	$\dfrac{1}{p_n}$

利用法方程系数的对称性，只需算出对角线以上半部分的系数。当同精度观测时，因 p 为 1，则条件方程系数表中的权倒数列不必编制。

【例 2-3】 设有 3 个条件方程为：

$$\left.\begin{array}{l} v_1 + v_4 - v_6 + 2 = 0 \\ v_2 - v_4 + v_5 - 5 = 0 \\ v_3 - v_5 + v_6 + 4 = 0 \end{array}\right\}$$

观测值的权倒数 $\dfrac{1}{p_i}$ 分别为：2，2，2，1，1，1。试组成法方程。

解法一：用矩阵乘组成法方程系数，因为：

$$\begin{pmatrix} 1 & 0 & 0 & 1 & 0 & -1 \\ 0 & 1 & 0 & -1 & 1 & 0 \\ 0 & 0 & 1 & 0 & -1 & 1 \end{pmatrix} \begin{pmatrix} 2 & & & & & \\ & 2 & & & & \\ & & 2 & & & \\ & & & 1 & & \\ & & & & 1 & \\ & & & & & 1 \end{pmatrix} \begin{pmatrix} 1 & 0 & 0 \\ 0 & 1 & 0 \\ 0 & 0 & 1 \\ 1 & -1 & 0 \\ 0 & 1 & -1 \\ -1 & 0 & 1 \end{pmatrix} = \begin{pmatrix} 4 & -1 & -1 \\ -1 & 4 & -1 \\ -1 & -1 & 4 \end{pmatrix}$$

则法方程为：$\left.\begin{array}{l} 4k_a - k_b - k_c + 2 = 0 \\ -k_a + k_b - k_c - 5 = 0 \\ -k_a - k_b + 4k_c + 4 = 0 \end{array}\right\}$

解法二：将条件方程系数依次填入表 2-2 中（见表 2-2）：

表 2-2

改正数编号	a	b	c	$\dfrac{1}{p}$
1	1	0	0	2
2	0	1	0	2
3	0	0	1	2
4	1	-1	0	1
5	0	1	-1	1
6	-1	0	1	1

根据表中数据用求乘积和的方法同样可以算得法方程系数 $\left[\dfrac{aa}{p}\right] = 4$，$\left[\dfrac{ab}{p}\right] = -1$，$\left[\dfrac{ac}{p}\right] = -1$，$\left[\dfrac{bb}{p}\right] = 4$，$\left[\dfrac{bc}{p}\right] = -1$，$\left[\dfrac{cc}{p}\right] = 4$。

另外用上面编写的程序也可以得到法方程系数。

第四节　法方程的解算

解算法方程组的目的，主要是求各个联系数 k 值。

法方程组的解算方法，总的说来可以分为两类，即直接解法和迭代法。本节介绍的两种方法都是直接解法。

法方程组是一组多元一次联立方程。解算时，可采用代数中的任何一种方法。当法方程的个数不多时，其解算并不困难。但在测量工作中，经常遇到高阶法方程。若用一般方法进行解算，不仅工作量大，演算麻烦，层次不清，而且容易产生差错而造成返工浪费。因此，常采用专门的解算方法。

一、用矩阵求逆的方法解算法方程

根据式（2-16）可知，法方程的矩阵表达式为：

$$AP^{-1}A^{\mathrm{T}}K + W = O \tag{2-25}$$

令

$$AP^{-1}A^{\mathrm{T}} = N$$

则法方程可写成：

$$NK + W = O \tag{2-26}$$

对式（2-24）等式两边同时左乘 N^{-1} 并移项可得：

$$K = -N^{-1}W \tag{2-27}$$

N^{-1} 是法方程系数阵的逆阵，可用伴随矩阵法和初等变换等方法来求。由于法方程系数阵是对称的，因此，其逆阵也是对称的。这里简单介绍用伴随矩阵法求逆阵的方法。当 $r = 3$ 时，设

$$N = \begin{pmatrix} n_{11} & n_{12} & n_{13} \\ n_{21} & n_{22} & n_{23} \\ n_{31} & n_{32} & n_{33} \end{pmatrix}$$

则

$$N^{-1} = \frac{1}{|N|}N^*$$

$$N^* = \begin{pmatrix} N_{11} & N_{21} & N_{31} \\ N_{12} & N_{22} & N_{23} \\ N_{13} & N_{23} & N_{33} \end{pmatrix}$$

其中 $|N|$ 是系数矩阵的行列式值。N^* 中的元素 N_{ij} 表示系数阵 N 中元素 n_{ij} 的代数余子式（把 n_{ij} 所在的第 i 行和第 j 列划去后留下来的元素求行列式值并在前面冠以符号 $(-1)^{i+j}$）。矩阵 N^* 称为 N 的伴随矩阵（注意矩阵 N^* 与矩阵 N 的行与列的标号正好相反）。

二、以高斯约化法解法方程

法方程组与一般的多元一次联立方程组的不同之处，是它的系数具有对称性。高斯约化法是以加减消元法为基础，利用线性对称方程组的对称性，对消元的过程提出了具体的规定和要求，使计算的全过程始终遵循一定的规律。这一方法的特点是：有固定运算规律和统一的计算格式。高斯约化法的基本思想是：连续地应用加减消元法；依次地、逐个地消去未知数，直至解出法方程组中的最后一个未知数；然后，按相反的次序依次地、逐个地算出其他的未知数。

为了叙述简明，现以具有 3 个方程的法方程组为例，来说明高斯约化法的原理。

设法方程组有下列形式：

$$\left.\begin{array}{l} \left[\dfrac{aa}{p}\right]k_a + \left[\dfrac{ab}{p}\right]k_b + \left[\dfrac{ac}{p}\right]k_c + w_a = 0 \quad （a） \\[3mm] \left[\dfrac{ab}{p}\right]k_a + \left[\dfrac{bb}{p}\right]k_b + \left[\dfrac{bc}{p}\right]k_c + w_b = 0 \quad （b） \\[3mm] \left[\dfrac{ac}{p}\right]k_a + \left[\dfrac{bc}{p}\right]k_b + \left[\dfrac{cc}{p}\right]k_c + w_c = 0 \quad （c） \end{array}\right\} \tag{2-28}$$

（一）消去第一个未知数 k_a

为了消去第一个未知数 k_a，将上列式中（a）乘以该式中 k_a 系数的负倒数，即式（a）乘 $\left(-\dfrac{1}{\left[\dfrac{aa}{p}\right]}\right)$ 后得：

$$-k_a - \frac{\left[\dfrac{ab}{p}\right]}{\left[\dfrac{aa}{p}\right]}k_b - \frac{\left[\dfrac{ac}{p}\right]}{\left[\dfrac{aa}{p}\right]}k_c - \frac{w_a}{\left[\dfrac{aa}{p}\right]} = 0 \tag{E}$$

式（E）称为第一次消化方程。

再以式（b）中 k_a 的系数 $\left[\dfrac{ab}{p}\right]$ 乘以式（E），与式（b）相加，消去 k_a，即式（E）乘 $\left[\dfrac{ab}{p}\right]$ 加式（b），并按 k 集项，可得：

$$\left\{\left[\frac{bb}{p}\right]-\frac{\left[\frac{ab}{p}\right]\left[\frac{ab}{p}\right]}{\left[\frac{aa}{p}\right]}\right\}k_b+\left\{\left[\frac{bc}{p}\right]-\frac{\left[\frac{ab}{p}\right]\left[\frac{ac}{p}\right]}{\left[\frac{aa}{p}\right]}\right\}k_c+\left\{w_b-\frac{\left[\frac{ab}{p}\right]w_a}{\left[\frac{aa}{p}\right]}\right\}=0 \quad (b.1)$$

再以式（c）中 k_a 的系数 $\left[\dfrac{ac}{p}\right]$ 乘以式（E），与式（c）相加，消去 k_a，即式（E）乘 $\left[\dfrac{ac}{p}\right]$ 加式（c），并按 k 集项，可得：

$$\left\{\left[\frac{bc}{p}\right]-\frac{\left[\frac{ab}{p}\right]\left[\frac{ac}{p}\right]}{\left[\frac{aa}{p}\right]}\right\}k_b+\left\{\left[\frac{cc}{p}\right]-\frac{\left[\frac{ac}{p}\right]\left[\frac{ac}{p}\right]}{\left[\frac{aa}{p}\right]}\right\}k_c+\left\{w_c-\frac{\left[\frac{ac}{p}\right]w_a}{\left[\frac{aa}{p}\right]}\right\}=0 \quad (c.1)$$

式（b.1）、（c.1）大括号内的分式可以用下列高斯符号来表示：

$$\left.\begin{array}{l}\left[\dfrac{bb}{p}\cdot 1\right]=\left[\dfrac{bb}{p}\right]-\dfrac{\left[\frac{ab}{p}\right]\left[\frac{ab}{p}\right]}{\left[\frac{aa}{p}\right]}\\[3em]\left[\dfrac{bc}{p}\cdot 1\right]=\left[\dfrac{bc}{p}\right]-\dfrac{\left[\frac{ab}{p}\right]\left[\frac{ac}{p}\right]}{\left[\frac{aa}{p}\right]}\\[3em]\left[\dfrac{cc}{p}\cdot 1\right]=\left[\dfrac{cc}{p}\right]-\dfrac{\left[\frac{ac}{p}\right]\left[\frac{ac}{p}\right]}{\left[\frac{aa}{p}\right]}\\[3em]\left[w_b\cdot 1\right]=w_b-\dfrac{\left[\frac{ab}{p}\right]w_a}{\left[\frac{aa}{p}\right]}\\[3em]\left[w_c\cdot 1\right]=w_c-\dfrac{\left[\frac{ac}{p}\right]w_a}{\left[\frac{aa}{p}\right]}\end{array}\right\} \quad (2\text{-}29)$$

式（2-29）等号左边的符号，称为高斯一次约化符号。

于是式（b.1）、（c.1）又可写成：

$$\left.\begin{array}{l}\left[\dfrac{bb}{p}\cdot 1\right]k_b+\left[\dfrac{bc}{p}\cdot 1\right]k_c+\left[w_b\cdot 1\right]=0 \quad (b.1)\\[2em]\left[\dfrac{bc}{p}\cdot 1\right]k_b+\left[\dfrac{cc}{p}\cdot 1\right]k_c+\left[w_c\cdot 1\right]=0 \quad (c.1)\end{array}\right\} \quad (2\text{-}30)$$

这种消去第一个未知数的计算过程，称为一次约化。

经过第一次约化所得的方程（b.1）及（c.1）称为一次约化方程。

根据上述约化过程，不难看出，一次约化式的系数仍具有对称的性质。

（二）消去第二个未知数 k_b

为了从一次约化方程中，消去第二个未知数 k_b，将式（b.1）乘以该式中 k_b 系数的负倒数，即式（b.1）乘 $\left(-\dfrac{1}{\left[\dfrac{bb}{p} \cdot 1 \right]} \right)$，可得：

$$-k_b - \frac{\left[\dfrac{bc}{p} \cdot 1 \right]}{\left[\dfrac{bb}{p} \cdot 1 \right]} k_c - \frac{[w_b \cdot 1]}{\left[\dfrac{bb}{p} \cdot 1 \right]} = 0 \tag{E.1}$$

式（E.1）称为二次消化方程。

若以式（c.1）中 k_b 的系数 $\left[\dfrac{bc}{p} \cdot 1 \right]$ 乘以式（E.1），再与式（c.1）相加，即式（E.1）乘 $\left[\dfrac{bc}{p} \cdot 1 \right]$ 加式（c.1），并按 k 集项，可得：

$$\left\{ \left[\frac{cc}{p} \cdot 1 \right] - \frac{\left[\dfrac{bc}{p} \cdot 1 \right] \left[\dfrac{bc}{p} \cdot 1 \right]}{\left[\dfrac{bb}{p} \cdot 1 \right]} \right\} k_c + \left\{ [w_c \cdot 1] - \frac{\left[\dfrac{bc}{p} \cdot 1 \right] [w_b \cdot 1]}{\left[\dfrac{bb}{p} \cdot 1 \right]} \right\} = 0 \tag{2-31}$$

式（2-31）大括号内的分式可以用高斯符号表示：

$$\left. \begin{array}{l} \left[\dfrac{cc}{p} \cdot 2 \right] = \left[\dfrac{cc}{p} \cdot 1 \right] - \dfrac{\left[\dfrac{bc}{p} \cdot 1 \right] \left[\dfrac{bc}{p} \cdot 1 \right]}{\left[\dfrac{bb}{p} \cdot 1 \right]} \\[2em] [w_c \cdot 2] = [w_c \cdot 1] - \dfrac{\left[\dfrac{bc}{p} \cdot 1 \right] [w_b \cdot 1]}{\left[\dfrac{bb}{p} \cdot 1 \right]} \end{array} \right\} \tag{2-32}$$

则式（2-32）等号左边的符号就称为高斯二次约化符号。

于是（2-31）式可写成：

$$\left[\frac{cc}{p} \cdot 2 \right] k_c + [w_c \cdot 2] = 0 \tag{c.2}$$

这种消去第二个未知数的计算过程，称为二次约化。

经过二次约化所得的方程（c.2），称为二次约化方程。

（三）求最后一个未知数 k_c

现在只剩下最后一个未知数 k_c，而式（c.2）的第二项为常数项，故将式（c.2）乘以该式 k_c 系数的负倒数，即式（c.2）乘以 $\left(-\dfrac{1}{\left[\dfrac{cc}{p} \cdot 2 \right]} \right)$，可得：

$$-k_c - \frac{[w_c \cdot 2]}{\left[\dfrac{cc}{p} \cdot 2 \right]} = 0 \tag{E.2}$$

式（E.2）称为三次消化方程。用其可求得第三个未知数 k_c：

$$k_c = -\frac{[w_c \cdot 2]}{\left[\dfrac{cc}{p} \cdot 2 \right]} \tag{2-33}$$

（四）回代

将求得的 k_c 值代入二次消化方程式（E.1），即可求得 k_b；再将 k_b、k_c 的值代入一次消化方程式（E），最后可求得 k_a。

这种逐个计算未知数的过程，称为回代过程。

由以上的阐述可知，为了解出各未知数的数值，实际上只是用到（E）、（E.1）、（E.2）诸式。其中式（E）是由原法方程中的第一式，即式（a）转化而得的；式（E.1）是一次约化方程中的第一式，即由式（b.1）转化而得的；式（E.2）则是二次约化方程，即由式（c.2）转化而得的。由此可见，对于解算未知数而言，其主要的几个方程为：

$$
\left.
\begin{aligned}
&\left[\frac{aa}{p}\right]k_a + \left[\frac{ab}{p}\right]k_b + \left[\frac{ac}{p}\right]k_c + w_a = 0 &\quad\text{(a)}\\
&\left[\frac{bb}{p}\cdot 1\right]k_b + \left[\frac{bc}{p}\cdot 1\right]k_c + \left[w_b\cdot 1\right] = 0 &\quad\text{(b.1)}\\
&\left[\frac{cc}{p}\cdot 2\right]k_c + \left[w_c\cdot 2\right] = 0 &\quad\text{(c.2)}
\end{aligned}
\right\}
\tag{2-34}
$$

上式是由各次约化方程的第一式组成。由这一组方程所解得的未知数值，与原法方程解得的完全一致，故称式（2-34）为等值方程组。而式（E）、（E.1）、（E.2）则是分别由上列三式转化而得，可汇列如下：

$$
\left.
\begin{aligned}
&-k_a - \frac{\left[\frac{ab}{p}\right]}{\left[\frac{aa}{p}\right]}k_b - \frac{\left[\frac{ac}{p}\right]}{\left[\frac{aa}{p}\right]}k_c - \frac{w_a}{\left[\frac{aa}{p}\right]} = 0 &\quad\text{(E)}\\
&-k_b - \frac{\left[\frac{bc}{p}\cdot 1\right]}{\left[\frac{bb}{p}\cdot 1\right]}k_c - \frac{\left[w_b\cdot 1\right]}{\left[\frac{bb}{p}\cdot 1\right]} = 0 &\quad\text{(E.1)}\\
&-k_c - \frac{\left[w_c\cdot 2\right]}{\left[\frac{cc}{p}\cdot 2\right]} = 0 &\quad\text{(E.2)}
\end{aligned}
\right\}
\tag{2-35}
$$

通常称这组方程为消化方程组。其中式（E）为第一消化方程；（E.1）式为第二消化方程；（E.2）式为第三消化方程。

由此可见，约化过程就是消去未知数的过程。各个消化方程，除第一式（E）外，都由各次约化方程的头一个式子得来，故当有 r 个法方程时，则要进行（$r-1$）次约化，才能求得最后一个未知数 k_r，而后从求倒数第二个未知数开始，采用回代的方法，求出全部未知数。

上面是以 3 个法方程为例来说明高斯约化法解法方程的基本思想的。如果有 3 个以上的法方程，则其解算方法仍可按上述思路推广之。

（五）高斯约化符号

法方程式的解算，实质上是法方程式的系数以及常数项的运算。因此,熟悉高斯符号,对解算法方程式是十分有帮助的。高斯符号具有明显的规律。任一符号,其展开规律为:

（1）高斯符号展开后是两个相减的符号，被减符号为被展开符号的前一次约化，第二项为一分式；

（2）分式的分母中的字母，是法方程的自乘系数，当被展开符号中的数字为 1 时，字母为 a，数字为 2 时，字母为 b，余类推。分子是两个符号的乘积，两个〔　〕内的文字由被减符号与分母中符号各取一个字母组合而成；

（3）符号中的阿拉伯数字表示约化次数，展开式总是比被展开式的次数少 1。

（4）常数项的符号，可同样按上述规律展开，但展开时应将 w 与其下标拆成两个文字，分别与分母中的字母两两组合，构成分式中分子的乘积。但分母中的文字，与 w 重新组合时，只能成为下标符号。

（5）高斯约化符号可以展开为低一次的约化符号，还可以将等号右边的第一项再展开，即展开成完全展开式。例如：

$$\left[\frac{gh}{p}\cdot 2\right] = \left[\frac{gh}{p}\right] - \frac{\left[\frac{ag}{p}\right]\left[\frac{ah}{p}\right]}{\left[\frac{aa}{p}\right]} - \frac{\left[\frac{bg}{p}\cdot 1\right]\left[\frac{bh}{p}\cdot 1\right]}{\left[\frac{bb}{p}\cdot 1\right]}$$

高斯约化法是解法方程组的一种经典解法，由于它具有前面所述的优点，所以至今仍被广泛应用。

以下为用矩阵来推导高斯约化法解方程的过程。仍以 3 个方程的法方程组为例。根据式（2-24）知：$NK + W = O$。将法方程写成矩阵分量表示的形式：

$$\begin{pmatrix} \left[\frac{aa}{p}\right] & \left[\frac{ab}{p}\right] & \left[\frac{ac}{p}\right] \\ \left[\frac{ab}{p}\right] & \left[\frac{bb}{p}\right] & \left[\frac{bc}{p}\right] \\ \left[\frac{ac}{p}\right] & \left[\frac{bc}{p}\right] & \left[\frac{cc}{p}\right] \end{pmatrix} \begin{pmatrix} k_a \\ k_b \\ k_c \end{pmatrix} + \begin{pmatrix} w_a \\ w_b \\ w_c \end{pmatrix} = \begin{pmatrix} 0 \\ 0 \\ 0 \end{pmatrix} \begin{matrix} (a) \\ (b) \\ (c) \end{matrix} \Bigg\} \tag{2-36}$$

为了消去第一个未知数 k_a，对上式作初等行变换。将式（a）除以 $-\left[\frac{aa}{p}\right]$（该式中 k_a 系数）乘以式（b）中 k_a 的系数 $\left[\frac{ab}{p}\right]$ 再与式（b）相加，则式（b）消去了 k_a。同理，将式（a）除以 $-\left[\frac{aa}{p}\right]$（该式中 k_a 系数）乘以式（c）中 k_a 的系数 $\left[\frac{ac}{p}\right]$ 再与式（c）相加，则式（c）消去了 k_a。上述过程等同于用下三角矩阵（对角线以上的元素全为零）R_1 左乘式（2-24）得：

$$R_1NK + R_1W = 0 \tag{2-37}$$

式中

$$R_1 = \begin{pmatrix} 1 & 0 & 0 \\ -\dfrac{\left[\frac{ab}{p}\right]}{\left[\frac{aa}{p}\right]} & 1 & 0 \\ -\dfrac{\left[\frac{ac}{p}\right]}{\left[\frac{aa}{p}\right]} & 0 & 1 \end{pmatrix}$$

$$R_1 N = \begin{pmatrix} \left[\dfrac{aa}{p}\right] & \left[\dfrac{ab}{p}\right] & \left[\dfrac{ac}{p}\right] \\ 0 & \left[\dfrac{bb}{p}\cdot 1\right] & \left[\dfrac{bc}{p}\cdot 1\right] \\ 0 & \left[\dfrac{bc}{p}\cdot 1\right] & \left[\dfrac{cc}{p}\cdot 1\right] \end{pmatrix} \qquad R_1 W = \begin{pmatrix} w_{\mathrm a} \\ [w_{\mathrm b}\cdot 1] \\ [w_{\mathrm c}\cdot 1] \end{pmatrix}$$

于是式（2-37）就变换为：

$$\begin{pmatrix} \left[\dfrac{aa}{p}\right] & \left[\dfrac{ab}{p}\right] & \left[\dfrac{ac}{p}\right] \\ 0 & \left[\dfrac{bb}{p}\cdot 1\right] & \left[\dfrac{bc}{p}\cdot 1\right] \\ 0 & \left[\dfrac{bc}{p}\cdot 1\right] & \left[\dfrac{cc}{p}\cdot 1\right] \end{pmatrix}\begin{pmatrix} k_{\mathrm a} \\ k_{\mathrm b} \\ k_{\mathrm c} \end{pmatrix} + \begin{pmatrix} w_{\mathrm a} \\ [w_{\mathrm b}\cdot 1] \\ [w_{\mathrm c}\cdot 1] \end{pmatrix} = \begin{pmatrix} 0 \\ 0 \\ 0 \end{pmatrix} \left.\begin{matrix} (\mathrm a) \\ (\mathrm b.1) \\ (\mathrm c.1) \end{matrix}\right\} \qquad (2\text{-}38)$$

显然，用 R_1 左乘式（2-24），就相当于对原方程组进行一次约化，消去第一个未知数 $k_{\mathrm a}$。

为消去第二个未知数 $k_{\mathrm b}$，再对上式作初等行变换。将式（b.1）除以 $-\left[\dfrac{bb}{p}\cdot 1\right]$ 乘以式（c.1）中 $k_{\mathrm b}$ 的系数 $\left[\dfrac{bc}{p}\cdot 1\right]$ 再与式（c.1）相加，则式（c.1）消去了 $k_{\mathrm b}$。上述过程等同于用下三角矩阵 R_2 左乘式（2-37）得：

$$R_2 R_1 NK + R_2 R_1 W = 0 \qquad (2\text{-}39)$$

式中 $R_2 = \begin{pmatrix} 1 & 0 & 0 \\ 0 & 1 & 0 \\ 0 & -\dfrac{\left[\dfrac{bc}{p}\cdot 1\right]}{\left[\dfrac{bb}{p}\cdot 1\right]} & 1 \end{pmatrix}$。于是可得：

$$\begin{pmatrix} \left[\dfrac{aa}{p}\right] & \left[\dfrac{ab}{p}\right] & \left[\dfrac{ac}{p}\right] \\ 0 & \left[\dfrac{bb}{p}\cdot 1\right] & \left[\dfrac{bc}{p}\cdot 1\right] \\ 0 & 0 & \left[\dfrac{cc}{p}\cdot 2\right] \end{pmatrix}\begin{pmatrix} k_{\mathrm a} \\ k_{\mathrm b} \\ k_{\mathrm c} \end{pmatrix} + \begin{pmatrix} w_{\mathrm a} \\ [w_{\mathrm b}\cdot 1] \\ [w_{\mathrm c}\cdot 2] \end{pmatrix} = \begin{pmatrix} 0 \\ 0 \\ 0 \end{pmatrix} \left.\begin{matrix} (\mathrm a) \\ (\mathrm b.1) \\ (\mathrm c.2) \end{matrix}\right\} \qquad (2\text{-}40)$$

同理，用 R_2 左乘式（2-37）就相当于对原方程组进行二次约化，消去第二个未知数 $k_{\mathrm b}$。

上式的系数阵是一个上三角矩阵。它是三个未知数经二次约化后的等值方程的矩阵形式。

若令：$D = \begin{pmatrix} -\left[\dfrac{aa}{p}\right] & 0 & 0 \\ 0 & -\left[\dfrac{bb}{p}\cdot 1\right] & 0 \\ 0 & 0 & -\left[\dfrac{cc}{p}\cdot 2\right] \end{pmatrix}$，则 D 的逆阵 D^{-1} 就是将 D 阵主对

角线元素求倒数。将 D^{-1} 左乘式（2-40），则得：

$$
\begin{pmatrix}
-1 & -\dfrac{\left[\dfrac{ab}{p}\right]}{\left[\dfrac{aa}{p}\right]} & -\dfrac{\left[\dfrac{ac}{p}\right]}{\left[\dfrac{aa}{p}\right]} \\
0 & -1 & -\dfrac{\left[\dfrac{bc}{p}\cdot1\right]}{\left[\dfrac{bb}{p}\cdot1\right]} \\
0 & 0 & -1
\end{pmatrix}
\begin{pmatrix} k_a \\ k_b \\ k_c \end{pmatrix}
+
\begin{pmatrix}
-\dfrac{w_a}{\left[\dfrac{aa}{p}\right]} \\
-\dfrac{[w_b\cdot1]}{\left[\dfrac{bb}{p}\cdot1\right]} \\
-\dfrac{[w_c\cdot2]}{\left[\dfrac{cc}{p}\cdot2\right]}
\end{pmatrix}
=
\begin{pmatrix} 0 \\ 0 \\ 0 \end{pmatrix}
\begin{array}{l} (E) \\ (E.1) \\ (E.2) \end{array}
\Bigg\}\quad (2\text{-}41)
$$

式（2-41）就是消化方程的矩阵形式。

逐个回代，即可求得各未知数。用矩阵表示的回代过程为：

$$
\begin{pmatrix} k_a \\ k_b \\ k_c \end{pmatrix}
=
\begin{pmatrix}
0 & -\dfrac{\left[\dfrac{ab}{p}\right]}{\left[\dfrac{aa}{p}\right]} & -\dfrac{\left[\dfrac{ac}{p}\right]}{\left[\dfrac{aa}{p}\right]} \\
0 & 0 & -\dfrac{\left[\dfrac{bc}{p}\cdot1\right]}{\left[\dfrac{bb}{p}\cdot1\right]} \\
0 & 0 & 0
\end{pmatrix}
\begin{pmatrix} k_a \\ k_b \\ k_c \end{pmatrix}
+
\begin{pmatrix}
-\dfrac{w_a}{\left[\dfrac{aa}{p}\right]} \\
-\dfrac{[w_b\cdot1]}{\left[\dfrac{bb}{p}\cdot1\right]} \\
-\dfrac{[w_c\cdot2]}{\left[\dfrac{cc}{p}\cdot2\right]}
\end{pmatrix}
\quad (2\text{-}42)
$$

以上是 3 个联系数 k 的求解过程。若有 r 个联系数时，应经过（$r-1$）约化，才能求得系数阵为上三角形的等值方程和消化方程的矩阵形式。

三、编程解算法方程

根据上面所述的算法，用程序进行计算。具体编程时，将法方程系数按二维数组贮存，为了解算联系数，把法方程的常数项附在法方程系数之后作为最后一列。即将法方程系数和常数项写成增广矩阵的形式，如此安排后，法方程的系数和常数项可列成表 2-3。

表 2-3

I	0	1	2	$\cdots$	$R-1$	$R\ (w)$
1	$B\ (0,\ 0)$	$B\ (0,\ 1)$	$B\ (0,\ 2)$	$\cdots$	$B\ (0,\ R-1)$	$B\ (0,\ R)$
1		$B\ (1,\ 1)$	$B\ (1,\ 2)$	$\cdots$	$B\ (1,\ R-1)$	$B\ (1,\ R)$
$\cdots$			$\cdots$	$\cdots$	$\cdots$	$\cdots$
$R-1$					$B\ (R-1,\ R-1)$	$B\ (R-1,\ R)$

为了节约存贮单元，将约化后的系数仍然存放在原法方程系数单元内。同第三节中所述一样，进入 VB6.0 在窗体上设计程序界面（以下界面可作参考）：

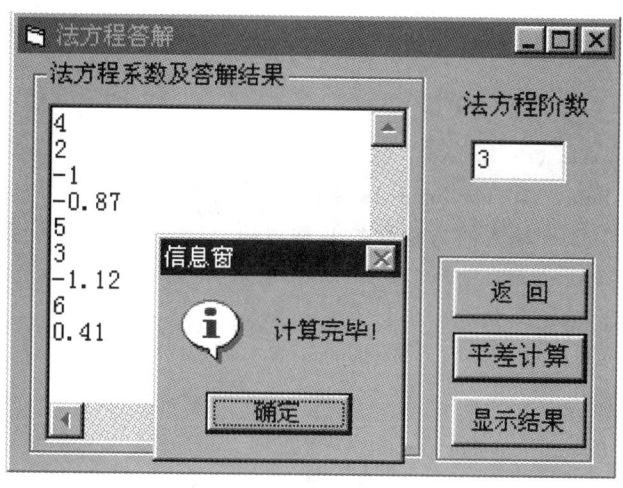

图 2-6

各控件的名称及属性见下表：

表 2-4

控件名称	控件属性及设置值	备 注
Form1（窗体）	Caption　法方程答解	
Text1（文本框 1）	Text	空
Text2（文本框 2）	Text Multiline True Scrollbars 3both	空
Label1（标签）	Caption　法方程阶数	
Command1（命令按钮 1）	Caption　返回	
Command2（命令按钮 2）	Caption　平差计算	
Command3（命令按钮 3）	Caption　显示结果	
Frame1（框架）	Caption　法方程系数及答解结果	
Frame2（框架）	Caption	空

　　输入程序并执行程序。在第一个文本框中输入法方程阶数；在第二个文本框中按行输入法方程系数及常数项（仅输入上三角阵中的系数，输入一个数据按一次回车）；该程序不仅可用于解算条件平差中组成的法方程，还可以解算间接平差中组成的法方程和两种平差方法中精度评定的转换系数方程。

```
Dim B (), KK () As Double
Private Sub Command1_Click ()
End
End Sub
Private Sub Command2_Click ()
 Open "d：\ vbuse \ ffcin. txt" For Output As # 1
  Print # 1, Text2. Text
```

```
Close ＃1
 z = Val （Text1. Text）
 r = z
ReDim B （r － 1, z）, KK （r － 1）
Open ″d：\ vbuse \ ffcin. txt″ For Input As ＃1
For i = 0 To r － 1        ′输入法方程系数及常数项
    For J = i To z
        Line Input ＃1, B （i, J）
    Next J
Next i
Open ″d：\ vbuse \ ffcout. txt″ For Output As ＃2
Print ＃2, ″ - - - - - - - - - - - - - - -法 方 程 答 解- - - - - - - - - - - - - - - - -″
Print ＃2,
Print ＃2, ″         法方程阶数：″; r
Print ＃2,
Print ＃2, Tab （25）; ″ 法方程系数 ″
For i = 0 To r － 1        ′将输入的法方程系数及常数项输出到数据文件中
  If i = 0 Then Print ＃2, Tab （0）; Else Print ＃2, Tab （i ＊ 8 ＋ 1）;
    For J = i To z
        Print ＃2, Format （B （i, J）, ″ ＃ ＃ ＃. 000″）;
    Next J
    Print ＃2,
Next i
For i = 1 To r － 1            ′对法方程系数及常数项进行约化结果仍放在 B 数组中
    For J = i To z
        Let S = B （i, J）
        For T = 0 To i － 1
            Let S = S － B （T, i） ＊ B （T, J） ／ B （T, T）
        Next T
        Let B （i, J） = S
    Next J
Next i
For i = r － 1 To 0 Step － 1        ′回代求解未知数
    Let S = B （i, r）
    For J = i ＋ 1 To r － 1
        If J = r Then GoTo 550
        Let S = S ＋ B （i, J） ＊ KK （J）
    Next J
550：Let KK （i） = － S ／ B （i, i）
```

```
Next i
Print ＃2,
Print ＃2, Tab（25）;"约化方程系数"
For i＝0 To r－1                  '输出约化方程
    If i＝0 Then Print ＃2, Tab（0）; Else Print ＃2, Tab（i ＊ 10 ＋ 1）;
    For J＝i To z
        Print ＃2, Format（B（i, J）,"＃＃＃＃. 0000"）;
    Next J
    Print ＃2,
Next i
Print ＃2,
Print ＃2, Tab（25）;"未知数:"
Print ＃2, Tab（15）;"I          X（I）"
For i＝0 To r－1
    Print ＃2, Tab（16）;
    Print ＃2, Format（i,"＃＃＃"）;
    Print ＃2, Tab（35）;
    Print ＃2, Format（KK（i）,"＃＃＃＃. 000000"）
Next i
        If i ＜ K Then Let S＝0
Print ＃2,"- - - - - - - - - - - - - - - - - - - - - - - - - - - - - - - - - -"
Close ＃1
Close ＃2
MsgBox "计算完毕!", 64,"信息窗"
End Sub


Private Sub Command3_Click（）
Open "d: ＼vbuse＼ffcout. txt" For Input As ＃1
Do While Not EOF（1）
Line Input ＃1, asp
wlo＝wlo ＋ asp ＋ Chr＄（13）＋ Chr＄（10）
Loop
Text2. Text＝wlo
Close ＃1
End Sub
```

四、算例

【例2-4】 解算下列法方程组:

$$\left.\begin{array}{r} 4k_a + 2k_b - k_c - 0.87 = 0 \\ 2k_a + 5k_b + 3k_c - 1.12 = 0 \\ -k_a + 3k_b + 6k_c + 0.41 = 0 \end{array}\right\}$$

解法一：用矩阵求逆解法方程。由题知：

$$N = \begin{pmatrix} 4 & 2 & -1 \\ 2 & 5 & 3 \\ -1 & 3 & 6 \end{pmatrix}, \quad W = \begin{pmatrix} -0.87 \\ -1.12 \\ 0.41 \end{pmatrix}, \quad 则 \ N^{-1} = \frac{1}{43}\begin{pmatrix} 21 & -15 & 11 \\ -15 & 25 & -14 \\ 11 & -14 & 16 \end{pmatrix}$$

故：$K = -N^{-1}W = -\dfrac{1}{43}\begin{pmatrix} 21 & -15 & 11 \\ -15 & 25 & -14 \\ 11 & -14 & 16 \end{pmatrix}\begin{pmatrix} -0.87 \\ -1.12 \\ 0.41 \end{pmatrix} = \begin{pmatrix} -0.0707 \\ 0.4291 \\ -0.2947 \end{pmatrix}$

解法二：用高斯约化法解法方程。为了计算方便，将法方程系数、常数项放在同一个矩阵中同时约化计算。因：

$$\begin{pmatrix} 4 & 2 & -1 & -0.87 \\ 2 & 5 & 3 & -1.12 \\ -1 & 3 & 6 & 0.41 \end{pmatrix} \xrightarrow[\dfrac{-(a)}{-4}+(c) \Rightarrow (c\cdot1)]{\dfrac{2\,(a)}{-4}+(b) \Rightarrow (b\cdot1)} \begin{pmatrix} 4 & 2 & -1 & -0.87 \\ 0 & 4 & 3.5 & -0.685 \\ 0 & 3.5 & 5.75 & 0.1925 \end{pmatrix}$$

$$\xrightarrow[]{\dfrac{(b\cdot1)\,3.5}{-4}+(c\cdot1) \Rightarrow (c\cdot2)} \begin{pmatrix} 4 & 2 & -1 & -0.8700 \\ 0 & 4 & 3.5 & -0.6850 \\ 0 & 0 & 2.6875 & 0.7919 \end{pmatrix}$$

经过二次约化得到等值方程的系数和常数项，用方程表示为：

$$\left.\begin{array}{r} 4k_a + 2k_b - k_c - 0.87 = 0 \\ 4k_b + 3.5k_c - 0.685 = 0 \\ 2.6875k_c + 0.7919 = 0 \end{array}\right\}$$

回代求解得：$k_c = -0.2947$，$k_b = 0.4291$，$k_a = -0.0707$

解法三：用程序解法方程。

进入 VB6.0 打开已编好的法方程答解程序，在第一个文本框中输入 3；在带有滚动条的文本框中输入 4✓（回车）2✓ -1✓ -0.87✓5✓3✓ -1.12✓6✓0.41。输完数据后按平差计算键可在文本框中得到等值方程的系数与常数项，得到法方程的解。

当联系数全部解出后，代入原法方程中进行检核，检核通过后，解算即完成了。

将联系数 k 代入改正数方程，即可求得各观测值的改正数 v_i，并据以求得各被观测量的平差值 $\hat{L}_i$。至此，条件平差中求最或然值的问题就解决了。

第五节　条件平差的精度评定

以上各节讨论了求观测量平差值的原理和方法。为了解平差结果是否达到预期的精度，是否满足生产要求，还必须进行平差结果的精度评定。

一、单位权中误差的计算

在第一章中，已导出单位权中误差的公式为：

$$\mu = \pm \sqrt{\frac{[pvv]}{n-t}} \qquad (2\text{-}43)$$

在条件平差中，单位权中误差的公式还可表示为：

$$\mu = \pm \sqrt{\frac{[pvv]}{n-t}} = \pm \sqrt{\frac{[pvv]}{r}} = \pm \sqrt{\frac{V^{\mathrm{T}}PV}{r}} \qquad (2\text{-}44)$$

式中 n 为观测量的总数；t 是必要观测的个数；r 是多余观测的个数。

若是同精度观测，则式（2-44）应为：

$$\mu = \pm \sqrt{\frac{[vv]}{r}} = \pm \sqrt{\frac{V^{\mathrm{T}}V}{r}} \qquad (2\text{-}45)$$

为了计算单位权中误差，必须首先计算 $[pvv] = V^{\mathrm{T}}PV$。$[pvv]$ 可用下列几种方法计算。

1. 用改正数 v_i 直接计算

$$V^{\mathrm{T}}PV = [pvv] = p_1 v_1^2 + p_2 v_2^2 + \cdots\cdots + p_n v_n^2 \qquad (2\text{-}46)$$

将经过检核计算的联系数 k 值，代入改正数方程，便可求得各观测值改正数 v 值。改正数方程的普遍形式为：

$$v_i = \frac{1}{p_i}(a_i k_{\mathrm{a}} + b_i k_{\mathrm{b}} + \cdots\cdots + r_i k_i) \qquad (2\text{-}47)$$

式中 改正数编号 $i = 1, 2\cdots\cdots n$。

实际计算中，可用计算器编程序进行计算。也可用条件方程系数表来计算改正数 v（见表 2-5）。

条件方程系数及改正数计算表 表 2-5

改正数编号	a/k_{a}	b/k_{b}	$\cdots$	r/k_{r}	$\dfrac{1}{p}$	v
1	a_1	b_1	$\cdots$	r_1	$\dfrac{1}{p_1}$	v_1
2	a_2	b_2	$\cdots$	r_2	$\dfrac{1}{p_2}$	v_2
$\cdots$	$\cdots$	$\cdots$	$\cdots$	$\cdots$	$\cdots$	$\cdots$
n	a_n	b_n	$\cdots$	r_n	$\dfrac{1}{p_n}$	v_n

表中的每一横行可看成是一个改正数方程，将算得的联系数 k 值，填入表上方相应空白栏内；计算改正数时，将各个 k 值分别与同列系数一一相乘，取同行代数和后，再乘以该行的权倒数 $\dfrac{1}{p}$，这样便可求得相应的改正数，全部 v 值均按同一程序进行计算。

2. 用法方程的联系数及自由项计算

设有 r 个条件方程：

$$\left.\begin{array}{l} [av] = -w_{\mathrm{a}} \\ [bv] = -w_{\mathrm{b}} \\ \cdots \cdots \cdots \\ [rv] = -w_{\mathrm{r}} \end{array}\right\} \qquad (2\text{-}48)$$

其改正数方程为：

$$
\left.
\begin{aligned}
v_1 &= \frac{1}{p_1} \; (a_1 k_a + b_1 k_b + \cdots\cdots + r_1 k_r) \\
v_2 &= \frac{1}{p_2} \; (a_2 k_a + b_2 k_b + \cdots\cdots + r_2 k_r) \\
&\cdots \qquad \cdots \qquad \cdots \quad \cdots \quad \cdots \\
v_n &= \frac{1}{p_n} \; (a_n k_a + b_n k_b + \cdots\cdots + r_n k_r)
\end{aligned}
\right\}
$$
(2-49)

以 $p_i v_i$（$i = 1$，2，$\cdots n$）分别乘上列相应各式，再纵列相加后得：

$$
[pvv] = [av] k_a + [bv] k_b + \cdots\cdots + [rv] k_r
$$
(2-50)

将式（2-48）代入上式，便得：

$$
[pvv] = - w_a k_a - w_b k_b - \cdots\cdots - w_r k_r
$$
(2-51)

即：$[pvv]$ 等于法方程自由项与相应联系数的乘积和，并将其反号。

若用矩阵公式推导同样可得上面的结果。因式（2-48）可以表示为：$AV = -W$，而改正数方程 $V = P^{-1} A^T K$，故

$$
V^T P V = V^T P P^{-1} A^T K = V^T A^T K = (AV)^T K = - W^T K
$$
(2-52)

这就是式（2-51）的矩阵表达式。显然用矩阵推导公式简单、明了且书写方便。

改正数平方和的两种计算方法，实际上是对两种不同数值的检核。

实际计算时，解算法方程求得联系数 k，经检核无误后，则代入改正数方程求改正数 v_i；将 v_i 值代入式（2-46）计算 $[pvv]$，将其结果与式（2-51）计算结果相比较，若在凑整误差允许范围内相等，说明改正数 v_i 计算正确。求得 $[pvv]$ 后，代入式（2-44），便可求得单位权中误差。

二、平差值函数的中误差

在进行精度评定时，除了计算单位权中误差外，还要计算平差值函数的中误差。

所谓平差值函数，就是用平差值计算的某些量的最或是值。

在三角测量中，方向或角度的最或是值是平差值。而方位角、边长、坐标的最或是值则是平差值的函数。评定这类数值的精度，就是求平差值函数中误差的问题。

已如前述，在推导误差传播定律的过程中，是以独立自变量为前提的。因此，在应用误差传播定律求平差值函数的中误差时，首先要将平差值函数化为独立观测值的函数。因为平差值 $\hat{L}$ 互相并不独立，平差值 $\hat{L}$ 等于独立观测值 L 加改正数 v。v 是由改正数方程求得，因此，v 是联系数 k 的函数，而 k 又是从同一法方程组中解算得出，因此 k 又是闭合差 w 的函数，而 w 才是独立观测值 L 的函数。所以，$\hat{L}$ 是 L 的复合函数。

为了求平差值函数的中误差，首先必须将以平差值为自变量的函数化为以独立观测值为自变量的函数。

平差值函数有线性和非线性两种形式。下面先讨论平差值的线性函数，然后推广到非线性函数。

（一）平差值函数的权倒数

设平差值线性函数的一般形式为：

$$F = f_1\hat{L}_1 + f_2\hat{L}_2 + \cdots\cdots + f_n\hat{L}_n + f_0 = \left[f\hat{L}\right] + f_0 \tag{2-53}$$

式中 f_i 为平差值 $\hat{L}_i$ 的系数；f_0 为不包含误差的常数项。

为了将平差值函数 F 逐步化为独立观测值的函数，现将 $\hat{L}_i = L_i + v_i$ 代入上式，得：

$$F = f_1 L_1 + f_2 L_2 + \cdots\cdots + f_n L_n + f_0 + f_1 v_1 + f_2 v_2 + \cdots\cdots + f_n v_n \tag{2-54}$$

令：

$$\underset{n\times1}{f} = \begin{pmatrix} f_1 \\ f_2 \\ \vdots \\ f_n \end{pmatrix} \quad \underset{n\times1}{L} = \begin{pmatrix} L_1 \\ L_2 \\ \vdots \\ L_n \end{pmatrix} \quad \underset{n\times1}{v} = \begin{pmatrix} v_1 \\ v_2 \\ \vdots \\ v_n \end{pmatrix}$$

则平差值函数式可写成：

$$\underset{1\times1}{F} = \underset{1\times n}{f^{\mathrm{T}}}\underset{n\times1}{L} + \underset{1\times n}{f^{\mathrm{T}}}\underset{n\times1}{V} + \underset{1\times1}{f_0} \tag{2-55}$$

已如前述，为了将 F 化为独立观测值的函数，应先将上式中的 v_i 化为联系数 k 的函数。

已知改正数方程为：

$$v_i = \frac{1}{p_i}\left(a_i k_{\mathrm{a}} + b_i k_{\mathrm{b}} + \cdots\cdots + r_i k_{\mathrm{r}}\right) \qquad i = 1,\ 2\cdots\cdots n$$

即：$V = P^{-1}A^{\mathrm{T}}K$

将改正数方程代入式（2-55），则有：

$$F = f^{\mathrm{T}}L + f^{\mathrm{T}}P^{-1}A^{T}K + f_0 \tag{2-56}$$

由式（2-25）知：$K = -N^{-1}W$，将此式代入上式，则有：

$$F = f^{\mathrm{T}}L - f^{\mathrm{T}}P^{-1}A^{\mathrm{T}}N^{-1}W + f_0 \tag{2-57}$$

再将式（2-10）中关于 W 的计算式代入上式，得：

$$\begin{aligned} F &= f^{\mathrm{T}}L - f^{\mathrm{T}}P^{-1}A^{\mathrm{T}}N^{-1}\left(AL + A_0\right) + f_0 \\ &= f^{\mathrm{T}}L - f^{\mathrm{T}}P^{-1}A^{\mathrm{T}}N^{-1}AL - f^{\mathrm{T}}P^{-1}A^{\mathrm{T}}N^{-1}A_0 + f_0 \\ &= \underset{1\times n}{\left(f^{\mathrm{T}} - \underset{1\times n}{f^{\mathrm{T}}}\underset{n\times n}{P^{-1}}\underset{n\times r}{A^{\mathrm{T}}}\underset{r\times r}{N^{-1}}\underset{r\times n}{A}\right)}L - \underset{1\times n}{f^{\mathrm{T}}}\underset{n\times n}{P^{-1}}\underset{n\times r}{A^{\mathrm{T}}}\underset{r\times r}{N^{-1}}\underset{r\times1}{A_0} + \underset{1\times1}{f_0} \end{aligned} \tag{2-58}$$

式中 f、q、A、A_0、f_0 都是与观测值无关的常数。至此，已将平差值函数 F 化为独立观测值 L 的函数。为了便于计算，令：

$$\underset{1\times r}{q^{\mathrm{T}}} = -\underset{1\times n}{f^{\mathrm{T}}}\underset{n\times n}{P^{-1}}\underset{n\times r}{A^{\mathrm{T}}}\underset{r\times r}{N^{-1}} \tag{2-59}$$

由于上式中的 N^{-1} 和 P^{-1} 都是对称方阵，所以 $(N^{-1})^{\mathrm{T}} = N^{-1}$，$(P^{-1})^{\mathrm{T}} = P^{-1}$。于是将式（2-59）转置后得：

$$q = -\left(f^{\mathrm{T}}P^{-1}A^{\mathrm{T}}N^{-1}\right)^{\mathrm{T}} = -N^{-1}AP^{-1}f \tag{2-60}$$

两边同时左乘 N 并移项得：

$$Nq + AP^{-1}f = O \tag{2-61}$$

将上式与条件平差的法方程进行比较，不难看出，上式是与法方程的系数相同的线性对称方程组，通常称上式为转换系数方程组，而 q 是由 r 个元素 q_{a}、$q_{\mathrm{b}}\cdots\cdots q_{\mathrm{r}}$ 组成的列矩阵称为转换系数。因为

$$AP^{-1}f = \begin{pmatrix} a_1 & a_2 & \cdots & a_n \\ b_1 & b_2 & \cdots & b_n \\ \cdots & \cdots & \cdots & \cdots \\ r_1 & r_2 & \cdots & r_n \end{pmatrix} \begin{pmatrix} \dfrac{1}{p_1} & & & \\ & \dfrac{1}{p_2} & & \\ & & \ddots & \\ & & & \dfrac{1}{p_n} \end{pmatrix} \begin{pmatrix} f_1 \\ f_2 \\ \vdots \\ f_n \end{pmatrix} = \begin{pmatrix} \left[\dfrac{af}{p}\right] \\ \left[\dfrac{bf}{p}\right] \\ \vdots \\ \left[\dfrac{rf}{p}\right] \end{pmatrix} \tag{2-62}$$

则式（2-61）可以表示成：

$$\begin{pmatrix} \left[\dfrac{aa}{p}\right] & \left[\dfrac{ab}{p}\right] & \cdots & \left[\dfrac{ar}{p}\right] \\ \left[\dfrac{ab}{p}\right] & \dfrac{bb}{p} & \cdots & \left[\dfrac{br}{p}\right] \\ \cdots & \cdots & \cdots & \cdots \\ \left[\dfrac{ar}{p}\right] & \left[\dfrac{br}{p}\right] & \cdots & \left[\dfrac{rr}{p}\right] \end{pmatrix} \begin{pmatrix} q_a \\ q_b \\ \vdots \\ q_r \end{pmatrix} + \begin{pmatrix} \left[\dfrac{af}{p}\right] \\ \left[\dfrac{bf}{p}\right] \\ \vdots \\ \left[\dfrac{rf}{p}\right] \end{pmatrix} = \begin{pmatrix} 0 \\ 0 \\ \vdots \\ 0 \end{pmatrix} \tag{2-63}$$

其纯量形式为：

$$\left. \begin{aligned} \left[\frac{aa}{p}\right]q_a + \left[\frac{ab}{p}\right]q_b + \cdots\cdots + \left[\frac{ar}{p}\right]q_r + \left[\frac{af}{p}\right] = 0 \\ \left[\frac{ab}{p}\right]q_a + \left[\frac{bb}{p}\right]q_b + \cdots\cdots + \left[\frac{br}{p}\right]q_r + \left[\frac{bf}{p}\right] = 0 \\ \cdots \quad \cdots \quad \cdots \quad \cdots \quad \cdots \quad \cdots \\ \left[\frac{ar}{p}\right]q_a + \left[\frac{br}{p}\right]q_b + \cdots\cdots + \left[\frac{rr}{p}\right]q_r + \left[\frac{rf}{p}\right] = 0 \end{aligned} \right\} \tag{2-64}$$

式中未知数 q_a，q_b，$\cdots\cdots q_r$ 可从上列方程组解得，且仅与观测值的权、条件方程系数和函数式的系数 f_i 有关。

将式（2-59）代入式（2-58），得：

$$F = (f^T + q^T A) L + q^T A_0 + f_0 = (f + A^T q)^T L + q^T A_0 + f_0 \tag{2-65}$$

若对式（2-65）全微分，则有：

$$dF = (f + A^T q)^T dL \tag{2-66}$$

根据第一章中讨论的协因数传播律式（1-49）可得平差值函数的权倒数：

$$\begin{aligned} \frac{1}{p^F} &= (f + A^T q)^T P^{-1} (f + A^T q) \\ &= (f^T + q^T A)(P^{-1}f + P^{-1}A^T q) \\ &= f^T P^{-1} f + f^T P^{-1} A^T q + q^T A P^{-1} f + q^T A P^{-1} A^T q \end{aligned} \tag{2-67}$$

由式（2-61）知：$-Nq = AP^{-1}f$，而 $AP^{-1}A^T = N$，则式（2-67）可表示为：

$$\begin{aligned} \frac{1}{p^F} &= f^T P^{-1} f + f^T P^{-1} A^T q - q^T N q + q^T N q \\ &= f^T P^{-1} f + f^T P^{-1} A^T q \end{aligned}$$

$$\underset{1\times 1}{\frac{1}{p_F}} = \underset{1\times n}{f^T} \underset{n\times n}{P^{-1}} \underset{n\times 1}{f} + (\underset{r\times n}{A} \underset{n\times n}{P^{-1}} \underset{n\times 1}{f})^T \underset{r\times 1}{q} \tag{2-68}$$

上式的纯量形式为：

56

$$\frac{1}{p_{\mathrm{F}}} = \left[\frac{ff}{p}\right] + \left[\frac{af}{p}\right]q_{\mathrm{a}} + \left[\frac{bf}{p}\right]q_{\mathrm{b}} + \cdots\cdots + \left[\frac{rf}{p}\right]q_{\mathrm{r}} \qquad (2\text{-}69)$$

式（2-68）、式（2-69）为平差值函数的权倒数计算式。

（二）平差值函数的中误差

根据权与中误差的关系有：

$$m_{\mathrm{F}} = \pm\,\mu\sqrt{\frac{1}{p_{\mathrm{F}}}} \qquad (2\text{-}70)$$

式（2-70）便是求平差值函数的中误差公式。

综上所述，求平差值函数的中误差的计算步骤可归纳如下：

（1）列平差值函数式。即按题意要求，将欲求其中误差的量表达成平差值的函数式。

（2）求平差值函数的权倒数。

方法一：用矩阵公式进行计算。根据平差值函数式中的 f_i，条件方程系数阵 A 以及观测值的权倒数阵 P^{-1}，由式（2-62）组成转换系数方程组的常数项；根据式（2-63）解出转换系数方程组的未知数 q_{a}，$q_{\mathrm{b}}\cdots\cdots q_{\mathrm{r}}$；根据式（2-68）计算平差值函数的权倒数。

方法二：用表格和纯量公式进行计算。在表 2-5 中增加一（f）列（见表 2-6），将平差值函数式中的 f_i 填入表中。根据平差值函数式中的 f_i 条件方程系数以及观测值的权倒数，用求乘积和的方法求出转换系数的常数项 $\left[\frac{af}{p}\right]$、$\left[\frac{bf}{p}\right]\cdots\cdots\left[\frac{rf}{p}\right]$ 及系数 $\left[\frac{ff}{p}\right]$；根据式（2-64）解转换系数方程；根据式（2-69）计算平差值函数的权倒数。

（3）求平差值函数的中误差。

表 2-6

改正数编号	a/k_{a}	b/k_{b}	...	r/k_{r}	f	$\dfrac{1}{p}$	v
1	a_1	b_1	...	r_1	f_1	$\dfrac{1}{p_1}$	v_1
2	a_2	b_2	...	r_2	f_2	$\dfrac{1}{p_2}$	v_2
...	...	...	...	...	...	...	...
n	a_n	b_n	...	r_n	f_n	$\dfrac{1}{p_n}$	v_n

要指出的是：当平差值函数式 $f\left(\hat{L}_1,\ \hat{L}_2\cdots\cdots\hat{L}_n\right)$ 中，只有一个平差值 $\hat{L}_i$，且其系数为 +1 时，则平差值函数为 $F = \hat{L}_i$，它就是平差值了。因此，平差值是平差值函数的特例，所以，求平差值的权倒数，仍可应用上述计算公式。

【例 2-5】 图 2-7 所示的水准网中，各水准路线的距离为 $s_1 = 4\mathrm{km}$，$s_2 = 2\mathrm{km}$，$s_3 = 4\mathrm{km}$，$s_4 = 4\mathrm{km}$，$s_5 = 2\mathrm{km}$。试求 B 点最或然高程的权倒数。

解：（1）由图知 $r = 2$，两个条件方程分别为：

$$v_1 + v_2 - v_3 + w_{\mathrm{a}} = 0$$
$$v_4 + v_5 + v_6 + w_{\mathrm{b}} = 0$$

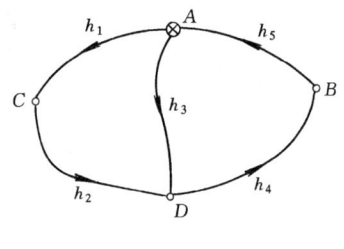

图 2-7

按题意列平差值函数式为：

$$H_B = H_A + \hat{L}_3$$

所以，$f_3 = +1$，$f_1 = f_2 = f_4 = f_5 = f_6 = 0$

（2）令 $c = 1$，即以 1km 观测高差为单位权观测值，所以有：$\dfrac{1}{p_i} = s_i$。将条件方程、平差值函数式的系数及权填入表 2-7 中。

表 2-7

观测编号	a	b	f	$\dfrac{1}{p}$
1	1	·	·	4
2	1	·	·	2
3	-1	1	1	4
4	·	1	·	4
5	·	1	·	2

于是：

$$\left[\dfrac{aa}{p}\right] = +10; \quad \left[\dfrac{ab}{p}\right] = -4; \quad \left[\dfrac{bb}{p}\right] = +10;$$

$$\left[\dfrac{af}{p}\right] = -4; \quad \left[\dfrac{bf}{p}\right] = +4; \quad \left[\dfrac{ff}{p}\right] = +4;$$

由式（2-64）可得：

$$\left.\begin{array}{c} 10q_a - 4q_b - 4 = 0 \\ -4q_a + 10q_b + 4 = 0 \end{array}\right\}$$

解之得：$q_a = 0.286$；$q_b = -0.286$。

按式（2-69），得：$\dfrac{1}{p_{H_B}} = 1.71$

（3）用矩阵公式计算权倒数。因为：

$$N = \begin{pmatrix} 1 & 1 & -1 & 0 & 0 \\ 0 & 0 & 1 & 1 & 1 \end{pmatrix} \begin{pmatrix} 4 & & & & \\ & 2 & & & \\ & & 4 & & \\ & & & 4 & \\ & & & & 2 \end{pmatrix} \begin{pmatrix} 1 & 0 \\ 1 & 0 \\ -1 & 1 \\ 0 & 1 \\ 0 & 1 \end{pmatrix} = \begin{pmatrix} 10 & -4 \\ -4 & 10 \end{pmatrix}$$

$$AP^{-1}f = \begin{pmatrix} 1 & 1 & -1 & 0 & 0 \\ 0 & 0 & 1 & 1 & 1 \end{pmatrix} \begin{pmatrix} 4 & & & & \\ & 2 & & & \\ & & 4 & & \\ & & & 4 & \\ & & & & 2 \end{pmatrix} \begin{pmatrix} 0 \\ 0 \\ 1 \\ 0 \\ 0 \end{pmatrix} = \begin{pmatrix} -4 \\ 4 \end{pmatrix}$$

由式（2-61）$Nq + AP^{-1}f = O$，得：

$$\begin{pmatrix} 10 & -4 \\ -4 & 10 \end{pmatrix} \begin{pmatrix} q_a \\ q_b \end{pmatrix} + \begin{pmatrix} -4 \\ 4 \end{pmatrix} = \begin{pmatrix} 0 \\ 0 \end{pmatrix}$$

用矩阵求逆的方法同样可以解得：$q_a = 0.286$；$q_b = -0.286$。

按式（2-68），得：

$$\frac{1}{p_{H_B}} = (0\ 0\ 1\ 0\ 0)\begin{pmatrix} 4 & & & & \\ & 2 & & & \\ & & 4 & & \\ & & & 4 & \\ & & & & 2 \end{pmatrix}\begin{pmatrix} 0 \\ 0 \\ 1 \\ 0 \\ 0 \end{pmatrix} + (-4\ 4)\begin{pmatrix} 0.286 \\ -0.286 \end{pmatrix} = 1.71$$

三、非线性函数的权倒数

如果平差值函数为非线性函数。设其一般形式为：

$$F = f(\hat{L}_1,\ \hat{L}_2 \cdots \hat{L}_n) \tag{2-71}$$

将 $\hat{L}_i = L_i + v_i$ 代入上式，并按台劳级数展开取一次项后得：

$$\begin{aligned} F = {} & f(L_1,\ L_2 \cdots L_n) + \\ & \left(\frac{\partial F}{\partial \hat{L}_1}\right)_{\hat{L}_1 = L_1} v_1 + \left(\frac{\partial f}{\partial \hat{L}_2}\right)_{\hat{L}_2 = L_2} v_2 + \cdots + \left(\frac{\partial f}{\partial \hat{L}_n}\right)_{\hat{L}_n = L_n} v_n \end{aligned} \tag{2-72}$$

令：$f_1 = \left(\frac{\partial f}{\partial \hat{L}_1}\right)_{\hat{L}_1 = L_1}$，$f_2 = \left(\frac{\partial f}{\partial \hat{L}_2}\right)_{\hat{L}_2 = L_2}$ $\cdots f_n = \left(\frac{\partial f}{\partial \hat{L}_n}\right)_{\hat{L}_n = L_n}$，于是式（2-72）变为：

$$\begin{aligned} F &= f(L_1,\ L_2 \cdots L_n) + f_1 v_1 + f_2 v_2 + \cdots + f_n v_n \\ &= f(L_1,\ L_2 \cdots L_n) + f^T V \end{aligned} \tag{2-73}$$

同求线性函数的权倒数一样将改正数的函数化为联系数的函数再化成闭合差的函数最后化成观测值的函数。也即

$$\begin{aligned} F &= f(L_1,\ L_2 \cdots L_n) + f^T V = f(L_1,\ L_2 \cdots L_n) + f^T P^{-1} A^T K \\ &= f(L_1,\ L_2 \cdots L_n) - f^T P^{-1} A^T N^{-1} W \\ &= f(L_1,\ L_2 \cdots L_n) - f^T P^{-1} A^T N^{-1}(AL + A_0) \end{aligned}$$

顾及式（2-59），

$$F = f(L_1,\ L_2 \cdots L_n) + q^T AL + q^T A_0 \tag{2-74}$$

至此，已将 F 化为独立观测值的函数。对式（2-74）进行全微分，则可得：

$$\begin{aligned} dF &= f_1 dL_1 + f_2 dL_2 + \cdots + f_n dL_n + q^T A dL = f^T dL + q^T A dL \\ &= (f^T + q^T A) dL = (f + A^T q)^T dL \end{aligned} \tag{2-75}$$

将式（2-75）与式（2-66）相比较，发现两者形式完全一致。由此可知，上述用于求线性形式的平差值函数的权倒数公式（2-68）及（2-69）式，均适用于求非线性形式的平差值函数的权倒数。只是在计算 $\frac{1}{p_F}$ 的这些公式中，所用到的各 v_i 前的系数 f_i，对于非线性函数来说，就是函数 $f(L_1,\ L_2 \cdots L_n)$ 对于 L_i 的偏导数值$\left(\text{即} \frac{\partial f}{\partial L_i}\right)$。由于在实际计算中，只需要求出 f_i 值就可以用前面导出的权倒数公式计算 $\frac{1}{p_F}$，故对于非线性的平差值函数，只要写出式（2-73）中的后半部分，即

$$v_F = \frac{\partial f}{\partial L_1}v_1 + \frac{\partial f}{\partial L_2}v_2 + \cdots\cdots + \frac{\partial f}{\partial L_n}v_n$$
$$= f_1v_1 + f_2v_2 + \cdots\cdots + f_nv_n \tag{2-76}$$

就可以从其中找出所需要的全部 f_i 了。

为了区别于式（2-73），通常称式（2-76）为权函数式。

在实际计算中，权函数的求法是对函数式（2-71）求全微分，得：

$$dF = \left(\frac{\partial f}{\partial L_1}\right)dL_1 + \left(\frac{\partial f}{\partial L_2}\right)dL_2 + \cdots\cdots + \left(\frac{\partial f}{\partial L_n}\right)dL_n$$

当用 L_i 代入上式计算出 $\frac{\partial f}{\partial L_i}$ 后，它就是式（2-76）中的 f_i 了，故上式可写成：

$$dF = f_1dL_1 + f_2dL_2 + \cdots\cdots + f_ndL_n$$

将它与式（2-76）比较可知：若将式中之 dL_i 换成 v_i，并将 dF 换写成 v_F，则全微分式就是权函数式了。

由上述可见，当平差值函数为非线性时，求函数的权倒数的计算步骤，基本上与函数为线性形式时相同，只不过在列出函数式之后，还要用求全微分的方法列出其权函数式，并借以确定各 f_i 值。此后，仍可按前述方法，采用求函数权倒数的公式之一进行计算。但应注意：式中的 f_i 对于线性函数来说，它代表已知常数，也就是平差值的系数；而对于非线性函数来说，f_i 代表函数 F 对于各独立观测值求偏导数的值，所以两者含义是不同的。

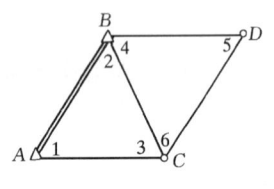

图 2-8

【例 2-6】 图 2-8 中的 6 个同精度观测值为：

$L_1 = 45°30'46''$； $L_2 = 67°22'03''$；

$L_3 = 67°07'14''$； $L_4 = 69°03'14''$；

$L_5 = 52°32'22''$； $L_6 = 58°24'18''$。

AB 的边长为已知并设无误差。已知观测角的权均为 1 时的测角中误差为：

$$m_0 = \pm\sqrt{\frac{[pvv]}{r}} = \pm 4''8。$$ 试求 CD 边的边长相对中误差 $\frac{m_{CD}}{CD}$。

解：（1）由图知 $r = 2$，其条件方程为：

$$\left.\begin{array}{l} v_1 + v_2 + v_3 + w_a = 0 \\ v_4 + v_5 + v_6 + w_b = 0 \end{array}\right\}$$

平差后，CD 边长的函数式为：$CD = AB\dfrac{\sin\hat{L}_1\sin\hat{L}_4}{\sin\hat{L}_3\sin\hat{L}_5}$。

为求其边长的相对中误差 $\dfrac{m_{CD}}{CD}$，通常可先求其边长对数的中误差 m_{lgCD}。然后可以推得由 m_{lgCD} 计算 $\dfrac{m_{CD}}{CD}$ 的公式。故将 CD 函数式的两边取对数，得：

$$\lg CD = \lg AB + \lg\sin\hat{L}_1 - \lg\sin\hat{L}_3 + \lg\sin\hat{L}_4 - \lg\sin\hat{L}_5$$

再求其全微分，则得权函数式：

$$\mathrm{dlg}\,CD = \left(\frac{\mathrm{dlg}\,\sin\hat{L}_1}{\mathrm{d}\hat{L}_1}\right)_{\hat{L}=L}\frac{\mathrm{d}L_1}{\rho} + \left(\frac{\mathrm{dlg}\,\sin\hat{L}_4}{\mathrm{d}\hat{L}_4}\right)_{\hat{L}=L}\frac{\mathrm{d}L_4}{\rho}$$

$$= -\left(\frac{\mathrm{dlg}\,\sin\hat{L}_3}{\mathrm{d}\hat{L}_3}\right)_{\hat{L}=L}\frac{\mathrm{d}L_3}{\rho} - \left(\frac{\mathrm{dlg}\,\sin\hat{L}_5}{\mathrm{d}\hat{L}_5}\right)_{\hat{L}=L}\frac{\mathrm{d}L_5}{\rho}$$

$$= \delta_1\mathrm{d}L_1 + \delta_4\mathrm{d}L_4 - \delta_3\mathrm{d}L_3 - \delta_5\mathrm{d}L_5$$

$$= +2.07\mathrm{d}L_1 + 0.81\mathrm{d}L_4 - 0.89\mathrm{d}L_3 - 1.61\mathrm{d}L_5$$

式中 $\delta_i = 2.1055\mathrm{ctg}L_i$ 以对数第六位为单位，即：$f_1 = +2.07$，$f_2 = f_6 = 0$，$f_3 = -0.89$，$f_4 = +0.81$，$f_5 = -1.61$。

（2）组成系数：

$[aa] = +3$；$[ab] = 0$；$[bb] = +3$；$[af] = +1.18$；$[bf] = -0.80$；

$[ff] = +8.33$；

组成转换系数方程：

$$\left.\begin{aligned}3q_a + 1.18 = 0\\ 3q_b - 0.80 = 0\end{aligned}\right\}$$

解得 $q_a = -0.393$；$q_b = 0.267$

将上列数值代入式（2-69）中，得 $\dfrac{1}{p_F} = 7.65$。故

$$m_{\mathrm{1gCD}} = m_0\sqrt{\frac{1}{p_F}} = \pm13.3。$$

因为 m_{1gCD} 以对数的小数点后第六位为单位，故在用 m_{1gCD} 求 $\dfrac{m_{CD}}{CD}$ 时，应将 m_{1gCD} 除以 10^6，即：

$$\frac{m_{CD}}{CD} = \frac{m_{\mathrm{1gCD}}}{0.434\times10^6} = \frac{13.3}{0.434\times10^6} = \frac{1}{33000}$$

四、平差值函数的权倒数与推算路线无关

对一个平差问题，按最小二乘法原理平差，不论采用何种平差方法，观测值的平差值应是惟一的。由于平差后矛盾已经消除，所以平差值的函数也是完全确定的。不难证明：在平差图形中，从不同路线求某元素平差值的权倒数即平差值函数的权倒数与推算路线无关。在 μ 不变的前提下，平差值及平差值函数的精度也是相同的。

例如，在图 2-9 中，由路线①、②、③、④……分别计算平差后 EG 边边长的权倒数，它们的计算值应该是相等的，即：$\dfrac{1}{p_{F1}} = \dfrac{1}{p_{F2}} = \dfrac{1}{p_{F3}} = \dfrac{1}{p_{F4}} = \cdots\cdots$

又如，在图 2-10 所示的水准网中，按 $A\to C$，$A\to D\to C$，$A\to B\to C$ 三条不同路线，求平差后 C 点高程的权倒数也一定是相等的。

可见同一个量的平差值函数的权倒数，与推算路线无关。

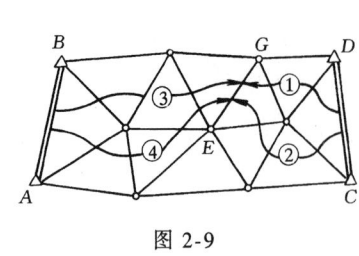

图 2-9

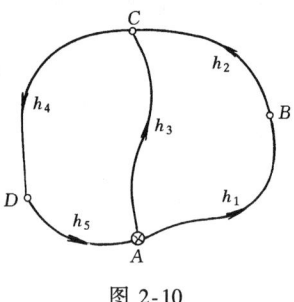

图 2-10

第六节 水准网条件平差示例

【例 2-7】 图 2-11 所示的水准网中，A、B 为已知高程的水准点，P_1，P_2 及 P_3 为待定点，观测数据和已知数据见表 2-8，试按条件平差求：

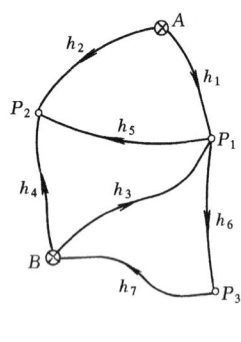

图 2-11

(1) 各待定点的最或然高程；

(2) P_1 至 P_2 点间平差后高差的中误差。

解 1. 列条件方程和平差值函数式

本题 $n = 7$，$t = 3$，故有条件 $r = n - t = 4$

$$
\left.
\begin{aligned}
v_1 - v_2 + v_5 + 7 &= 0 \quad (a)\\
v_3 - v_4 + v_5 + 8 &= 0 \quad (b)\\
v_3 + v_6 + v_7 + 6 &= 0 \quad (c)\\
v_2 - v_4 - 3 &= 0 \quad (d)
\end{aligned}
\right\}
$$

条件方程闭合差以毫米（mm）为单位。

平差值函数式为 $\qquad F = \hat{h}_5$

即 $f_5 = +1, f_1 = f_2 = f_3 = f_4 = f_6 = f_7 = 0$

2. 定权

我们选定 $C = 1$，故有 $\dfrac{1}{p_i} = S_i$。则观测值的权倒数阵为：

$$
P^{-1} = \begin{pmatrix}
1.1 & & & & & & \\
& 1.7 & & & & & \\
& & 2.3 & & & & \\
& & & 2.7 & & & \\
& & & & 2.4 & & \\
& & & & & 1.4 & \\
& & & & & & 2.6
\end{pmatrix}
$$

3. 法方程式的组成与解算

由条件方程及闭合差可知其矩阵分别为：

$$A_{4\times7} = \begin{pmatrix} 1 & -1 & 0 & 0 & 1 & 0 & 0 \\ 0 & 0 & 1 & -1 & 1 & 0 & 0 \\ 0 & 0 & 1 & 0 & 0 & 1 & 1 \\ 0 & 1 & 0 & -1 & 0 & 0 & 0 \end{pmatrix}, \quad W_{4\times1} = \begin{pmatrix} 7.0 \\ 8.0 \\ 6.0 \\ -3.0 \end{pmatrix}$$

组成法方程为:

$$AP^{-1}A^{T}K + W = \begin{pmatrix} 5.2 & 2.4 & 0 & -1.7 \\ 2.4 & 7.4 & 2.3 & 2.7 \\ 0 & 2.3 & 6.3 & 0 \\ -1.7 & 2.7 & 0 & 4.4 \end{pmatrix} \begin{pmatrix} k_a \\ k_b \\ k_c \\ k_d \end{pmatrix} + \begin{pmatrix} 7.0 \\ 8.0 \\ 6.0 \\ -3.0 \end{pmatrix} = \begin{pmatrix} 0 \\ 0 \\ 0 \\ 0 \end{pmatrix}$$

表 2-8

线　路	观测高差 (m)	路线长 (km)	已知点高程 (m)	线　路	观测高差 (m)	路线长 (km)	已知点高程 (m)
1	+ 1.359	1.1	$H_A = 5.016$	5	+ 0.657	2.4	
2	+ 2.009	1.7	$H_B = 6.016$	6	+ 0.238	1.4	
3	+ 0.363	2.3		7	- 0.595	2.6	
4	+ 1.012	2.7					

用解算线性方程组的任意方法解算法方程。现用前面编写的高斯约化法程序解得:

$k_a = -0.2226$, $k_b = -1.4028$, $k_c = -0.4414$, $k_d = 1.4568$

4. 改正数 v_i 的计算

根据改正数方程算得观测值的改正数为:

$v_1 = -0.24$, $v_2 = 2.86$, $v_3 = -4.24$, $v_4 = -0.14$,

$v_5 = -3.90$, $v_6 = -0.62$, $v_7 = -1.15$

5. 平差值的计算

见表 2-9,以平差值重列条件方程进行检核:

表 2-9

观测编号	观测高差 (m)	改正数 (mm)	平差值 (m)	观测编号	观测高差 (m)	改正数 (mm)	平差值 (m)
1	+ 1.359	- 0.2	+ 1.3588	5	+ 0.657	- 3.9	+ 0.6531
2	+ 2.009	+ 2.9	+ 2.019	6	+ 0.238	- 0.6	+ 0.2374
3	+ 0.363	- 4.2	+ 0.3588	7	- 0.595	- 1.2	- 0.5962
4	+ 1.012	- 0.1	+ 1.0119				

$$\left. \begin{aligned} \hat{h}_1 - \hat{h}_2 + \hat{h}_5 &= 0 \\ \hat{h}_3 - \hat{h}_4 + \hat{h}_5 &= 0 \\ \hat{h}_3 - \hat{h}_6 + \hat{h}_7 &= 0 \\ H_a + \hat{h}_2 - \hat{h}_4 - H_b &= 0 \end{aligned} \right\}$$

6. 待定点高程计算

$$\hat{H}_{P_1} = H_a + \hat{h}_1 = 6.3748\text{m}$$

$$\hat{H}_{P_2} = H_a + \hat{h}_2 = 7.0279\text{m}$$

$$\hat{H}_{P_3} = H_6 - \hat{h}_7 = 6.6121\text{m}$$

7. 单位权中误差计算

$$\mu = \pm\sqrt{\frac{[pvv]}{r}} = \pm\sqrt{\frac{19.8}{4}} = \pm 2.2\text{mm}$$

这就是说，1km 水准路线高差的中误差为 ±2.2mm。

8. 平差后 P_1 至 P_2 点间高差的中误差

由平差值函数式可知其矩阵为：$f = (0\ 0\ 0\ 0\ 1\ 0\ 0)^{\text{T}}$

同组成法方程一样组成转换系数方程：

$$AP^{-1}A^{\text{T}}q + AP^{-1}f = \begin{pmatrix} 5.2 & 2.4 & 0 & -1.7 \\ 2.4 & 7.4 & 2.3 & 2.7 \\ 0 & 2.3 & 6.3 & 0 \\ -1.7 & 2.7 & 0 & 4.4 \end{pmatrix}\begin{pmatrix} q_a \\ q_b \\ q_c \\ q_d \end{pmatrix} + \begin{pmatrix} 2.40 \\ 2.40 \\ 0 \\ 0 \end{pmatrix} = \begin{pmatrix} 0 \\ 0 \\ 0 \\ 0 \end{pmatrix}$$

用前面编写的高斯约化法程序解得转换系数为：

$$q_a = -0.336, \quad q_b = -0.253, \quad q_c = 0.093, \quad q_d = 0.026$$

组成系数 $\left[\dfrac{ff}{p}\right]$ 代入式（2-69）得 $\dfrac{1}{p_F} = 0.99$，故

$$m_{\hat{h}_5} = \mu\sqrt{\frac{1}{p_F}} = \pm 2.2\sqrt{0.99} = \pm 2.2\text{mm}$$

思考题及习题

2-1 在平差问题中，条件方程的个数是多少？法方程个数是多少？改正数方程的个数是多少？

2-2 试以一般符号写出两个条件的条件方程、改正数方程和法方程，这些方程组的用途是什么？

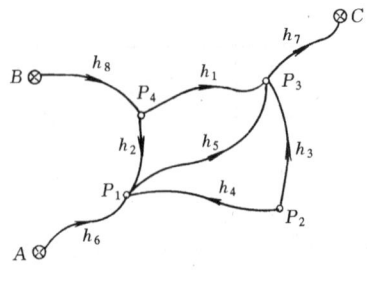

图 2-12

2-3 怎样由条件方程组成法方程？

2-4 高斯约化法解算法方程的基本思想是什么？有什么特点？

2-5 什么是等值方程？什么是消化方程？联系数 k_i 是从哪组方程中求出来的？

2-6 怎样计算 $[pvv]$？

2-7 如何列平差值的函数式？

2-8 什么情况下要列权函数式？如何计算平差值函数的权倒数？如何计算平差值函数的中误差？

2-9 在 $\dfrac{1}{p_F}$ 的各个计算公式中，f_i 的含义是什么？现有平差值函数 $F = \hat{L}_1 + \hat{L}_2 - \hat{L}_3$，试说明各 f_i 的值是多少？

2-10 某水准网如图 2-12 所示。已知 $H_A = 5.000\text{m}$，$H_B = 5.000\text{m}$，$H_C = 5.000\text{m}$。各路线的观测高差

及各路线的长度列于表2-10，试组成法方程。

2-11　解算下列法方程组：

表 2-10

序号	1	2	3	4	5	6	7	8
h (m)	+1.359	+2.008	+0.363	+1.000	−0.657	+0.357	+0.304	−1.654
S (km)	2	2	2	2	4	4	4	4

$$8.44k_a - 2.17k_b + 0k_c + 0k_d - 50.34 = 0$$
$$-2.17k_a + 11.57k_b - 1.72k_c - 1.59k_d + 51.32 = 0$$
$$0k_a - 1.72k_b + 6.88k_c - 2.38k_d + 17.18 = 0$$
$$0k_a - 1.59k_b - 2.38k_c + 3.97k_d - 30.94 = 0$$

2-12　在图2-13中，测得 $L_1 = 35°20'15''$，$L_2 = 65°19'28''$，$L_3 = 29°59'10''$。已知 L_1，L_2，L_3 相互独立。试求：平差后 $\angle AOB$ 的权倒数。

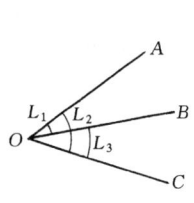

图 2-13

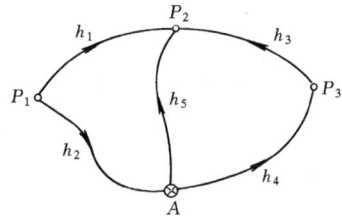

图 2-14

2-13　在图2-14中，测得 $h_1 = +1.357\text{m}$，$h_2 = +2.008\text{m}$，$h_3 = +0.353\text{m}$，$h_4 = +1.000\text{m}$，$h_5 = -0.657\text{m}$。已知各路线长度为 $S_1 = S_2 = S_3 = S_4 = 1\text{km}$，$S_5 = 2\text{km}$。定权时，取 $C = 1$。试求：

（1）平差后 P_2 点高程的权倒数；

（2）平差后 P_1、P_3 两点间高差的权倒数。

2-14　在图2-15中，观测高差及路线长度列于表2-11。已知 $H_A = 50.000\text{m}$，$H_B = 40.000\text{m}$。试按条件平差法求：

（1）各观测值的平差值；

（2）平差后 P_1 点与 P_2 点间高差的中误差。

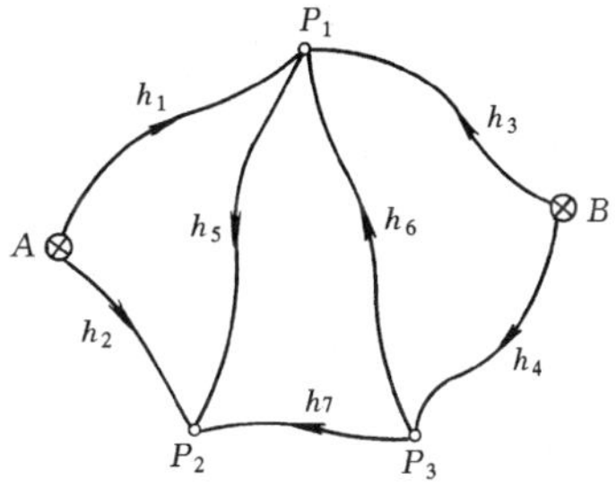

图 2-15

表 2-11

序　号	1	2	3	4	5	6	7
h（m）	+10.356	+15.000	+20.360	+14.501	+4.651	+5.856	+10.500
S（km）	1	1	2	2	1	1	2

第三章　间　接　平　差

第一节　间　接　平　差　原　理

一、概述

条件平差是以观测值的改正数为未知数，根据最小二乘法的原理，解算独立条件方程式，以求得观测值的最或然值。

间接平差是测量平差的又一种方法，它是以选取独立的未知量的最或然值为未知数，根据最小二乘法原理，解算误差方程式，以求得各未知量的最或然值，然后再求其他量的最或然值。

条件平差和间接平差都是在 $[pvv]$ 为最小的原则下求未知数，消除观测误差和多余观测所引起的矛盾，在计算方法上虽然不同，但对同一个平差问题来说，用两种方法计算所得的结果是一致的。

在条件平差中，法方程个数等于条件方程个数；而在间接平差中，法方程个数等于未知数的个数。条件方程的形式多样，而误差方程的形式较为简单，组成较为容易，只不过辅助计算工作量稍大些。因而，在以往的平差计算中，当待定点多于已知点时，一般都采用条件平差；当待定点少于已知点时，则常采用间接平差。由于当前在平差计算中广泛地使用了电子计算机，采用间接平差模型编程规律性强容易实现，平差程序中普遍采用间接平差原理，因此，间接平差显得更加重要。

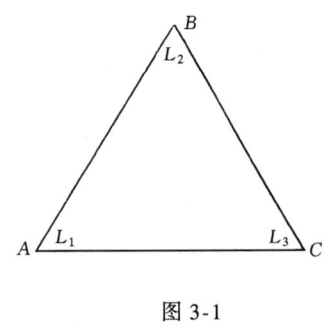

图 3-1

下面以一简单的例子说明间接平差的基本方法。

图 3-1 为一平面三角形，三个内角的同精度观测值为 L_1、L_2、L_3；拟用间接平差法求出三个内角的平差值 $\hat{L}_1$、$\hat{L}_2$、$\hat{L}_3$。

因为决定三角形的形状只需测出两个内角即可，所以必要观测数 $t = 2$，独立未知数的个数也为 2。如果选定 $\angle A$、$\angle B$ 的平差值为未知数（设为 x_1、x_2），则观测值的平差值 $\hat{L}_i$ 与未知数 x_i 就有以下的函数关系：

$$\left.\begin{aligned}
\hat{L}_1 &= L_1 + v_1 = x_1 \\
\hat{L}_2 &= L_2 + v_2 = x_2 \\
\hat{L}_3 &= L_3 + v_3 = -x_1 - x_2 + 180°
\end{aligned}\right\} \tag{3-1}$$

将上式中的观测值移于等式右端则有：

$$\left.\begin{aligned}
v_1 &= x_1 - L_1 \\
v_2 &= x_2 - L_2 \\
v_3 &= -x_1 - x_2 + 180° - L_3
\end{aligned}\right\} \tag{3-2}$$

式（3-1）是以观测值的平差值为函数的式子，通常称为平差值方程。

经过变化的式（3-2），是以观测值的改正数 v_i 作为函数的，通常称为误差方程。

由式（3-2）可见，误差方程的个数就等于观测值个数 $n=3$；未知数个数 $t=2$（t 即为必要观测个数）。因为 $n>t$，故它是一组不定方程，有着无穷组解，因此，必须按 $[vv]$ 为极小的原则并用求自由极值的方法来解出未知数。为此，首先要组成新的函数 $[vv]$，即：

$$[vv] = (x_1 - L_1)^2 + (x_2 - L_2)^2 + (-x_1 - x_2 + 180° - L_3)^2$$

式中　$[vv]$ 是未知数 x_i（自由变量）的函数。

要求得函数的极小值，则应按求自由极值的方法求取，即：

$$\frac{\partial [vv]}{\partial x_1} = 2(x_1 - L_1) - 2(-x_1 - x_2 + 180° - L_3) = 0$$

$$\frac{\partial [vv]}{\partial x_2} = 2(x_2 - L_2) - 2(-x_1 - x_2 + 180° - L_3) = 0$$

经整理后可得：
$$\left.\begin{array}{l} 2x_1 + x_2 - L_1 + L_3 - 180° = 0 \\ x_1 + 2x_2 - L_3 - 180° = 0 \end{array}\right\} \tag{3-3}$$

上式就是解算未知数 x_i 的法方程。

解得的 x_i 值为：

$$x_1 = L_1 - \frac{1}{3}(L_1 + L_2 + L_3 - 180°);$$

$$x_2 = L_2 - \frac{1}{3}(L_1 + L_2 + L_3 - 180°)。$$

因为 $(L_1 + L_2 + L_3 - 180°) = w$，所以得：

$$x_1 = L_1 - \frac{w}{3}; x_2 = L_2 - \frac{w}{2}$$

再将未知数 x_1、x_2 代入式（3-2）中，即可求得观测值的改正数分别为：

$$v_1 = x_1 - L_1 = \left(L_1 - \frac{w}{3}\right) - L_1 = -\frac{w}{3}$$

$$v_2 = x_2 - L_2 = \left(L_2 - \frac{w}{3}\right) - L_2 = -\frac{w}{3}$$

$$v_3 = -x_1 - x_2 + 180° - L_3 = -\left(L_1 - \frac{w}{3}\right) - \left(L_2 - \frac{w}{3}\right) + 180° - L_3 = -\frac{w}{3}$$

由以上的平差结果可见：它与条件平差的结果一致，完全符合前述的结论。

二、间接平差原理

综上所述，间接平差的原理是：针对具体的平差问题，正确地选择 t 个独立的未知数作为自变量，其个数等于必要观测个数；以观测值的平差值作为它们的函数，组成 n 个平差值方程；再转化为误差方程；通过误差方程达到消除不符值的目的，并利用数学中求自由极值的方法，在满足 $[pvv]$ 为最小的原则下来解出未知数的最或然值。

下面按一般情况推导间接平差的基本公式。

设在某一平差问题中有 n 个独立观测值：L_1、L_2……L_n，与它相应的改正数为 v_1、

$v_2 \cdots\cdots v_n$，权为 p_1、$p_2 \cdots\cdots p_n$，平差值为 $\hat{L}_1$、$\hat{L}_2 \cdots\cdots \hat{L}_n$。设有 t 个未知数为：x_1、$x_2 \cdots\cdots$ x_t。本节先按平差值方程为线性方程组的情况介绍。

设平差值方程的一般形式为：

$$\left.\begin{aligned}
L_1 + v_1 &= a_1 x_1 + b_1 x_1 + c_1 x_3 + \cdots\cdots + t_1 x_t + d_1 \\
L_2 + v_2 &= a_2 x_1 + b_2 x_2 + c_2 x_3 + \cdots\cdots + t_2 x_t + d_2 \\
&\cdots\cdots \quad \cdots\cdots \quad \cdots\cdots \quad \cdots\cdots \\
L_n + v_n &= a_n x_1 + b_n x_2 + c_n x_3 + \cdots\cdots + t_n x_t + d_n
\end{aligned}\right\} \tag{3-4}$$

式中 d_i 是方程中的常数项。

将已知的观测值 L_i 移至等号的右方，并令：

$$l_i = d_i - L_i \qquad (i = 1,2\cdots\cdots n) \tag{3-5}$$

则得一般形式的误差方程为：

$$\left.\begin{aligned}
v_1 &= a_1 x_1 + b_1 x_2 + c_1 x_3 + \cdots\cdots + t_1 x_t + l_1 \\
v_2 &= a_2 x_1 + b_2 x_2 + c_2 x_3 + \cdots\cdots + t_2 x_t + l_2 \\
&\cdots\cdots \quad \cdots\cdots \quad \cdots\cdots \quad \cdots\cdots \quad \cdots\cdots \\
v_n &= a_n x_1 + b_n x_2 + c_n x_3 + \cdots\cdots + t_n x_t + l_n
\end{aligned}\right\} \tag{3-6}$$

式中 a_i、b_i、$c_i \cdots\cdots l_i$ 是已知的系数和常数项。

令未知数矩阵、改正数矩阵、常数项矩阵分别为：

$$\underset{t \times 1}{X} = \begin{pmatrix} x_1 \\ x_2 \\ \vdots \\ x_t \end{pmatrix}, \quad \underset{n \times 1}{V} = \begin{pmatrix} v_1 \\ v_2 \\ \vdots \\ v_n \end{pmatrix}, \quad \underset{n \times 1}{l} = \begin{pmatrix} l_1 \\ l_2 \\ \vdots \\ l_n \end{pmatrix}$$

又设未知数系数矩阵和观测值的权矩阵分别为：

$$\underset{n \times t}{B} = \begin{pmatrix} a_1 & b_1 & \cdots & t_1 \\ a_2 & b_2 & \cdots & t_2 \\ \cdots & \cdots & \cdots & \cdots \\ a_n & b_n & \cdots & -t_n \end{pmatrix}, \quad \underset{n \times n}{P} = \begin{pmatrix} p_1 & 0 & \cdots & 0 \\ 0 & p_2 & \cdots & 0 \\ \cdots & \cdots & \cdots & \cdots \\ 0 & 0 & 0 & p_n \end{pmatrix}$$

则误差方程的矩阵表达式为：

$$\underset{n \times 1}{V} = \underset{n \times t}{B} \underset{t \times 1}{X} + \underset{n \times 1}{l} \tag{3-7}$$

间接平差必须在 $[pvv]$ 为最小的原则下求未知数。从式（3-6）可以看出：改正数是未知数的函数，因此可应用数学上的多元函数求自由极值的方法来解误差方程式。

将式（3-6）两边平方后再乘以相应的权，并求 n 个式子的总和，可得：

$$
\begin{aligned}
[pvv] = \; &p_1(a_1x_1 + b_1x_2 + c_1x_3 + \cdots\cdots + t_1x_t + l_1)^2 \\
+ \; &p_2(a_2x_1 + b_2x_2 + c_2x_3 + \cdots\cdots + t_2x_t + l_2)^2 \\
+ \; &\cdots\cdots \quad \cdots\cdots \quad \cdots\cdots \\
+ \; &p_n(a_nx_1 + b_nx_2 + c_nx_3 + \cdots\cdots + t_nx_t + l_n)^2
\end{aligned}
\Bigg\}
$$

若分别求 $[pvv]$ 对 x_1、x_2……x_t 的偏导数，并令其等于零，然后可从这些等式中解出 x_1、x_2……x_t。

$$
\frac{\partial[pvv]}{\partial x_1} = 2p_1v_1\frac{\partial v_1}{\partial x_1} + 2p_2v_2\frac{\partial v_2}{\partial x_1} + \cdots\cdots + 2p_nv_n\frac{\partial v_n}{\partial x_1};
$$

$$
\frac{\partial[pvv]}{\partial x_2} = 2p_1v_1\frac{\partial v_1}{\partial x_2} + 2p_2v_2\frac{\partial v_2}{\partial x_2} + \cdots\cdots + 2p_nv_n\frac{\partial v_n}{\partial x_2};
$$

$$
\cdots\cdots \quad \cdots\cdots \quad \cdots\cdots \quad \cdots\cdots \quad \cdots\cdots \quad \cdots\cdots
$$

$$
\frac{\partial[pvv]}{\partial x_t} = 2p_1v_1\frac{\partial v_1}{\partial x_t} + 2p_2v_2\frac{\partial v_2}{\partial x_t} + \cdots + 2p_nv_n\frac{\partial v_n}{\partial x_t}。
$$

由式（3-6）知：

$$
\frac{\partial v_i}{\partial x_1} = a_i; \frac{\partial v_i}{\partial x_2} = b_i \cdots\cdots \frac{\partial v_i}{\partial x_t} = t_i \; (i = 1,2\cdots\cdots n)
$$

将这些关系式代入上列偏微方程式中，令各式等于零，并去掉公因子 2 就得：

$$
\left.
\begin{aligned}
&p_1a_1v_1 + p_2a_2v_2 + \cdots\cdots + p_na_nv_n = [pav] = 0 \\
&p_1b_1v_1 + p_2b_2v_2 + \cdots\cdots + p_nb_nv_n = [pbv] = 0 \\
&\cdots\cdots\cdots\cdots\cdots\cdots\cdots\cdots\cdots\cdots\cdots\cdots \quad \cdots\cdots \quad \cdots \\
&p_1t_1v_1 + p_2t_2v_2 + \cdots\cdots + p_nt_nv_n = [ptv] = 0
\end{aligned}
\right\}
\tag{3-8}
$$

上述 t 个方程，再联合式（3-6）的 n 个误差方程，就可以解得 n 个改正数 v 和 t 个未知数 x。这 $n+t$ 个方程就是间接平差的基础方程组。

上述根据最小二乘原理在满足 $V^TPV = \min$ 条件下解出未知数的过程，用矩阵公式表示成：

$$
\frac{\mathrm{d}\,(V^TPV)}{\mathrm{d}X} = 0
$$

根据矩阵求导规则：$\dfrac{d\,(V^TPV)}{\mathrm{d}X} = 2V^TP\dfrac{\mathrm{d}V}{\mathrm{d}X} = 2V^TPB = 0$，经转置后得：

$$
\underset{t \times n \;\; n \times n \; n \times 1}{B^T \; P \; V} = 0
\tag{3-9}
$$

式（3-9）的纯量形式是式（3-8）。将式（3-7）代入式（3-9），即得：

$$
\underset{t \times n \;\; n \times n \; n \times t \; t \times 1}{B^T \; P \; B \; X} + \underset{t \times n \;\; n \times n \; n \times 1}{B^T \; P \; l} = 0
\tag{3-10}
$$

若令：

$$
\left.
\begin{aligned}
M = B^TPB \\
W = B^TPl
\end{aligned}
\right\}
\tag{3-11}
$$

则式（3-10）可以写成：

$$
\underset{t \times u \; u \times 1 \;\; t \times 1}{M \; X} + \underset{t \times 1}{W} = 0
\tag{3-12}
$$

其纯量形式为：

$$\left.\begin{array}{l} [paa]x_1 + [pab]x_2 + \cdots\cdots + [pat]x_t + [pal] = 0 \\ [pab]x_1 + [pbb]x_2 + \cdots\cdots + [pbt]x_t + [pbl] = 0 \\ \cdots\cdots\cdots\cdots\cdots\cdots\cdots\cdots\cdots\cdots\cdots\cdots\cdots\cdots\cdots\cdots \quad \cdots \\ [pat]x_1 + [pbt]x_2 + \cdots\cdots + [ptt]x_t + [ptl] = 0 \end{array}\right\} \qquad (3\text{-}13)$$

（式 3-13）就是用以解算未知数的方程组，称为法方程。其个数与未知数的个数相等。

由这组方程解得的未知数，代入式（3-6）可求出一组相应的改正数 v。这一组 v 值一定满足 $[pvv]$ 为最小的要求。

由此可见：由法方程中解出的未知数就是未知数的最或然值。如果再用改正数加到相应的观测值上，就可求得各观测量的平差值 $\hat{L}$。

至此，我们证实了间接平差中求最或然值的问题。

若把式（3-13）与条件平差中法方程相比较，可以看出：

（1）条件平差法方程的系数为 $\left[\dfrac{aa}{p}\right]$、$\left[\dfrac{ab}{p}\right]$……；间接平差法方程的系数是 $[paa]$、$[pab]$……，两者间仅是权的位置不同，而组成的方法是一致的；

（2）条件平差中，法方程的常数项为 w，而间接平差中法方程的常数项为 $[pal]$、$[pbl]$……，是与系数同时组成的；

（3）a_i、b_i、c_i……等系数的含义：在条件平差中为第一、二……等条件方程中改正数 v_i 的系数，下标 i 与 v 的下标相应；在间接平差中则表示为未知数 x_1、x_2……x_t 的系数，下标表示误差方程的序号；

（4）两者都是线性对称方程，所以解算的方法完全一样。

三、间接平差的计算步骤

根据上述原理，可将间接平差的计算步骤归结如下：

（一）选取未知数

根据平差问题的性质，确定必要观测的个数 t，并选定 t 个独立量作为未知数。

（二）组成误差方程式

按未知数与观测值的函数关系，列出误差方程式。误差方程的个数等于观测值的个数。

（三）组成法方程式

由误差方程式组成法方程式，法方程式的个数等于未知数的个数。

（四）解法方程求出未知数

（五）求出观测值的平差值

将未知数代入误差方程，求出观测值的改正数 v，并据此求得各被观测量的平差值。

（六）精度评定

最后还应计算单位权中误差，未知数的中误差及未知数函数的中误差。

第二节　误　差　方　程

按间接平差法进行平差计算，第一步就是列出误差方程。为此，首先要确定平差问题中未知数的个数，以及选择哪些量作为未知数；其次要考虑怎样列出平差值方程，如何选取未知数的近似值以及如何写出误差方程。

下面就来具体讨论这些问题。

一、未知数个数的确定与选择

（一）确定未知数的个数

间接平差中，未知数的个数等于必要观测的个数。所以，未知数的个数取决于一个测量问题的本身，而不在于观测值的多少。根据第二章第二节中关于必要观测数的讨论可知：

1．水准网

（1）当水准网中有已知点时，未知数的个数等于待定点的个数，即 $t = P$（P 为待定点数）；

（2）当水准网中无已知点时，未知数的个数等于全部待定点数减1，即 $t = P - 1$。

2．测站平差

（1）有已知方向时，未知数的个数等于待定方向的个数，即 $t = s$（s 为待定方向的个数）；

（2）无已知方向时：未知数的个数等于待定方向的个数减1，即 $t = s - 1$。

测角、测边、边角网及导线网如何确定未知数的个数，在第四章中讨论。

（二）未知数的选择

确定了平差问题中未知数的个数后，正确地选择某些量作为未知数是十分重要的。选择未知数时应注意以下几个问题：

1．未知数之间不能存在函数关系

如果在选定的 t 个未知数中，存在着确定的函数关系式：$\varphi（x_1，x_2\cdots\cdots x_t）= 0$，则在这 t 个未知数中，必有1个未知数可以表达成其余未知数的函数。因而，它们就不是互为独立的自由变量。

在图3-2中，如果选取了三个内角都作为未知数的话，则它们一同存在于下面的函数式中，即：

$$\angle A + \angle B + \angle C = 180°$$

因此，三个角中的任一角都可以与其他两个角构成函数关系，所以三个角中只有两个是相互独立，而不存在任何函数关系。

有时，即使未知数个数是对的，但如果其中有互相不独立的未知数，就会遗漏了独立的未知数，也会使平差问题得不到解决。如果图3-2中选定了 α 和 α' 作为两个未知数的话，实际上漏了一个独立的未知数，因此，三角形的形状仍无法决定。

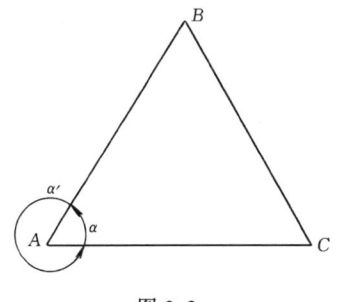

图 3-2   图 3-3

总之，应当选择足够数量的并且是互相独立的未知数。

2．选择的未知数应便于判断它们是否互相独立，是否便于计算

如在图 3-3 中，A、B、C、D 为 4 个已知水准点，E、F 为两个待定点；未知数 $t = 2$。选择这两个未知数的方法可以有很多种。例如，可以选择以下任一对未知量作为未知数：

$$(1)\begin{cases} x_1 = H_E \\ x_2 = H_F \end{cases};\ (2)\begin{cases} x_1 = h_1 + v_1 \\ x_2 = h_4 + v_4 \end{cases};\ (3)\begin{cases} x_1 = H_E \\ x_2 = h_5 + v_5 \end{cases};\ (4)\begin{cases} x_1 = h_1 + v_1 \\ x_2 = h_3 + v_3 \end{cases}\cdots\cdots$$

只要以上任何一组中未知数被求出，则图中任何一个量的最或是值都可以算出来。但是，不能选择以下任一对未知量作为未知数：

$$(a)\begin{cases} x_1 = h_1 + v_1 \\ x_2 = h_2 + v_2 \end{cases};\ (b)\begin{cases} x_1 = h_4 + v_4 \\ x_2 = h_5 + v_5 \end{cases}$$

因为从（a）的情况看：$H_A + x_1 = H_B + x_2$，即：$x_1 - x_2 + H_A - H_B = 0$。从（b）的情况看：$H_C + x_1 = H_D + x_2$，即：$x_1 - x_2 + H_C - H_D = 0$。

所以（a）、（b）两组中的 x_1、x_2 互为函数，而不是相互独立的。因而选择这样两个未知数，实质上就相当于少选了一个未知数。

由以上所述可见，在水准网中，选定高差作为未知数，可以有好几种选择，若不注意，易于选错。如果选择待定点高程的最或然值作为未知数，它们总是独立的。

二、非线性误差方程的线性化

在不同的测量问题中，误差方程的形式有所不同，既有线性的也有非线性的。

在平差中都是用线性的误差方程组成法方程。所以，在组成误差方程时，应将一些非线性的误差方程，化为线性误差方程。

今将线性化的原理说明如下。

设有一组非线性误差方程为：

$$\left.\begin{aligned} v_1 &= f_1(x_1, x_2 \cdots\cdots x_t) - L_1 \\ v_2 &= f_2(x_1, x_2 \cdots\cdots x_t) - L_2 \\ \cdots\ &\ \cdots\cdots\ \ \cdots\cdots\ \ \cdots\cdots \\ v_n &= f_n(x_1, x_2, \cdots\cdots x_t) - L_n \end{aligned}\right\} \tag{3-14}$$

令各未知数的近似值为 x_1^0、$x_2^0 \cdots\cdots x_t^0$，其相应的改正数为 δx_1、$\delta x_2 \cdots\cdots \delta x_t$；未知数 x_i 为：$x_i = x_i^0 + \delta x_i$　（$i = 1、2 \cdots\cdots t$）。代入式（3-9）可得：

$$\left.\begin{aligned} v_1 &= f_1(x_1^0 + \delta x_1, x_2^0 + \delta x_2 \cdots\cdots x_t^0 + \delta x_t) - L_1 \\ v_2 &= f_2(x_1^0 + \delta x_1, x_2^0 + \delta x_2 \cdots\cdots x_t^0 + \delta x_t) - L_2 \\ \cdots\ &\ \cdots\cdots\ \ \cdots\cdots\ \ \cdots\cdots\ \ \cdots\cdots \\ v_n &= f_n(x_1^0 + \delta x_1, x_2^0 + \delta x_2 \cdots\cdots x_t^0 + \delta x_t) - L_n \end{aligned}\right\}$$

将上式按台劳级数展开，并保留一次项而略去二次和二次以上的项后则有：

$$\begin{aligned} v_i = f_i(x_1^0, x_2^0 \cdots\cdots x_t^0) + \left(\frac{\partial f_i}{\partial x_1}\right)_0 \delta x_1 \\ + \left(\frac{\partial f_i}{\partial x_2}\right)_0 \delta x_2 + \cdots\cdots + \left(\frac{\partial f_i}{\partial x_t}\right)_0 \delta x_t - L_i \end{aligned} \tag{3-15}$$

$$(i = 1、2 \cdots\cdots n)$$

式（3-10）中，等式右端的第一项是用未知数近似值按原函数计算得的函数近似值；当各 x_i^0 已定时，它就是常数。式中各改正数前的系数是用未知数近似值算得的偏导数，它是常数，可分别用 a_i、$b_i \cdots\cdots t_i$ 表示，即：

$$a_i = \left(\frac{\partial f_i}{\partial x_1}\right)_0 ; b_i = \left(\frac{\partial f_i}{\partial x_2}\right)_0 \cdots\cdots t_i = \left(\frac{\partial f_i}{\partial x_t}\right)_0 \qquad (3-16)$$

未知数函数的近似值与观测值之差，就是线性化后的误差方程的常数项，即：

$$l_i = f_i(x_1^0, x_2^0 \cdots\cdots x_t^0) - L_i = L_i^0 - L_i \qquad (3-17)$$

将式（3-11）和式（3-12）中相应的符号代入式（3-10），即得线性化了的误差方程：

$$v_i = a_i\delta x_1 + b_i\delta x_2 + \cdots\cdots + t_i\delta x_t + l_i \quad (i = 1、2 \cdots\cdots n) \qquad (3-18)$$

需要指出，线性化后的误差方程是个近似式。当 δx 很小时，级数展开略去高次项不会影响计算精度；当 δx 值很大时，就会达不到预期的精度，使平差值之间仍会存在不符值。因此，在确定未知数近似值时，应尽可能接近于未知数的平差值。

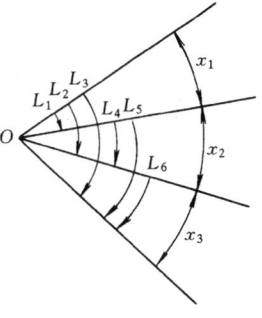

图 3-4

三、误差方程的组成

上面已阐述了未知数如何选定以及有关非线性误差方程线性化的原理，下面结合实例说明如何组成误差方程。

【例 3-1】 对图 3-4 中的 4 个方向，观测了 6 个角度，观测值分别为：

$$L_1 = 48°17'01''; \quad L_2 = 96°52'19''; \quad L_3 = 152°54'10'';$$

$$L_4 = 48°35'12''; \quad L_5 = 104°37'07''; \quad L_6 = 56°01'49'';$$

试列出其误差方程。

解：1. 确定未知数个数

必要观测个数是 3 个，故有 3 个未知数。

2. 选定独立的而又足够的未知数

选定图中用 x_1，x_2，x_3 标出的 3 个角度作为未知数。

3. 列出平差值方程

$$\left.\begin{array}{l} L_1 + v_1 = x_1 \\ L_2 + v_2 = x_1 + x_2 \\ L_3 + v_3 = x_1 + x_2 + x_3 \\ L_4 + v_4 = x_2 \\ L_5 + v_5 = x_2 + x_3 \\ L_6 + v_6 = x_3 \end{array}\right\}$$

4. 由平差值方程转化为误差方程

$$
\left.\begin{aligned}
v_1 &= x_1 - L_1 \\
v_2 &= x_1 + x_2 - L_2 \\
v_3 &= x_1 + x_2 + x_3 - L_3 \\
v_4 &= x_2 - L_4 \\
v_5 &= x_2 + x_3 - L_5 \\
v_6 &= x_3 - L_6
\end{aligned}\right\}
$$

取未知数的近似值为：

$x_1^0 = L_1 = 48°17'01''$；$x_2^0 = L_4 = 48°35'12''$；$x_3^0 = L_6 = 56°01'49''$。并用 δx_1、δx_2、δx_3 表示未知数与其近似值之差，即令：

$$
x_1 = x_1^0 + \delta x_1; \quad x_2 = x_2^0 + \delta x_2; \quad x_3 = x_3^0 + \delta x_3
$$

并将其代入误差方程，得出误差方程的最后形式为：

$$
\left.\begin{aligned}
v_1 &= \delta x_1 - 0 \\
v_2 &= \delta x_1 + \delta x_2 - 6 \\
v_3 &= \delta x_1 + \delta x_2 + \delta x_3 - 8 \\
v_4 &= \delta x_2 + 0 \\
v_5 &= \delta x_2 + \delta x_3 - 6 \\
v_6 &= \delta x_3 + 0
\end{aligned}\right\}
$$

式中，常数项以秒为单位。

应注意的是：当未知数的近似值一经选定后，在计算过程中就不能变动。其次，由于采用了未知数的近似值，误差方程中的常数项 l 是一个较小的数值，因此，往往以观测值的最小单位来表示。如上例中的 l 是以秒（s）为单位的。

第三节　法方程的组成与解算

一、法方程的组成

当误差方程的最后形式一经列出，即可组成法方程。

设平差问题中的 3 个未知数，n 个观测值则其误差方程为：

$$
v_i = a_i\delta x_1 + b_i\delta x_2 + c_i\delta x_3 + l_i \qquad (i = 1,\ 2\cdots\cdots n)
$$

在确保误差方程无误的前提下，接着组成法方程

$$
B^{\mathrm{T}}PB\delta X + B^{\mathrm{T}}Pl = 0
$$

具体组成法方程时可用矩阵乘进行

$$
B^{\mathrm{T}}PB = \begin{pmatrix} a_1 & a_2 & \cdots & a_n \\ b_1 & b_2 & \cdots & b_n \\ c_1 & c_2 & \cdots & c_n \end{pmatrix}\begin{pmatrix} p_1 & & & \\ & p_2 & & \\ & & \ddots & \\ & & & p_n \end{pmatrix}\begin{pmatrix} a_1 & b_1 & c_1 \\ a_2 & b_2 & c_2 \\ \vdots & \vdots & \vdots \\ a_n & b_n & c_n \end{pmatrix} = \begin{pmatrix} [paa] & [pab] & [pac] \\ [pab] & [pbb] & [pbc] \\ [pac] & [pbc] & [pcc] \end{pmatrix}
$$

$$B^{\mathrm{T}}Pl = \begin{pmatrix} a_1 & a_2 & \cdots & a_n \\ b_1 & b_2 & \cdots & b_n \\ c_1 & c_2 & \cdots & c_n \end{pmatrix} \begin{pmatrix} p_1 & & & \\ & p_2 & & \\ & & \ddots & \\ & & & p_n \end{pmatrix} \begin{pmatrix} l_1 \\ l_2 \\ \vdots \\ l_n \end{pmatrix} = \begin{pmatrix} [\,pal\,] \\ [\,pbl\,] \\ [\,pcl\,] \end{pmatrix}$$

则其法方程为：

$$\begin{pmatrix} [\,paa\,] & [\,pab\,] & [\,pac\,] \\ [\,pab\,] & [\,pbb\,] & [\,pbc\,] \\ [\,pac\,] & [\,pbc\,] & [\,pcc\,] \end{pmatrix} \begin{pmatrix} \delta x_1 \\ \delta x_2 \\ \delta x_3 \end{pmatrix} + \begin{pmatrix} [\,pal\,] \\ [\,pbl\,] \\ [\,pcl\,] \end{pmatrix} = \begin{pmatrix} 0 \\ 0 \\ 0 \end{pmatrix}$$

当误差方程个数及未知数个数较多时，可用程序进行计算。将第二章第三节中已编好的程序略作修改，即可得间接平差中由误差方程组成法方程的程序。

另外在本章第一节中，我们已将间接平差的法方程与条件平差的法方程作了比较，找出了两者间的主要差别是：权在系数中的位置不同；a、b……符号的具体含义不同。因此，间接平差中法方程的组成仍可通过绘制误差方程系数表（见表3-1）来完成。

误差方程系数表　　　　　　　　　　　　表3-1

编号	1	2	3	4	5
	a	b	c	l	p
1	a_1	b_1	c_1	l_1	p_1
2	a_2	b_2	c_2	l_2	p_2
$\vdots$	$\vdots$	$\vdots$	$\vdots$	$\vdots$	$\vdots$
n	a_n	b_n	c_n	l_n	p_n

误差方程系数表与条件方程系数表所不同的是：表中有一列是"p"，而条件方程系数表中是"$\dfrac{1}{p}$"；表3-1中每一行填写一个误差方程的系数和常数项l，而条件方程系数表中不填"闭合差"。即表3-1中有误差方程的常数项列，而条件方程系数中无条件方程的常数项列。利用表3-1中的数据，用求乘积和的方法就可以算出法方程的系数、常数项。

二、解法方程

间接平差与条件平差的法方程组，都是多元线性对称方程组，它可以采用代数中的任何一种解法，这里不多叙述。当采用高斯约化法解算时，其方法步骤同条件平差完全一样，只是由于权的位置不同和常数项的组成不同，才在符号上稍有差异。

下面直接给出间接平差中法方程按高斯约化法解算时的几个主要公式。

设某平差问题有三个未知数，则可写出其法方程组为：

$$\left. \begin{pmatrix} [\,paa\,] & [\,pab\,] & [\,pac\,] \\ [\,pab\,] & [\,pbb\,] & [\,pbc\,] \\ [\,pac\,] & [\,pbc\,] & [\,pcc\,] \end{pmatrix} \begin{pmatrix} \delta x_1 \\ \delta x_2 \\ \delta x_3 \end{pmatrix} + \begin{pmatrix} [\,pal\,] \\ [\,pbl\,] \\ [\,pcl\,] \end{pmatrix} = \begin{pmatrix} 0 \\ 0 \\ 0 \end{pmatrix} \begin{matrix} (a) \\ (b) \\ (c) \end{matrix} \right\} \qquad (3\text{-}19)$$

就上述三个法方程而言，其计算程序仍然是先利用第一个方程来消去后两个方程中的第一个未知数，再消去第二个未知数 δx_2，对于三个未知数的法方程组，只要进行两次约化便得到等值方程组：

$$\begin{pmatrix} [paa] & [pab] & [pac] \\ 0 & [pbb\cdot 1] & [pbc\cdot 1] \\ 0 & 0 & [pcc\cdot 2] \end{pmatrix}\begin{pmatrix} \delta x_1 \\ \delta x_2 \\ \delta x_3 \end{pmatrix} + \begin{pmatrix} [pal] \\ [pbl\cdot 1] \\ [pcl\cdot 2] \end{pmatrix} = \begin{pmatrix} 0 \\ 0 \\ 0 \end{pmatrix}\left.\begin{array}{l} (a) \\ (b\cdot 1) \\ (c\cdot 2) \end{array}\right\} \qquad (3\text{-}20)$$

各式依次乘以相应的自乘系数的负倒数，即得消化方程组：

$$\begin{pmatrix} -1 & -\dfrac{[pab]}{[paa]} & -\dfrac{[pac]}{[paa]} \\ 0 & -1 & -\dfrac{[pac\cdot 1]}{[pbb\cdot 1]} \\ 0 & 0 & -1 \end{pmatrix}\begin{pmatrix} \delta x_1 \\ \delta x_2 \\ \delta x_3 \end{pmatrix} + \begin{pmatrix} -\dfrac{[pal]}{[paa]} \\ -\dfrac{[pal\cdot 1]}{[pbb\cdot 1]} \\ -\dfrac{[pcl\cdot 2]}{[pcc\cdot 2]} \end{pmatrix} = \begin{pmatrix} 0 \\ 0 \\ 0 \end{pmatrix}\left.\begin{array}{l} (E) \\ (E\cdot 1) \\ (E\cdot 2) \end{array}\right\} \qquad (3\text{-}21)$$

由式（3-21）中的（E.2）即可直接解得 δx_3，然后，按相反顺序由式（E.1）解得 δx_2，由式（E）解得 δx_1。

由此可见，按高斯约化法解算未知数的步骤为：由原法方程组（3-19）求得等值方程组（3-20），再将等值方程组转化成消化方程组（3-21），由式（3-21）按相反的次序即可解出未知数 δx_3、δx_2、δx_1。

以上各式中的高斯约化符号，其含义及展开规律与条件平差中所述相同。用于间接平差的高斯约化法算方程的程序和条件平差中的相同，故不再复述。

【例 3-2】　以例3-1所列的误差方程组成法方程并解算法方程。

解：由例 3-1 知：

$$v_1 = \delta x_1 + 0$$
$$v_2 = \delta x_1 + \delta x_2 - 6$$
$$v_3 = \delta x_1 + \delta x_2 + \delta x_3 - 8$$
$$v_4 = \qquad \delta x_2 + 0$$
$$v_5 = \qquad \delta x_2 + \delta x_3 - 6$$
$$v_6 = \qquad\qquad \delta x_3 + 0$$

1. 组成法方程

因观测值为等精度观测，权阵为单位阵，故法方程为：

$$\begin{pmatrix} 1 & 1 & 1 & 0 & 0 & 0 \\ 0 & 1 & 1 & 1 & 1 & 0 \\ 0 & 0 & 1 & 0 & 1 & 1 \end{pmatrix}\begin{pmatrix} 1 & 0 & 0 \\ 1 & 1 & 0 \\ 1 & 1 & 1 \\ 0 & 1 & 0 \\ 0 & 1 & 1 \\ 0 & 0 & 1 \end{pmatrix}\begin{pmatrix} \delta x_1 \\ \delta x_2 \\ \delta x_3 \end{pmatrix} + \begin{pmatrix} 1 & 1 & 1 & 0 & 0 & 0 \\ 0 & 1 & 1 & 1 & 1 & 0 \\ 0 & 0 & 1 & 0 & 1 & 1 \end{pmatrix}\begin{pmatrix} 0 \\ -6 \\ -8 \\ 0 \\ -6 \\ 0 \end{pmatrix} = \begin{pmatrix} 0 \\ 0 \\ 0 \end{pmatrix}$$

$$\begin{pmatrix} 3 & 2 & 1 \\ 2 & 4 & 2 \\ 1 & 2 & 3 \end{pmatrix}\begin{pmatrix} \delta x_1 \\ \delta x_2 \\ \delta x_3 \end{pmatrix} + \begin{pmatrix} -14 \\ -20 \\ -14 \end{pmatrix} = \begin{pmatrix} 0 \\ 0 \\ 0 \end{pmatrix}$$

2. 解算法方程

解法一：

$$\begin{pmatrix} \delta x_1 \\ \delta x_2 \\ \delta x_3 \end{pmatrix} = -\begin{pmatrix} 3 & 2 & 1 \\ 2 & 4 & 2 \\ 1 & 2 & 3 \end{pmatrix}^{-1}\begin{pmatrix} -14 \\ -20 \\ -14 \end{pmatrix} = -\frac{1}{16}\begin{pmatrix} 8 & -4 & 0 \\ 0 & 8 & -4 \\ 0 & -4 & 8 \end{pmatrix}\begin{pmatrix} -14 \\ -20 \\ -14 \end{pmatrix} = \begin{pmatrix} 2 \\ 3 \\ 2 \end{pmatrix}$$

解法二： 用高斯约化法解法方程。为了计算方便，将法方程系数、常数项放在同一个矩阵中同时约化计算。因：

$$\begin{pmatrix} 3 & 2 & 1 & -14 \\ 2 & 4 & 2 & -20 \\ 1 & 2 & 3 & -14 \end{pmatrix} \xrightarrow[\frac{(a)}{-3}+(c) \Rightarrow (c\cdot1)]{\frac{2(a)}{-3}+(b) \Rightarrow (b\cdot1)} \begin{pmatrix} 3 & 2 & 1 & -14 \\ 0 & 2.667 & 1.333 & -10.667 \\ 0 & 1.333 & 2.667 & -9.333 \end{pmatrix}$$

$$\xrightarrow[]{\frac{1.333(b\cdot1)}{-2.667}+(c\cdot1) \Rightarrow (c\cdot2)} \begin{pmatrix} 3 & 2 & 1 & -14 \\ 0 & 2.667 & 1.333 & -10.667 \\ 0 & 0 & 2.001 & -4.001 \end{pmatrix}$$

经过二次约化得到等值方程的系数和常数项，用方程表示为：

$$\left.\begin{array}{l} 3\delta x_1 + 2\delta x_2 + \delta x_3 - 14 = 0 \\ 2.667\delta x_2 + 1.333\delta x_3 - 10.667 = 0 \\ 2.001\delta x_3 - 4.001 = 0 \end{array}\right\}$$

回代求解得：$\delta x_1 = 2.00$；$\delta x_2 = 3.00$；$\delta x_3 = 2.00$

解法三： 用程序解法方程。

进入 VB6.0 打开已编好的法方程答解程序，在第一个文本框中输入 3；在带有滚动条的文本框中输入 3✓（回车）2✓1✓ -14✓4✓2✓ -20✓3✓ -14。输完数据后按平差计算键可在文本框中得到等值方程的系数与常数项，得到法方程的解。

第四节　单位权中误差的计算

在间接平差中，求单位权中误差的公式与条件平差中的计算公式相同，仍为：

$$m_0 = \pm\sqrt{\frac{[pvv]}{n-t}} \tag{3-22}$$

式中　n 为观测值的个数；t 为未知数的个数。

计算 $[pvv]$ 有下面三种方法（仍以 3 个法方程为例）。

一、由 v_i 直接计算

当解出未知数 δx 后，将它代入误差方程：

$$v_i = a_i\delta x_1 + b_i\delta x_2 + c_i\delta x_3 + l_i \qquad (i = 1、2\cdots\cdots n)$$

求得各个 v 值后，然后直接按下式计算：

$$[pvv] = p_1v_1^2 + p_2v_2^2 + \cdots\cdots + p_nv_n^2 \tag{3-23}$$

二、按求乘积和的方法计算

设误差方程的普遍形式为：

$$v_i = a_i\delta x_1 + b_i\delta x_2 + c_i\delta x_3 + l_i \qquad (i = 1、2\cdots\cdots n)$$

将上式等号两边乘以相应的 $p_i v_i$，然后求乘积和，可得：

$$[pvv] = [pav]\delta x_1 + [pbv]\delta x_2 + [pcv]\delta x_3 + [plv] \tag{3-24}$$

由式（3-8）可知：$[pav] = 0$；$[pbv] = 0$；$[pcv] = 0$。所以式（3-24）可写成：

$$[pvv] = [plv]$$

再将各个误差方程式分别乘以相应的 $p_i l_i$，然后按求乘积和的方法可得：

$$[plv] = [pll] + [pal]\delta x_1 + [pbl]\delta x_2 + [pcl]\delta x_3$$

所以有：

$$[pvv] = [pal]\delta x_1 + [pbl]\delta x_2 + [pcl]\delta x_3 + [pll] \tag{3-25}$$

由误差方程式（3-7）考虑到已引入未知数的近似值，可以写出：

$$V^{\mathrm{T}}PV = (B\delta X + l)^{\mathrm{T}}PV = \delta X^{\mathrm{T}}B^{\mathrm{T}}PV + l^{\mathrm{T}}PV$$

而由式（3-9）知 $B^{\mathrm{T}}PV = 0$，则上式可变为：

$$V^{\mathrm{T}}PV = l^{\mathrm{T}}PV$$

仍用式（3-7）代换上式之 V，则有：

$$\begin{aligned}
V^{\mathrm{T}}PV &= l^{\mathrm{T}}P(B\delta X + l) = l^{\mathrm{T}}Pl + (B^{\mathrm{T}}Pl)^{\mathrm{T}}\delta X \\
&= l^{\mathrm{T}}Pl + W^{\mathrm{T}}\delta X
\end{aligned} \tag{3-26}$$

式（3-26）的纯量形式就是式（3-25）。

在间接平差中，通常以式（3-23）计算 $[pvv]$，并以式（3-25）用做检核。

第五节　未知数函数的中误差

在间接平差中，经过平差计算求得未知数的最或然值后，还应求未知数的中误差和未知数函数的中误差。

未知数函数是指由未知数所表示的某一量的最或然值。例如在图 3-5 所示的水准网中，平差时所选用的未知数是 E、F 点高程的最或然值，它们分别是 x_1 和 x_2，如果要求 E、F 间高差的平差值 $\hat{h}_3$，则按下式求得：

$$\hat{h}_3 = x_2 - x_1$$

可见，$\hat{h}_3$ 就是未知数的函数。

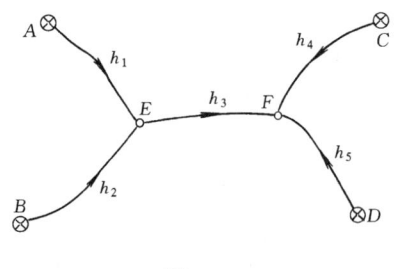

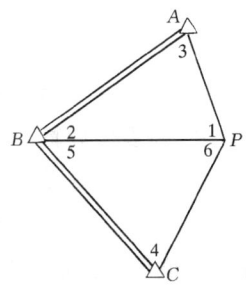

图 3-5　　　　　　　　　　　　　　　　　　　图 3-6

又如在图 3-6 中，设待定点 P 的纵、横坐标 x_{P}、y_{P} 为未知数，那么由 x_{P}、y_{P} 与已知点 A 的坐标 x_{A}、y_{A} 算得的边长和坐标方位角就是未知数函数。边长、方位角与坐标的关系式如下：

$$D_{AP} = \sqrt{(x_P - x_A)^2 + (y_P - y_A)^2};$$

$$\alpha_{AP} = \text{arctg} \frac{y_P - y_A}{x_P - x_A}$$

在间接平差中，任何一个量的平差值都可以由未知数求得，或者说都可以表达为未知数的函数。现讨论如何计算这些未知数函数的中误差。

为了讨论方便起见，先从研讨未知数的线性函数出发，然后再讨论非线性函数的情况。

假定某一间接平差问题有 t 个未知数，则未知数函数的一般形式为：

$$\Phi = f_0 + f_1 x_1 + f_2 x_2 + \cdots\cdots + f_t x_t \tag{3-27}$$

式中 f_i 及 f_0 是函数中已知的系数及常数项。

设未知数的或是值用其近似值加改正数表示，即有：$x_i = x_i^0 + \delta x_i$。代入式（3-27），得：

$$\Phi = f_1 \delta x_1 + f_2 \delta x_2 + \cdots\cdots + f_t \delta x_t + (f_0 + f_1 x_1^0 + f_2 x_2^0 + \cdots\cdots + f_t x_t^0)$$

式中最后括号内的项表示函数的近似值。它是一个与精度无关的常数。为了推导函数中误差公式的方便，可舍去此常数，则上式又可写成：

$$\delta\Phi = f_1 \delta x_1 + f_2 \delta x_2 + \cdots\cdots + f_t \delta x_t \tag{3-28}$$

对于评定精度而言，$\delta\Phi$ 与 Φ 有同样的中误差，因而在平差时，通常是写出式（3-28）。该式称为未知数函数的权函数式。

令函数的 $\delta\Phi$ 系数 f_i 的矩阵及未知数 δx_i 的矩阵分别为：

$$\underset{t \times 1}{f} = (f_1 f_2 \cdots\cdots f_t)^T, \quad \underset{t \times 1}{\delta X} = (\delta x_1 \, \delta x_2 \cdots\cdots \delta x_t)^T$$

则式（3-27）的矩阵表达式为：

$$\delta\Phi = \underset{1 \times 1}{f^T} \underset{1 \times 1}{\delta X} + \underset{1 \times 1}{f_0} \tag{3-29}$$

未知数近似值的改正数 δx_i 是从法方程组中解出的，所以它们都是法方程组常数项 $[pal]$、$[pbl]$ …… 的函数。而 $[pal]$、$[pbl]$ …… 中的 l，应为：从讨论精度的这一角度看，l_i 与 L_i 是同精度的，就是说，可以把 l_i 看成是观测值 L_i。由此可知，各个未知数近似值的改正数 δx_i 均为同一组观测值的函数，因而它们之间是误差不独立的。为了能用误差传播定律计算函数的权倒数，则必须把式（3-28）中的 δx_i 用独立的观测值来代替，也就是把 $\delta\Phi$ 转化为独立观测值的函数。

为了导出未知数权倒数公式，必须把 Φ 化为观测值的函数。为此，根据法方程的矩阵表达式知：$\delta X = -M^{-1}W$。将其代入式（3-29）得：

$$\delta\Phi = -f^T M^{-1} W \tag{3-30}$$

由式（3-11）知，$W = B^T Pl$，且 $l = d - L$ 均代入上式，则有：

$$\delta\Phi = -f^T M^{-1} B^T Pd + f^T M^{-1} B^T PL \tag{3-31}$$

式（3-31）已转化为用独立观测值表示的函数。若取式（3-31）的全微分则有：

$$d\Phi = f^T M^{-1} B^T P dL \tag{3-32}$$

式中 M^{-1} 和 P 均为对称阵，$(M^{-1})^T = M^{-1}$，$P^T = P$。将 dL 的系数转置，有：

$$d\Phi = (PBM^{-1}f)^T dL \tag{3-33}$$

若令：

$$q = M^{-1}f \tag{3-34}$$

q 为一列阵，可写为：$\underset{t \times 1}{q} = (q_a\ q_b \cdots\cdots q_t)^{\mathrm{T}}$

若用 M 左乘式（3-34）两端，并移项后有：

$$\underset{t \times t}{M}\ \underset{t \times 1}{q} - \underset{t \times 1}{f} = 0 \tag{3-35}$$

式（3-35）为转换系数方程组。转换系数方程的系数同法方程一样，常数项 f_i 是未知数的权函数式中的系数，q_i 为未知数称为转换系数，转换系数方程可以用解法方程的方法解答，其纯量形式为：

$$\left.\begin{array}{l}[paa]\ q_a + [pab]\ q_b + \cdots\cdots + [pat]\ q_t - f_1 = 0 \\ [pab]\ q_a + [pbb]\ q_b + \cdots\cdots + [pbt]\ q_t - f_2 = 0 \\ \cdots\cdots \quad \cdots\cdots \quad \cdots\cdots \quad \cdots\cdots \\ [pat]\ q_a + [pht]\ q_b + \cdots + [ptt]\ q_t - f_t = 0\end{array}\right\} \tag{3-36}$$

式（3-33）可以写成：

$$\mathrm{d}\Phi = (PBq)^{\mathrm{T}}\mathrm{d}L$$

应用权倒数传播律，则可得 Φ 的权倒数公式：

$$\frac{1}{p_\Phi} = (PBq)^{\mathrm{T}}P^{-1}(PBq) \tag{3-37}$$

在式（3-37）中，若令：$PBq = F = (F_1\ F_2 \cdots F_n)^{\mathrm{T}}$，则式（3-37）就有：

$$\frac{1}{p_\Phi} = F^{\mathrm{T}}P^{-1}F \tag{3-38}$$

式（3-38）是计算未知数函数的权倒数的第一个公式。其纯量形式为：

$$\frac{1}{p_\Phi} = \frac{F_1 F_1}{p_1} + \frac{F_2 F_2}{p_2} + \cdots\cdots + \frac{F_n F_n}{p_n} = \left[\frac{FF}{p}\right]$$

对式（3-37）作进一步变化，并将式（3-34）代入，则得：

$$\frac{1}{p_\Phi} = (PBq)^{\mathrm{T}}P^{-1}(PBq) = q^{\mathrm{T}}B^{\mathrm{T}}PP^{-1}PBq = q^{\mathrm{T}}Mq = q^{\mathrm{T}}MM^{-1}f$$

$$\underset{1 \times 1}{\frac{1}{p_\Phi}} = \underset{1 \times t}{f^{\mathrm{T}}}\ \underset{t \times 1}{q} = \underset{1 \times t}{q^{\mathrm{T}}}\ \underset{t \times 1}{f} \tag{3-39}$$

式（3-39）是计算未知数函数的权倒数的第二个公式。其纯量形式为：

$$\frac{1}{p_\phi} = q_a f_1 + q_b f_2 + \cdots\cdots + q_t f_t \tag{3-40}$$

求得权倒数 $\dfrac{1}{p_\Phi}$ 后，即可按下式求得函数 Φ 的中误差：

$$m_\Phi = m_0 \sqrt{\frac{1}{p_\Phi}} \tag{3-41}$$

以上是从未知数的线性函数出发推导其权倒数公式的。当未知数函数为非线性形式时，将如何计算函数的权倒数呢？现从一般形式来讨论这个问题。

设未知数函数的一般形式为：

$$\Phi = \varphi(x_1, x_2 \cdots\cdots x_t) \tag{3-42}$$

将 $x_i = x_i^0 + \delta x_i$ 代入上式，按台劳公式展开，并取至一次项，则得：

$$\Phi = \varphi(x_1^0, x_2^0 \cdots\cdots x_t^0) + \left(\frac{\partial \varphi}{\partial x_1}\right)_0 \delta x_1 + \left(\frac{\partial \varphi}{\partial x_2}\right)_0 \delta x_2 + \cdots\cdots + \left(\frac{\partial \varphi}{\partial x_t}\right)_0 \delta x_t$$

式中 $\left(\dfrac{\partial \varphi}{\partial x_i}\right)_0$ 是函数 Φ 对 x_i 的偏导数。

若令：$f_1 = \left(\dfrac{\partial \varphi}{\partial x_1}\right)_0$；$f_2 = \left(\dfrac{\partial \varphi}{\partial x_2}\right)_0 \cdots\cdots f_t = \left(\dfrac{\partial \varphi}{\partial x_t}\right)_0$；$f_0 = \varphi\ (x_1^0,\ x_2^0 \cdots\cdots x_t^0)$，则上式可表示为：

$$\Phi = f_1 \delta x_1 + f_2 \delta x_2 + \cdots\cdots + f_t \delta x_t + f_0 \tag{3-43}$$

因 f_0 是常数，对计算函数 Φ 的精度没有影响。故式（3-43）与式（3-28）完全一样。上式的权函数式应为：

$$\delta_\Phi = f_1 \delta x_1 + f_2 \delta x_2 + \cdots\cdots + f_t \delta x_t$$

顾及 f_1、$f_2 \cdots\cdots f_t$ 的定义，上式就是函数式（3-42）的全微分。

由此可知，未知数的任一非线性函数，只要对该函数取全微分得出权函数式，就可应用本节导出的公式来计算函数 Φ 的权倒数 $\dfrac{1}{p_\Phi}$ 了。

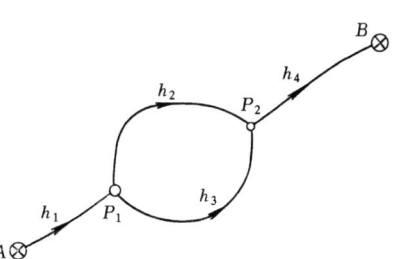

图 3-7

【例 3-3】　在图 3-7 中的水准网中，A、B 为已知水准点，其高程为 H_A、H_B，设为无误差。P_1、P_2 为待定点，其高程平差值分别为 x_1、x_2。各路线的长度分别为 $S_1 = 4\text{km}$，$S_2 = 2\text{km}$，$S_3 = 2\text{km}$，$S_4 = 4\text{km}$。试求高差 h_1 的最或然值的权倒数。

解：　1. 列出高差 h_1 的权函数式

$\hat{h}_1 = x_1 - H_A$；$\delta h_1 = \delta x_1$　故：　$f_1 = 1$；$f_2 = 0$

2. 列误差方程

$$v_1 = \delta x_1 + l_1 \quad p_1 = \frac{4}{4} = 1$$

$$v_2 = -\delta x_1 + \delta x_2 + l_2 \quad p_2 = \frac{4}{2} = 2$$

$$v_3 = -\delta x_1 + \delta x_2 + l_3 \quad p_3 = \frac{4}{2} = 2$$

$$v_4 = -\delta x_2 + l_4 \quad p_4 = \frac{4}{4} = 1$$

由此可组成：

$$[paa] = 5；[pab] = -4；[pbb] = 5$$

3. 计算权倒数

按式（3-29）得转换系数方程组

$$\left.\begin{array}{r} 5q_1 - 4q_2 - 1 = 0 \\ -4q_1 + 5q_2 + 0 = 0 \end{array}\right\}$$

由此解得：

$$q_1 = 0.56, q_2 = 0.44$$

按式（3-40）计算权倒数

$$\frac{1}{p_{\hat{h}1}} = 1 \times 0.56 + 0 \times 0.44 = 0.56$$

【例 3-4】 三角网如图 3-6 所示，网中角度为等精度观测，观测值的权为 1，已知 $\alpha_{AP}^0 = 35°33'08''$，$[aa] = 277.5$；$[ab] = -99.54$；$[bb] = 347.46$；试计算 AP 边长的权倒数及其中误差。（$\mu = \pm 1.''8$）

解： 设 A 点坐标为 x_A、y_A，平差后 P 点的坐标为 x_P、y_P，边长 AP 的最或然值为 S_{AP}，其函数式为：$S_{AP} = \sqrt{(x_P - x_A)^2 + (y_P - y_A)^2}$

为了将上式化为权函数式，求其全微分：

$$\begin{aligned}
\delta S_{AP} &= \frac{1}{2} \frac{2(x_P - x_A)\delta x_P + 2(y_P - y_A)\delta y_P}{\sqrt{(x_P - x_A)^2 + (y_P - y_A)^2}} \\
&= \frac{\Delta x_{AP}^0}{S_{AP}^0}\delta x_P + \frac{\Delta y_{AP}^0}{S_{AP}^0}\delta y_P \\
&= \cos\alpha_{AP}^0 \delta x_P + \sin\alpha_{AP}^0 \delta y_P
\end{aligned}$$

即 δx_P、δy_P 的系数为：

$$\frac{\Delta x_{AP}^0}{S_{AP}^0} = \cos_{AP}^0 = f_1 ; \qquad \frac{\Delta y_{AP}^0}{S_{AP}^0} = \sin\alpha_{AP}^0 = f_2$$

f_1、f_2 是用 A、P 点的纵、横坐标或边长、方位角的近似值计算而得，通过计算得：

$$f_1 = 0.8136 ; f_2 = 0.5814$$

则：S_{AP} 的权函数式为：

$$\delta S_{AP} = 0.8136\delta x_P + 0.5814\delta y_P$$

组成转换系数方程

$$\left.\begin{array}{r}
277.5 q_a - 99.54 q_b - 0.8136 = 0 \\
-99.54 q_a + 347.46 q_b - 0.5814 = 0
\end{array}\right\}$$

解得：$q_a = 0.0039$；$q_b = 0.0028$

代入公式：$\dfrac{1}{p_s} = f_1 q_a + f_2 q_b = 0.0048$

则边长 S_{AP} 或是值的中误差为：

$$m_s = \pm\mu\sqrt{\frac{1}{p_s}} = \pm 1.8 \times \sqrt{0.0048} = \pm 0.72\text{m}$$

第六节 未知数的中误差与权系数

为了评定未知数最或然值的精度，需要计算未知数的中误差。在已求得单位权中误差 m_0 的情况下，如何求未知数的中误差，仍然是一个如何求其权倒数的问题。

一、未知数的中误差

仍以 3 个未知数为例，应用未知数函数求权倒数公式，逐个求未知数 x_1、x_2 和 x_3 的权倒数。首先，求未知数 x_1 的权倒数和中误差。

设未知数的函数式为：

$$\Phi = x_1$$

式中　$f_1 = 1$；$f_2 = f_3 = 0$。

将上列的 f_i 值代入式（3-36），则得转换系数方程组：

$$\left.\begin{array}{l} [paa]q_a + [pab]q_b + [pac]q_c - 1 = 0 \\ [pab]q_a + [pbb]q_b + [pbc]q_c + 0 = 0 \\ [pac]q_a + [pbc]q_b + [pcc]q_c + 0 = 0 \end{array}\right\}$$

上式是以 -1，0，0 为常数项的线性对称方程组。为了区别于用任意常数项所求得的转换系数，用符号 Q_{11}、Q_{12}、Q_{13} 来代替转换系数 q_a、q_b、q_c，则转换系数方程式可变为：

$$\left.\begin{array}{l} [paa]Q_{11} + [pab]Q_{12} + [pac]Q_{13} - 1 = 0 \\ [pab]Q_{11} + [pbb]Q_{12} + [pbc]Q_{13} + 0 = 0 \\ [pac]Q_{11} + [pbc]Q_{12} + [pcc]Q_{13} + 0 = 0 \end{array}\right\} \tag{3-44}$$

按式（3-40）得未知数 x_1 的权倒数为：

$$\frac{1}{p_{x_1}} = Q_{11} \tag{3-45}$$

故 x_1 的中误差为：

$$m_{x_1} = m_0 \sqrt{\frac{1}{p_{x_1}}} = \pm\, m_0 \sqrt{Q_{11}} \tag{3-46}$$

再求 x_2 的权倒数和中误差。其函数式为：

$$\Phi = x_2$$

式中　$f_1 = f_3 = 0$；$f_2 = 1$。

将以上 f_i 值代入式（3-36），并用符号 Q_{21}、Q_{22}、Q_{23} 来代替 q_a、q_b、q_c，得方程组：

$$\left.\begin{array}{l} [paa]Q_{21} + [pab]Q_{22} + [pac]Q_{23} + 0 = 0 \\ [pab]Q_{21} + [pbb]Q_{22} + [pbc]Q_{23} - 1 = 0 \\ [pac]Q_{21} + [pbc]Q_{22} + [pcc]Q_{23} + 0 = 0 \end{array}\right\} \tag{3-47}$$

同样，按式（3-40）得未知数 x_2 的权倒数为：

$$\frac{1}{p_{x_2}} = Q_{22} \tag{3-48}$$

故未知数 x_2 的中误差为：

$$m_{x_2} = \pm\, m_0 \sqrt{Q_{22}} \tag{3-49}$$

最后，求未知数 x_3 的权倒数和中误差，其函数式为：

$$\Phi = x_3$$

式中　$f_1 = f_2 = 0$；$f_3 = 1$。

用符号 Q_{31}、Q_{32}、Q_{33} 代替 q_a、q_b、q_c，则有：

$$\left.\begin{array}{l} [paa]Q_{31} + [pab]Q_{32} + [pac]Q_{33} + 0 = 0 \\ [pab]Q_{31} + [pbb]Q_{32} + [pbc]Q_{33} + 0 = 0 \\ [pac]Q_{31} + [pbc]Q_{32} + [pcc]Q_{33} - 1 = 0 \end{array}\right\} \qquad (3\text{-}50)$$

按式（3-40）得未知数 x_3 的权倒数为：

$$\frac{1}{p_{x_3}} = Q_{33} \qquad (3\text{-}51)$$

故未知数 x_3 的中误差为：

$$m_{x_3} = \pm\, m_0 \sqrt{Q_{33}} \qquad (3\text{-}52)$$

如果有 t 个未知数，则转换系数方程组会有 t 个方程式；对于第 i 个未知数的权倒数来说，可推广为：

$$\frac{1}{p_{x_i}} = Q_{ii} \qquad (3\text{-}53)$$

于是，未知数 x_i 的中误差为：

$$m_{x_i} = \pm\, m_0 \sqrt{Q_{ii}} \qquad (3\text{-}54)$$

由于 Q_{11}、Q_{22}、Q_{33} 分别是未知数 x_1、x_2、x_3 的权倒数，所以，把全部 Q 统称为权系数。其中代表未知数权倒数的 Q_{11}、Q_{22}、Q_{33} 等称为自乘权系数，其余的则称为非自乘权系数。并把式（3-44）、（3-47）和（3-50）称为权系数方程组。

由于权系数方程组与其对应的法方程组的系数是相同的，因此，在解算权系数 Q 时，就可利用这一特点，只要将法方程的常数项分别换成 $(-1, 0, 0)$；$(0, -1, 0)$；$(0, 0, -1)$，用解算法方程组同样的方法，就可以解出全部权系数了。

另外，可以证明间接平差中法方程系数阵的逆阵就是未知数的权系数阵。在式（3-12）已给出法方程的矩阵表达式，将其等式两边同时左乘 M^{-1} 并移项，得：

$$X = -M^{-1}W$$

根据式（3-11）有：

$$X = -M^{-1}B^{\mathrm{T}}Pl$$

因 l 与 L 同精度，应用协因数传播律得：

$$Q_{xx} = M^{-1}B^{\mathrm{T}}PQ\,(M^{-1}B^{\mathrm{T}}P)^{\mathrm{T}} = M^{-1}B^{\mathrm{T}}PQPBM^{-1} = M^{-1} \qquad (3\text{-}55)$$

式中 M 为法方程的系数阵，即 $M = B^{\mathrm{T}}PB$。可见，未知数的协因数阵就是法方程系数阵的逆阵，其分量形式为：

$$\underset{t\times t}{Q}_{xx} = \begin{pmatrix} Q_{x_1 x_1} & Q_{x_1 x_2} & \cdots & Q_{x_1 x_t} \\ Q_{x_2 x_1} & Q_{x_2 x_2} & \cdots & Q_{x_2 x_t} \\ \cdots & \cdots & \cdots & \cdots \\ Q_{x_t x_1} & Q_{x_t x_2} & \cdots & Q_{x_t x_t} \end{pmatrix} \qquad (3\text{-}56)$$

因为法方程的系数阵为一对称阵，所以它的逆阵也是对称方阵，即上式中的

$$Q_{x_i x_j} = Q_{x_j x_i} \quad (i \neq j,\ i,\ j = 1,\ 2\cdots\cdots t) \qquad (3\text{-}57)$$

显然在式（3-56）中，主对角线上的元素就是各个未知数的权倒数，即

$$\frac{1}{p_{x_i}} = Q_{x_i x_i} \qquad (3\text{-}58)$$

根据上面的讨论可知，间接平差中未知数的权系数阵可以通过对法方程系数阵求逆阵得到。

【例 3-5】 设有一组法方程为：

$$3\delta x_1 + 22\delta x_2 + \delta x_3 - 14 = 0$$
$$2\delta x_1 + 4\delta x_2 + 2x_3 - 20 = 0$$
$$\delta x_1 + 2\delta x_2 + 3\delta x_3 - 14 = 0$$

试解出其全部权系数。

解： 由题目知：$M = \begin{pmatrix} 3 & 2 & 1 \\ 2 & 4 & 2 \\ 1 & 2 & 3 \end{pmatrix}$

则：$Q_{xx} = \begin{pmatrix} Q_{11} & Q_{12} & Q_{13} \\ Q_{21} & Q_{22} & Q_{23} \\ Q_{31} & Q_{32} & Q_{33} \end{pmatrix} = M^{-1} = \begin{pmatrix} 0.50 & -0.25 & 0 \\ -0.25 & 0.50 & -0.25 \\ 0 & -0.25 & 0.50 \end{pmatrix}$

二、用权系数计算未知数和未知数函数的权倒数

权系数 Q，除可计算未知数的权倒数外，还可用来计算未知数和未知数函数的权倒数。

（一）用权系数计算未知数

引入未知数的近似值后，法方程的矩阵表达式为：

$$M\delta X + W = 0$$
$$-\delta X = M^{-1}W = QW$$

上式的纯量形式为：

$$-\delta x_1 = [pal]\,Q_{11} + [pbl]\,Q_{21} + [pcl]\,Q_{31}$$
$$-\delta x_2 = [pal]\,Q_{12} + [pbl]\,Q_{22} + [pcl]\,Q_{32} \tag{3-59}$$
$$-\delta x_3 = [pal]\,Q_{13} + [pbl]\,Q_{23} + [pcl]\,Q_{33}$$

式（3-59）就是用权系数计算未知数的公式。

（二）利用权系数计算未知数函数的权倒数

由式（3-39）已导出计算未知数函数的权倒数计算式

$$\frac{1}{p_\Phi} = f^T q$$

根据式（3-34）知转换系数方程的矩阵表达式为

$$q = M^{-1}f$$

将上式代入权倒数计算式，且 $M^{-1} = Q_{xx}$，$Q_{ij} = Q_{ji}$，（设有 3 个未知数）并按 Q 集项可得：

$$\frac{1}{p_\phi} = f_1^2 Q_{11} + 2f_1 f_2 Q_{12} + 2f_1 f_3 Q_{13} + f_2^2 Q_{22} + 2f_2 f_3 Q_{23} + f_3^2 Q_{33} \tag{3-60}$$

式（3-60）就是用权系数 Q 求函数 Φ 的权倒数公式。

第七节　水准网间接平差示例

【例3-6】　水准网如图3-8，各路线长度及观测高差见表3-2。

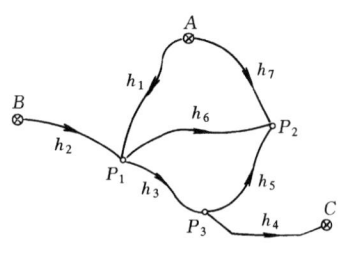

图3-8

已知：$H_A = 5.000\text{m}$，$H_B = 3.953\text{m}$，$H_C = 7.650\text{m}$。

试按间接平差法求：

（1）待定点 P_1、P_2、P_3 最或是高程及其中误差；

（2）各观测值的最或是值；

（3）P_3 点至 P_2 点间最或是高差的中误差。

解：　1. 确定未知数的个数

由图 3-8 可知，必要观测数 $t = 3$，现设待定点 P_1、P_2、P_3 点的最或是高程为未知数 x_1、x_2、x_3。

2. 列误差方程

选取未知数的近似值为：

$$\left.\begin{array}{l} x_1^0 = H_B + h_2 = 5.053\text{m} \\ x_2^0 = H_A + h_7 = 8.452\text{m} \\ x_3^0 = H_C - h_4 = 7.450\text{m} \end{array}\right\}$$

按图 3-8 列出平差值方程后，将有关数据代入，即得误差方程（常数项单位为：mm）

表 3-2

编　　号	路线长度 （km）	观测高差 h （m）	改　正　数　v （mm）	平差值 $\hat{h}$ （m）
1	1	+ 0.050	1.2	0.0512
2	1	+ 1.100	− 1.8	1.0982
3	2	+ 2.398	1.4	2.3994
4	2	+ 0.200	− 0.5	0.1995
5	2	+ 1.000	1.9	1.0019
6	2	+ 3.404	− 2.7	3.4013
7	1	+ 3.452	0.4	3.4524

$$\left.\begin{array}{l} v_1 = \delta x_1 + 3 \\ v_2 = \delta x_1 + 0 \\ v_3 = -\delta x_1 + \delta x_3 - 1 \\ v_4 = -\delta x_3 + 0 \\ v_5 = \delta x_2 - \delta x_3 + 2 \\ v_6 = -\delta x_1 + \delta x_2 - 5 \\ v_7 = \delta x_2 + 0 \end{array}\right\}$$

由 $p_i = C / S_i$ 确定各观测值的权，取 $C = 2$，得各观测值的权为：

$$p_1 = 2; p_2 = 2; p_3 = 1; p_4 = 1; p_5 = 1; p_6 = 1; p_7 = 2$$

3. 列未知数函数的权函数式

由图 3-8 知，P_3 点至 P_2 点的高差最或是值为：

$$\hat{h}_5 = x_2 - x_3$$

故得
$$f_2 = 1；\quad f_3 = -1$$

4. 组成法方程

$$B^{\mathrm{T}}PB = \begin{pmatrix} 1 & 1 & -1 & 0 & 0 & -1 & 0 \\ 0 & 0 & 0 & 0 & 1 & 1 & 1 \\ 0 & 0 & 1 & -1 & -1 & 0 & 0 \end{pmatrix} \begin{pmatrix} 2 & & & & & & \\ & 2 & & & & & \\ & & 1 & & & & \\ & & & 1 & & & \\ & & & & 1 & & \\ & & & & & 1 & \\ & & & & & & 2 \end{pmatrix} \begin{pmatrix} 1 & 0 & 0 \\ 1 & 0 & 0 \\ -1 & 0 & 1 \\ 0 & 0 & -1 \\ 0 & 1 & -1 \\ -1 & 1 & 0 \\ 0 & 1 & 0 \end{pmatrix} =$$

$$\begin{pmatrix} 6 & -1 & -1 \\ -1 & 4 & -1 \\ -1 & -1 & 3 \end{pmatrix}$$

$$B^{\mathrm{T}}Pl = \begin{pmatrix} 1 & 1 & -1 & 0 & 0 & -1 & 0 \\ 0 & 0 & 0 & 0 & 1 & 1 & 1 \\ 0 & 0 & 1 & -1 & -1 & 0 & 0 \end{pmatrix} \begin{pmatrix} 2 & & & & & & \\ & 2 & & & & & \\ & & 1 & & & & \\ & & & 1 & & & \\ & & & & 1 & & \\ & & & & & 1 & \\ & & & & & & 2 \end{pmatrix} \begin{pmatrix} 3 \\ 0 \\ -1 \\ 0 \\ 2 \\ -5 \\ 0 \end{pmatrix} = \begin{pmatrix} 12 \\ -3 \\ -3 \end{pmatrix}$$

5. 解算法方程

$$\begin{pmatrix} 6 & -1 & -1 \\ -1 & 4 & -1 \\ -1 & -1 & 3 \end{pmatrix}\begin{pmatrix} \delta x_1 \\ \delta x_2 \\ \delta x_3 \end{pmatrix} + \begin{pmatrix} 12 \\ -3 \\ -3 \end{pmatrix} = \begin{pmatrix} 0 \\ 0 \\ 0 \end{pmatrix}$$

对系数阵求逆：

$$M^{-1} = Q = \begin{pmatrix} 6 & -1 & -1 \\ -1 & 4 & -1 \\ -1 & -1 & 3 \end{pmatrix}^{-1} = \begin{pmatrix} 0.1930 & 0.0702 & 0.0877 \\ 0.0702 & 0.2982 & 0.1228 \\ 0.0877 & 0.1228 & 0.4035 \end{pmatrix}$$

$$\begin{pmatrix} \delta x_1 \\ \delta x_2 \\ \delta x_3 \end{pmatrix} = -M^{-1}W = \begin{pmatrix} 0.1930 & 0.0702 & 0.0877 \\ 0.0702 & 0.2982 & 0.1228 \\ 0.0877 & 0.1228 & 0.4035 \end{pmatrix}\begin{pmatrix} 12 \\ -3 \\ -3 \end{pmatrix} = \begin{pmatrix} -1.8423 \\ 0.4206 \\ 0.5265 \end{pmatrix}$$

6. v 的计算

将 δx 代入误差方程，计算各观测高差的改正数，计算结果填入表 3-2 中的 v 列。

7. 平差值计算

观测值的平差值，见表 3-2 中的 $\hat{h}$ 列。

待定点高程的平差值：

$$\left.\begin{aligned}\hat{H}_{P1} &= x_1^0 + \delta x_1 = 5.053\text{m}\\ \hat{H}_{P2} &= x_2^0 + \delta x_2 = 8.452\text{m}\\ \hat{H}_{P3} &= x_3^0 + \delta x_3 = 7.450\text{m}\end{aligned}\right\}$$

8. 精度评定

（1）单位权中误差

$$\mu = \pm\sqrt{\frac{[pvv]}{n-t}} = \pm\sqrt{\frac{23.0529}{7-3}} = \pm 2.40\text{mm}$$

（2）各所求点高程平差值的中误差

根据上面的计算知 $Q_{x_1x_1} = 0.1930$；$Q_{x_2x_2} = 0.2982$；$Q_{x_3x_3} = 0.4035$。故有

$$m_{P1} = \pm 2.40\sqrt{0.1930} = \pm 1.05\text{mm}$$

$$m_{P2} = \pm 2.40\sqrt{0.2982} = \pm 1.31\text{mm}$$

$$m_{P3} = \pm 2.40\sqrt{0.4035} = \pm 1.52\text{mm}$$

（3）P_3 到 P_2 点最或是高差的中误差

由式（3-60）得

$$\frac{1}{p_\varphi} = Q_{\varphi\varphi} = f_1^2 Q_{11} + f_2^2 Q_{22} + f_3^2 Q_{33} + 2f_1 f_2 Q_{12} + 2f_1 f_3 Q_{13} + 2f_2 f_3 Q_{23} = 0.4561$$

故

$$m_\varphi = \pm 2.40\sqrt{0.4561} = \pm 1.62\text{mm}$$

至此，全部解算完毕。

思考题及习题

3-1 间接平差原理与条件平差原理有何异同？

同一平差问题，用两种方法平差，结果是否相同？

3-2 在间接平差中，有多少个误差方程式？有多少个法方程式？

3-3 在间接平差中，怎样确定未知数的个数？

3-4 在间接平差中，法方程系数及常数项与条件平差中法方程系数及常数项的组成有何不同？

3-5 怎样将非线性误差方程式化为线性误差方程式？

在平差计算中，对未知数的近似值有什么要求？

3-6 误差方程系数表与条件方程系数表的填写有哪些异同点？

3-7 计算未知数的权倒数 $\dfrac{1}{p_\Phi}$ 有几种方法？试写出各种方法的计算公式。

3-8 在同一平差问题中，求同一量的权倒数，用间接平差算得的 $\dfrac{1}{P_\Phi}$ 与用条件平差算得的 $\dfrac{1}{p_F}$ 是否相等？

3-9 若某个平差问题有 3 个未知数，试写出用权系数计算各未知数中误差的公式。

3-10 计算权系数与观测值有没有关系？未知数的精度取决于什么？是否完全取决于观测值中误差的大小？

3-11 如何检核权系数 q 的计算正确与否？

3-12 当某一平差问题有 t 个未知数时，应有几组权系数方程式？共有多少个权系数？

3-13 误差方程式中 l_i 一般以什么为单位？为什么在间接平差计算中，通常总要引进未知数的近似

值？

3-14 已知某平差问题的误差方程及观测值的权如下所列，试组成法方程。

$v_1 = \delta x_1$ $p_1 = 1$； $v_5 = -\delta x_1 + \delta x_2 - 7$ $p_5 = 1$；

$v_2 = \delta x_2$ $p_2 = 1$； $v_6 = \delta x_1 - \delta x_3 - 1$ $p_6 = 1$；

$v_3 = \delta x_1 - 4$ $p_3 = 0.5$； $v_7 = \delta x_2 - \delta x_3 - 1$ $p_7 = 0.67$。

$v_4 = -\delta x_3$ $p_4 = 0.5$；

3-15 解算下列法方程组：

$$\left.\begin{array}{r}2.00\delta x_1 + 1.00\delta x_2 + 1.00\delta x_3 - 5.00 = 0 \\ 1.00\delta x_1 + 4.50\delta x_2 + 1.50\delta x_3 - 8.50 = 0 \\ 1.00\delta x_1 + 1.50\delta x_2 + 2.75\delta x_3 - 8.00 = 0\end{array}\right\}$$

3-16 在上题中，其 $[pll] = 150$，试求其 $[pvv]$。

3-17 在图 3-9 中，设 P_1 和 P_2 的最或是值为未知数 x_1 和 x_2，其法方程为：

$$\left.\begin{array}{r}5\delta x_1 - 4\delta x_2 + 2.5 = 0 \\ -4\delta x_1 + 5\delta x_2 - 1.2 = 0\end{array}\right\}$$ 试求：P_1 至 P_2 点间高差最或是值的权倒数。

3-18 试求出下列法方程组所对应的全部权系数：

$$\left.\begin{array}{r}9\delta x_1 - 2\delta x_2 - 2\delta x_3 + 12 = 0 \\ -2\delta x_1 + 9\delta x_2 - 2\delta x_3 - 10 = 0 \\ -2\delta x_1 - 2\delta x_2 + 9\delta x_3 - 2 = 0\end{array}\right\}$$

再利用本题中的 Q_{ij} 计算：（1）全部未知数的值；（2）未知数函数 $\phi = \delta x_1 + \delta x_2 + \delta x_3$ 的权倒数。

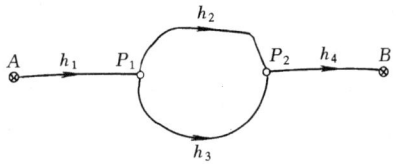

图 3-9

3-19 在图 3-10 中，A 点为已知点，$H_A = 10.000m$（设无误差），各点间的高差观测值为 $h_1 = +1.015m$，$h_2 = -12.570m$，$h_3 = +6.161m$，$h_4 = -11.563m$，$h_5 = -6.414m$。设观测值的权矩阵为单位阵，试按间接平差求：

（1）待定点 P_1、P_2、P_3 的最或是高程及其中误差；

（2）平差后 P_1 至 P_3 点间的最或是高差及其中误差。

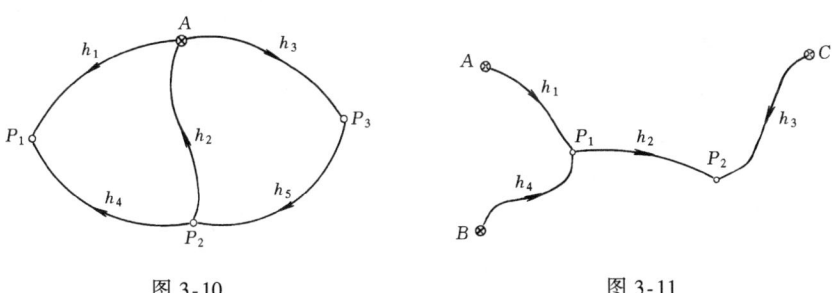

图 3-10   图 3-11

3-20 在图 3-11 所示的水准网中，高差观测值及线路长度为：$h_1 = +1.003m$，$h_2 = +0.501m$，$h_3 = +0.503m$，$h_4 = +0.505m$；$S_1 = S_4 = 1km$，$S_2 = S_3 = 2km$。已知点高程（设无误差）分别为 $H_A = 11.000m$，$H_B = 11.500m$，$H_C = 12.008m$。

试用间接平差法求：

（1）待定点高程的最或是值及其中误差；

（2）求 P_1 到 P_2 点高差或是值的中误差。

第四章　测角网、测边网和边角网的平差

第一节　概　　述

建立测量控制网的目的之一是求待定控制点的位置（平面坐标、高程等），作为测图或工程建设的依据。一般建立的控制网有平面控制网、高程控制网、天文大地网和三维大地网等。

平面控制网按其施测的手段常分为测角网、测边网、边角网、导线网等，导线网是特殊形式的边角网，使用广泛，本书将在第五章中讨论。高程控制网按其施测手段，一般分为水准网、三角高程网等。本章讨论用条件平差的方法、间接平差的方法平差测角网、测边网和边角网。

平面控制网外业工作完成之后，所得观测数据需要进行内业计算处理。内业计算通常分为概算和平差计算。通过概算，可以得到归算到标石中心并投影到高斯平面上的方向观测值和边长观测值。根据已有的起算数据和这些观测值，便可着手进行平差计算。控制网平差既可在椭球面上进行，也可在高斯投影平面上进行。在我国除天文大地网是在椭球面上进行平差，三、四等三角测量平差计算通常在高斯投影平面上进行。

控制网平差时要给定相应的起算数据，它们是已知的固定值，即在平差后仍保持原值。起算数据有：控制点的已知坐标，这是高级控制网的平差成果，或根据具体情况给定的假定值；已知边长由精密测距获得；已知坐标方位角由天文测量归算或用高级控制网的坐标反算获得。为了确定平面控制网的大小和位置所必需的起算数据，称为必要起算数据。一个测角网必要起算数据有 4 个，即一个已知点的纵横坐标、一条已知边长和一个已知坐标方位角（或两个已知点的纵横坐标）。对于测边网、边角网和导线网必要起算数据有 3 个，即一个已知点的纵横坐标和一个已知坐标方位角。平面控制网只要有了这些必要的起算数据，那么该网的大小和位置就被确定下来了，也就是说，这个平面控制网既不能平行移动，也不能再旋转和伸缩了。若控制网中仅具有必要的起算数据，称之为独立网或经典自由网，有多余起算数据就称之为附合网或非独立网。

测角网平差时，观测元素通常为等精度观测的角度值，测边网平差时，观测元素为边长，因各边的长度不等，各边的测量精度一般不相等。边角网平差时有角度、边长这两类不同性质的观测元素进入平差，因此，测角网一般按等精度平差，而测边网、边角网通常按不等精度平差。在测边、边角网平差计算前，应正确地确定边长、角度的先验精度，以求得观测值在平差计算中所占的权。

定权的基本公式为：

$$p_\beta = \frac{\sigma_0^2}{\hat{\sigma}_\beta^2}$$

$$p_{S_i} = \frac{\sigma_0^2}{\hat{\sigma}_{S_i}^2}$$

式中，σ_0^2 为任意选定的单位权方差，$\hat{\sigma}_{\beta}^2 = m_{\beta}^2$ 为角度观测值方差的估值，$\hat{\sigma}_{S_i}^2$ 为边长观测值方差的估值，p_{β} 为角度观测值的权，p_{S_i} 为边长观测的权。在实际计算时，因观测值的方差不知道，可用估值代入计算。由上式知，为了求得观测值之间的正确权比，应求得符合实际的观测值的先验中误差。测角中误差可以利用三角形闭合差 w 按菲列罗公式计算：

$$m = \pm\sqrt{\frac{[ww]}{3n}}$$

其中 n 为三角形的个数。当三角形个数较多时，按此式求得的 m 大体上能反映测角的实际精度。当三角形个数较少时，可直接采用规范中规定的各等级三角测量的测角中误差。

观测边先验中误差因使用的测距仪和测量方法而异，通常用厂方提供的与距离无关的固定误差 a 和与距离成比例的比例误差 b 按下面公式计算。

$$m_{S_i} = \pm(a + S_i \cdot b10^{-6})$$

在边角网平差中，若角度观测为同精度时，通常取 $\sigma_0^2 = \hat{\sigma}_{\beta}^2$，则角度的权和边长权分别为：

$$p_{\beta} = 1$$

$$p_{S_i} = \frac{\hat{\sigma}_{\beta}^2}{\hat{\sigma}_{S_i}^2}$$

式中 p_{β} 是无单位的，而 p_{S_i} 的单位与 $\hat{\sigma}_{S_i}^2$ 的估值 $m_{S_i}^2$ 的单位有关，当 m_{S_i} 以 "cm" 为单位时，p_{S_i} 的单位为 $(s/cm)^2$。顺便指出，定权时采用的单位应该与平差计算时观测值改正数的单位一致，即角度的改正数以秒为单位，边长改正数通常取 "cm" 为单位。

第二节　测角网条件平差

一、独立测角网的条件方程

仅具有必要起算数据的测角网称为独立测角网。独立测角网的布设有各种形式，但是，仔细分析任何一三角网，就可以发现，它总是由若干种基本图形，如三角形、四边形和不同边数的中点多边形互相邻接或互相重叠而成，三角形则是构成所有图形的基础。在任何闭合图形中，各内角之间，内角与边长之间，都存在一定的几何关系，只要有多余观测，根据这些几何关系，便构成一定的条件，它的数学表达式就成为测角网的几何条件方程。

独立测角网的几何条件有：图形条件、圆周条件和极条件三类。

（一）图形条件（内角和条件）

图形条件是指每个闭合的平面多边形中诸内角平差值之和应等于其理论值。例如，平面上任意三角形的内角和应等于 $180°$，n 边多边形内角和应等于 $(n-2) \times 180°$。

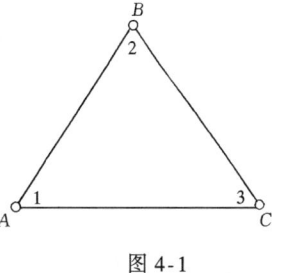

图 4-1

图 4-1 单三角形的图形条件方程为：

$$\hat{L}_1 + \hat{L}_2 + \hat{L}_3 - 180° = 0$$

将 $\hat{L}_i = L_i + v_i$（$i = 1$，2，3）代入上式得：

$$L_1 + v_1 + L_2 + v_2 + L_3 + v_3 - 180° = 0$$

式中　$L_1 + L_2 + L_3 - 180° = w$。

故有：

$$v_1 + v_2 + v_3 + w = 0$$

式中　w 为三角形闭合差。

上式就是一个单三角形的图形条件方程。

又如图 4-2 的大地四边形中，三角形 ABC 的图形条件方程式为：

$$\left.\begin{array}{l} v_1 + v_2 + v_3 + v_4 + w = 0 \\ L_1 + L_2 + L_3 + L_4 - 180° = w \end{array}\right\}$$

上式中因为 B 角是有 L_2 和 L_3 两个独立观测角组成，每一个独立观测值应有一个改正数，所以条件方程中出现了 4 个改正数。此外还可列出其他 3 个三角形的图形条件方程式和 1 个多边形内角和条件方程式。

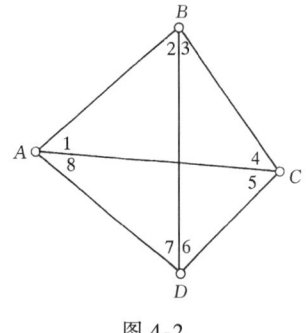

图 4-2

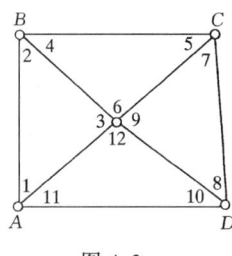

图 4-3

大地四边形的内角和条件方程式为：

$$\left.\begin{array}{l} v_1 + v_2 + v_3 + v_4 + v_5 + v_6 + v_7 + v_8 + w = 0 \\ L_1 + L_2 + L_3 + L_4 + L_5 + L_6 + L_7 + L_8 - 360° = w \end{array}\right\}$$

并不是把所有能列出的图形条件方程式都参与平差计算，而只要选择其中三个独立的条件方程式就够了。

中点多边形的图形条件方程的列法与上述相同，即按每个三角形列出 1 个图形条件方程。例如图 4-3 可列出 4 个图形条件方程。

（二）圆周条件（水平条件）

当三角网中有中点多边形，并且在中心点上观测了所有角度，那么各中心角的平差值之和应等于 360°，这个条件称为圆周条件，也称水平条件。

如图 4-3 列出的圆周条件方程为：

$$\left.\begin{array}{l} v_3 + v_6 + v_9 + v_{12} + w_圆 = 0 \\ L_3 + L_6 + L_9 + L_{12} - 360° = w_圆 \end{array}\right\}$$

式中　$w_圆$ 为圆周条件闭合差。

平差时，若只考虑图形条件而不考虑圆周条件，则平差后各三角形的几何条件虽说得到满足，但中心点 O 的各中心角之和不能满足等于360°的这一几何条件。此时这一中点多边形的图形将不闭合；当圆周小于360°时，则产生如图4-4所示的缺口；当圆周大于360°时，则产生有两三角形的重叠。因而，在平差计算时，必须考虑圆周条件，使每个中心点上各中心角平差值的和等于360°。

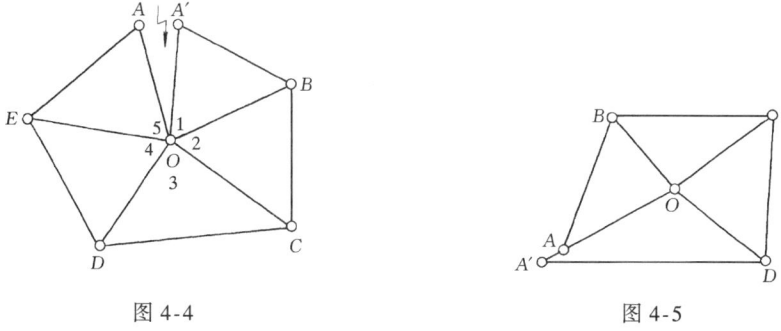

图 4-4　　　　　　　　　　　图 4-5

（三）极条件（边长条件）

在大地四边形、中点多边形等图形中，虽然图形条件和圆周条件都已经满足，但还不能保证几何图形的完全闭合。因为，几何图形还与三角形的边长有关。因此，还必须考虑满足边长条件的问题。

在一定的图形中，若以三角形的公共顶点为极，由任一边出发，围绕极点，用平差值推算各边长再回复到起始边，推算值应与起算值相等。凡满足这一几何关系而构成的条件，称为极条件。

1. 中点多边形的极条件式

图4-3是由4个三角形组成的中点多边形，设以中心点 O 为极，由 OA 边出发，根据正弦定理，用平差后的角度推算 OB、OC、OD 边，再回到 OA 边时，其推算长度应等于该边原来的长度，即：

$$\frac{\sin\hat{L}_1 \cdot \sin\hat{L}_4 \cdot \sin\hat{L}_7 \cdot \sin\hat{L}_{10}}{\sin\hat{L}_2 \cdot \sin\hat{L}_5 \cdot \sin\hat{L}_8 \cdot \sin\hat{L}_{11}} = 1 \tag{4-1}$$

这便是图4-3极条件方程的初步形式。

如果用观测值 L_i 代入上式，如图4-5那样，虽然 OA' 能与 OA 重合，但 $OA' \neq OA$，AA' 就是极条件的闭合差。

对于中点多边形来说，平差角不仅满足图形条件和圆周条件，而且应同时满足极条件。

由于图形条件和圆周条件都是线性方程，而极条件是非线性方程。如果条件式是非线性形式时，就不便于从一些方程中直接确定其系，为此，应将式（4-1）化为线性形式，列出以改正数 v 表达的条件方程式。

将式（4-1）等号两边取对数，则有：

$$\lg \sin\hat{L}_1 + \lg \sin\hat{L}_4 + \lg \sin\hat{L}_7 + \lg \sin\hat{L}_{10}$$
$$- \{\lg \sin\hat{L}_2 + \lg \sin\hat{L}_5 + \lg \sin\hat{L}_8 + \lg \sin\hat{L}_{11}\} = 0 \tag{4-2}$$

将上式逐项按台劳公式展开，只取一次项，例如展开其中的任意项

$$\lg \sin \hat{L}_i = \lg \sin(L_i + v_i)$$

$$= \lg \sin L_i + (\lg \sin \hat{L}_i)' v_i$$

$$= \lg \sin L_i + \left(\frac{\mathrm{d} \lg \sin \hat{L}_i}{\mathrm{d} \hat{L}_i}\right)_{\hat{L} = L} \cdot \frac{v''_i}{\rho''}$$

$$= \lg \sin L_i + \frac{\mu}{\rho''} \mathrm{ctg} L_i v''_i$$

设：

$$\delta_i = \frac{\mu}{\rho''} \mathrm{ctg} L_i \cdot 10^6 \quad (\delta_i \text{ 以对数第六位为单位}) \tag{4-3}$$

则有：

$$\lg \sin(L_i + v''_i) = \lg \sin L_i + \delta_i v''_i \tag{4-4}$$

将式（4-2）逐项按式（4-4）展开，便得极条件的最后形式：

$$\left.\begin{array}{l} \delta_1 v_1 + \delta_4 v_4 + \delta_7 v_7 + \delta_{10} v_{10} - \delta_2 v_2 - \delta_5 v_5 - \delta_8 v_8 - \delta_{11} v_{11} + w_{\text{极}} = 0 \\ \lg \sin L_1 + \lg \sin L_4 + \lg \sin L_7 + \lg \sin L_{10} - \\ \quad (\lg \sin L_2 + \lg \sin L_5 + \lg \sin L_8 + \lg \sin L_{11}) = w_{\text{极}} \end{array}\right\} \tag{4-5}$$

在确定系数 δ_i 时，应按式（4-3）计算，式中 $\mu = \lg e = 0.434294$，故有：

$$\delta_i = \frac{\mu}{\rho''} \cdot 10^6 \cdot \mathrm{ctg} L_i = 2.1055 \mathrm{ctg} L_i \tag{4-6}$$

应当注意，极条件闭合差 $w_{\text{极}}$ 所取的对数单位应与 δ_i 的对数单位相同，通常以对数第六位为单位。而且在同一方程式中，δ_i 与 $w_{\text{极}}$ 可以同时缩小与放大；将 δ_i 代入方程式时，既要考虑 δ_i 本身的符号，也要同时顾及方程式中的符号。

2．大地四边形的极条件式

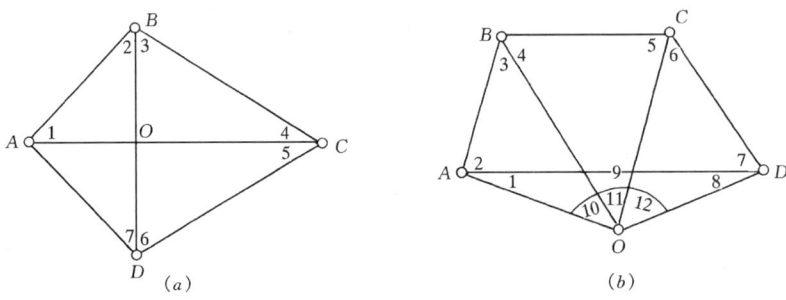

图 4-6

大地四边形中也存在着极条件。如图 4-6（a），以 A 点为极，以 AB 边为起算边，在 $\triangle ABC$ 中可求得 AC，在 $\triangle ACD$ 中可求得 AD，再在 $\triangle ABD$ 中又可求得（回复到）AB。按边长比例，列出其关系式为：

$$\frac{AC}{AB} \cdot \frac{AD}{AC} \cdot \frac{AB}{AD} = \frac{(\sin \hat{L}_2 + \hat{L}_3) \cdot \sin \hat{L}_5 \cdot \sin \hat{L}_7}{\sin \hat{L}_4 \cdot \sin(\hat{L}_6 + \hat{L}_7) \cdot \sin \hat{L}_2} = 1 \tag{4-7}$$

参照式 (4-5)，上式亦可写成对数形式的极条件式：

$$\{\delta_{2+3}(v_2 + v_3) + \delta_5 v_5 + \delta_7 v_7\} - \{\delta_2 v_2 + \delta_4 v_4 + \delta_{6+7}(v_6 + v_7)\} + w_{极} = 0$$

$$\{\lg \sin(L_2 + L_3) + \lg \sin L_5 + \lg \sin L_7\} -$$
$$- \{\lg \sin L_2 + \lg \sin L_4 + \lg \sin(L_6 + L_7)\} = w_{极}$$

上式中，出现了和角的情况。但大地四边形的 8 个角是单独的。因此，各角改正数也应单独地列出并按 v_i 的编号顺序排列，经整理后，所得极条件的最后形式为：

$$(-\delta_2 + \delta_{2+3})v_2 + \delta_{2+3}v_3 - \delta_4 v_4 + \delta_5 v_5 - \delta_{6+7}v_6$$
$$+ (\delta_7 - \delta_{6+7})v_7 + w_{极} = 0 \tag{4-8}$$

式中 v_3 是 L_3 的改正数，它的系数是 δ_{2+3}，$\delta_{2+3} \neq \delta_2 + \delta_3$，而是 $\angle CBA$ 正弦对数的秒差；v_2 是 L_2 的改正数，它的系数是 $(-\delta_2 + \delta_{2+3})$ ……

用同样的方法还可列出以 B、C、D 为极的其他 3 个极条件式；不仅如此，还可以选择大地四边形的对角线交点 O（O 点不是三角点）为极列出极条件式。其列出的方法与形式和中点多边形类同。

图 4-6（b）是扇形，扇形是中点多边形的一种特例，即中心点落到多边形以外的折叠状中点多边形。此时以 O 点为极点（$AO \rightarrow BO \rightarrow CO \rightarrow DO \rightarrow AO$）可直接列出极条件。

【例 4-1】 图 4-7 为独立测角网，9 个同精度观测值为：

$$L_1 = 30°52'39.''2;\quad L_2 = 42°16'41.''2;\quad L_3 = 105°50'40.''6;$$
$$L_4 = 33°40'54.''8;\quad L_5 = 20°58'26''.4;\quad L_6 = 125°20'37.''2;$$
$$L_7 = 23°45'12.''5;\quad L_8 = 28°26'07.''9;\quad L_9 = 127°48'39.''0。$$

试按角度改正数列出条件方程。

解： 图形条件

$$v_1 + v_2 + v_3 + 1.0 = 0$$
$$v_4 + v_5 + v_6 - 1.6 = 0$$
$$v_7 + v_8 + v_9 - 0.6 = 0$$

圆周条件

$$v_3 + v_6 + v_9 - 3.2 = 0$$

极条件

$$3.52v_1 - 2.31v_2 + 3.15v_4 - 5.49v_5$$
$$+ 4.79v_7 - 3.89v_8 - 69.7 = 0$$

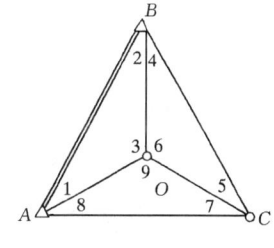

图 4-7

极条件常数项的计算见表 4-1 所列。$w_{极}$、δ_i 以对数第六位为单位。

表 4-1

角号	角 值 (° ′ ″)			正弦对数	δ	角号	角 值 (° ′ ″)			正弦对数	δ
1	30	52	39.2	− 0.2897090	+ 3.52	2	42	16	41.2	− 0.1721592	+ 2.31
4	33	40	54.8	− 0.2560347	+ 3.15	5	20	58	26.4	− 0.4461846	+ 5.49
7	23	45	12.5	− 0.3949082	+ 4.79	8	28	26	07.9	− 0.3222384	+ 3.89
Σ_1				− 0.9406519		Σ_2				− 0.9405822	
$w_{极} = \Sigma_1 - \Sigma_2 = -69.7$											

二、附合测角网的附合条件方程

三角网中至少应有 4 个起算数据：即 1 个点的纵、横坐标，1 条边长及 1 条边的坐标方位角。经平差后才能计算各个待定点的坐标。倘若三角网的起算数据多于必要的起算数据，则三角网中除产生独立网的几何条件外，还因有多余的起算数据而产生附合条件。这些条件方程的作用是，将所布设测角网强制附合到全部起算数据上，故称附合条件。

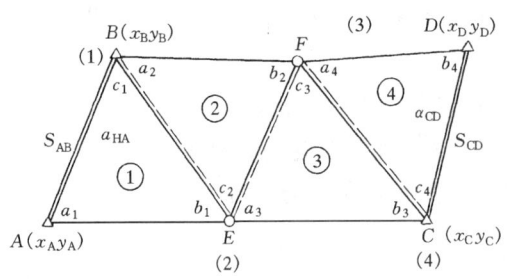

图 4-8

附合条件包括：（1）基线条件或固定边条件；（2）坐标方位角条件或固定角条件；（3）纵、横坐标条件。

（一）基线条件或固定边条件

在三角网中，如果有两条或两条以上的已知边时，由一条已知边起算，用平差后的角值经各三角形推算至另一已知边，其推算结果应与该边已知长度相等，这就是基线条件或固定边条件。

在图 4-8 中，AB 和 CD 都是已知边，其长度分别以 S_{AB} 和 S_{CD} 表示。图上虚线表示推算路线，以 a_i 表示每个三角形中待求边长所对的传距角；b_i 表示已知边长所对的传距角；c_i 表示间隔边所对的间隔角；v_{a_i}、v_{b_i}、v_{c_i} 为相应的改正数；下标 i 表示相应的三角形编号。

若从已知边 AB 出发，用平差角推算至另一已知边 CD 时，可得下式：

$$\frac{\sin\hat{a}_1 \cdot \sin\hat{a}_2 \cdot \sin\hat{a}_3 \cdot \sin\hat{a}_4}{\sin\hat{b}_1 \cdot \sin\hat{b}_2 \cdot \sin\hat{b}_3 \cdot \sin\hat{b}_4} \cdot \frac{S_{AB}}{S_{CD}} = 1$$

对上式取对数，并按台劳级数展开，可得：

$$\lg\sin a_1 + \delta_{a_1} v_{a_1} + \lg\sin a_2 + \delta_{a_2} v_{a_2} + \lg\sin a_3 + \delta_{a_3} v_{a_3} + \lg\sin a_4 +$$
$$+ \delta_{a_4} v_{a_4} - \lg\sin b_1 - \delta_{b_1} v_{b_1} - \lg\sin b_2 - \delta_{b_2} v_{b_2} - \lg\sin b_3 -$$
$$- \delta_{b_3} v_{b_3} - \lg\sin b_4 - \delta_{b_4} v_{b_4} + \lg S_{AB} - \lg S_{CD} = 0 \qquad (4\text{-}9)$$

因为下述关系成立：

$$\sum_1^4 \lg\sin a_i - \sum_1^4 \lg\sin b_i + \lg S_{AB} - \lg S_{CD} = w_基 \qquad (4\text{-}10)$$

所以有：

$$\sum_1^4 \delta_{a_i} v_{a_i} - \sum_1^4 \delta_{b_i} v_{b_i} + w_基 = 0 \qquad (4\text{-}11)$$

式（4-10）、（4-11）便是图 4-8 基线条件方程的最后形式。

当推算路线上经有 n 个三角形时，则基线条件方程为：

$$\left.\begin{array}{l} \sum_1^n \delta_{a_i} v_{a_i} - \sum_1^n \delta_{b_i} v_{b_i} + w_基 = 0 \\[3mm] \sum_1^n \lg\sin a_i - \sum_1^n \lg\sin b_i + \lg S_始 - \lg S_终 = w_基 \end{array}\right\} \qquad (4\text{-}12)$$

若将上式与极条件方程对照，可知基线条件方程与极条件方程形式上是相同的，只是计算常数项不同。由于推算中最后没有返回到原已知边，而是附合到另一已知边，所以，在计算基线条件闭合差时，比极条件多了（$\lg S_始 - \lg S_终$）。

当三角网中两条已知边 AB 和 BC 连接在一起构成一已知点组时，从已知边 AB 推算到另一已知边 BC 的边长条件，称为固定边条件。

图 4-9 的固定边条件为：

$$\delta_{a_1} v_{a_1} + \delta_{a_2} v_{a_2} - \delta_{b_1} v_{b_1} - \delta_{b_2} v_{b_2} + w_{固边} = 0$$
$$\operatorname{lg} \sin a_1 + \operatorname{lg} \sin a_2 - \operatorname{lg} \sin b_1 -$$
$$- \operatorname{lg} \sin b_2 + \operatorname{lg} S_{AB} - \operatorname{lg} S_{BC} = w_{固边}$$
$$(4\text{-}13)$$

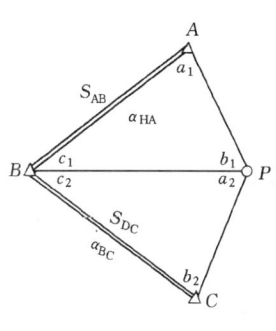

图 4-9

（二）方位角条件或固定角条件

由一条边的已知方位角起算，用平差后的角值，推算另一已知边的方位角时，推算值应等于已知值，这就是方位角条件。

仍以图 4-8 为例，已知 AB 边的坐标方位角为 α_{BA}，CD 边的坐标方位角为 α_{CD}，图上虚线表示方位角的传算路线，从 α_{BA} 起算，用平差角推算 α_{CD}，则方位角条件式为：

$$\alpha_{BA} - \hat{c}_1 + 180° + \hat{c}_2 + 180° - \hat{c}_3 + 180° + \hat{c}_4 - \alpha_{CD} = 0$$

将 $\hat{c}_i = c_i + v_{c_i}$ 代入上式，并经整理得：

$$- v_{c_1} + v_{c_2} - v_{c_3} + v_{c_4} + w_{方} = 0$$
$$\alpha_{BA} - c_1 + c_2 - c_3 + c_4 + 3 \times 180° - \alpha_{CD} = w_{方}$$
$$(4\text{-}14)$$

在实际工作中，一般选择基线条件的推算路线来推算方位角，从而使方位角条件方程就仅与间隔角 c_i 有关。由式（4-14）可见，方位角条件式系数的规律是：当间隔角位于推算路线的左边时，间隔角的改正数取正号；当间隔角位于推算路线的右边时，间隔角的改正数取负号。在计算 $w_{方}$ 时，c_i 的正负与其相应改正数 v_{c_i} 的正负是一致的。根据这一规律，可写出方位角条件的一般形式为：

$$\sum_1^n \pm v_{c_i} + w_{方} = 0$$
$$\sum c_{左} - \sum c_{右} \pm (n-1) \cdot 180° + \alpha_{始} - \alpha_{终} = w_{方}$$
$$(4\text{-}15)$$

式中，i 为三角形编号；v_{c_i} 的前置符号按推算方向"左正、右负"的规则来确定；$\Sigma c_{左}$、$\Sigma c_{右}$ 分别为推算路线左、右间隔角的总和。

当两个已知方位角的两条边相连接时，这时的方位角条件称为固定角条件。

图 4-9 的固定角条件方程为：

$$v_{c_1} + v_{c_2} + w_{固角} = 0$$
$$\alpha_{BA} + c_1 + c_2 - \alpha_{BC} = w_{固角}$$
$$(4\text{-}16)$$

（三）纵、横坐标条件

三角网中，由一已知点或已知点组的坐标起算，用经过平差后的角值推算到另一已知点或已知点组，其推算值应与该已知值相等，根据这一要求所列出的条件式，称为坐标条件式。

所谓一组已知点是指有固定边和固定角相联结着的两个或两个以上的已知点，统称为一组已知点。因为同一组已知点中，由任一已知点的坐标就可根据联系着的固定边和固定角，推算出另一点坐标。这样，同一组已知点之间互相并不独立，所以在同一组已知点中，只要选定任一点坐标来满足条件方程即可。

纵、横坐标的推算路线，一般与基线条件和方位角条件的推算路线相一致。下面以列立纵坐标条件为例，简述推导坐标条件一般公式的基本思想。

在图 4-8 中，a_i、b_i、c_i 表示观测角，相应的改正数为 v_{a_i}、v_{b_i}、v_{c_i}，平差值为 $\hat{a}_i$、$\hat{b}_i$、$\hat{c}_i$；S_{AB} 及 S_{CD} 为两端的已知边长，α_{BA}、α_{CD} 为两端的已知方位角。现以 $\Delta x_{i,i+1}$、$S_{i,i+1}$、$\alpha_{i,i+1}$ 分别表示由观测值推算得的 i 点至 $i+1$ 点间的坐标增量、边长和坐标方位角。

若由 B 点起算，沿图中虚线推算路线，先推算 E、F 点的坐标，最后可闭合到 C 点。这一路线的纵坐标条件方程可表达为：

$$x_B + \Delta \hat{x}_{12} + \Delta \hat{x}_{23} + \Delta \hat{x}_{34} - x_c = 0 \qquad (4\text{-}17)$$

式中 x_B、x_C 是推算路线的起讫点的已知纵坐标。

因为坐标增量平差值 $\Delta \hat{x}_{i,i+1}$ 是边长和方位角的函数，而边长、方位角又是根据角度算出来的。将上式写成用平差角度表示的计算式，再对其用台劳级数展开取一次项，经过计算便可得纵坐标条件方程对数形式的一般形式：

$$\sum_1^{n-1} \{X_n - x'_i\}_{\mathrm{km}}(\delta_{a_i} \cdot v_{a_i} - \delta_{b_i} \cdot v_{b_i}) - K \cdot \sum_1^{n-1} \{Y_n - y'_i\}_{\mathrm{km}} \cdot (\pm v_{c_i})$$
$$+ 434.294 \{w_x\}_m = 0 \qquad (4\text{-}18)$$

同理，可推导出横坐标条件式：

$$\sum_1^{n-1} \{Y_n - y'_i\}_{\mathrm{km}}(\delta_{a_i} \cdot v_{a_i} - \delta_{b_i} \cdot v_{b_i}) + K \cdot \sum_1^{n-1} \{X_n - x'_i\}_{\mathrm{km}} \cdot (\pm v_{c_i})$$
$$+ 434.294 \{w_y\}_m = 0 \qquad (4\text{-}19)$$

上式中 $\delta_i = 2.10552 \mathrm{ctg} L_i$，$K = 2.10552$。

在针对具体问题列立纵、横坐标条件式时，可按下述规律列立：

（1）纵坐标条件方程中求距角改正数的系数，等于其基线条件方程的系数乘以推算路线终点纵坐标与该三角形间隔角顶点纵坐标之差；间隔角改正数的系数，等于方位角条件方程的系数乘以终点横坐标与间隔角顶点横坐标之差的反号。

（2）横坐标条件方程的系数，只要把纵坐标条件中的纵、横坐标差互相交换，但间隔角改正数的纵坐标差不必反号。

（3）有时为了不使坐标条件系数过大，可以将方程的系数和常数项同时缩小 10（或 100）倍。

【例 4-2】 试列出图 4-10 中三角网的基线条件和坐标方位角条件。三角网的观测值见表 4-2 所列，起算数据见表 4-3。

解：

1. 列出基线条件

基线条件闭合差计算，见表 4-4。

按式（4-11）列出的基线条件方程为：

$$-1.34v_1 + 0.80v_3 - 0.85v_4 + 1.06v_6 - 1.19v$$

$$+ 0.54v_9 - 1.46v_{10} + 0.50v_{12} - 4.2 = 0$$

表 4-2

角号	角　　值	角号	角　　值
1	57° 27′ 59.″9	7	60° 34′ 00.″0
2	53　23　59.3	8	43　50　37.9
3	69　08　00.8	9	75　35　22.1
4	67　57　17.2	10	55　12　40.5
5	48　50　57.5	11	48　08　02.6
6	63　11　45.3	12	76　39　16.9

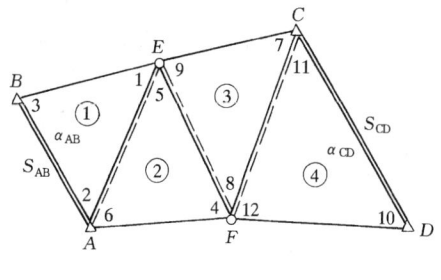

图 4-10

表 4-3

点号	x（m）	y（m）	S（m）	α（°　′　″）
A	3544　064.77	− 96309.53		
B	3550　460.27	− 94588.63	6622.98	15　03　37.6
C	3543　614.17	− 84821.98		
D	3534　632.03	− 87282.74	9313.22	195　19　15.3

表 4-4

角号	角　　值	角的正弦对数	δ	角号	角　　值	角的正弦对数	δ
	lg S_{AB}	3.821　0534			lg S_{CD}	3.969　0999	
3	69° 08′ 00.8″	− 0.029　4610	+ 0.80	1	57° 27′ 59.9″	− 0.074　1320	+ 1.34
6	63　11　45.3	− 0.049　3657	+ 1.06	4	67　57　17.2	− 0.032　9728	+ 0.85
9	75　35　22.1	− 0.013　8836	+ 0.54	7	60　34　00.0	− 0.060　0177	+ 1.19
12	76　39　16.9	− 0.011　8886	+ 0.50	10	55　12　40.5	− 0.0875　5187	+ 1.46
Σ_1		3.716　4545		Σ_2		3.716　4587	

$w_基 = \Sigma_1 - \Sigma_2 = -4.2$（以对数第六位为单位）

2. 列出方位角条件

方位角条件方程为：

$$v_2 - v_5 + v_8 - v_{11} - 0.″6 = 0$$

三、测角网中独立条件的数目

在实际工作中，对一个测角网总要进行多余观测。一般来说，多余观测产生几何条件，多余起算数据则产生附合条件，而且每增加 1 个多余观测，便产生 1 个几何条件，每增加 1 个多余起算数据，就会产生 1 个附合条件。所以，当多余观测数和起算数据一定时，控制网中的独立条件数是固定的。三角网中独立条件的总数和各类条件的个数，是由图形结构、已知数据的多少以及多余观测的个数来决定的。

图 4-11 中，A、B 点为已知点，C、D、E、F 为待定点，从两个已知点起算，每观测两个角，便可确定 1 个待定点的位置，如在第①个三角形中观测了两个角（即图中画有

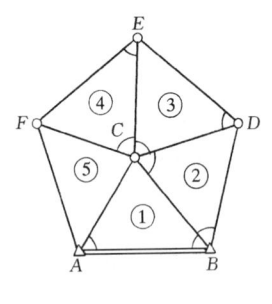

图 4-11

弧线的角），就可确定点 C 的位置。点 C 确定后，在第②个三角形中观测两个角，便可确定点 D 的位置，以此类推。可知，必要观测角数应是待定点数的两倍。因条件平差中条件数等于多余观测数，故三角网按角度平差时，条件式总数可按下式计算：

$$r = 测角总数 - 2\,倍待定点点数 = n - 2P \qquad (4\text{-}20)$$

式中 r 为独立的条件式总数，即多余观测数；n 为测角总数；P 为待定点点数。式（4-20）对于非独立网仍然成立。

确定各类独立条件数有两种方法：一种是在三角网略图中直接确定；另一种是按公式计算。

下面仅介绍用来确定各类条件式个数的图上直接确定法。

1. 图形条件数

只有对向观测的实线边，才能围成闭合图形，才会产生图形条件。因此，网中有多少个实线所围且互不重叠的三角形，便有多少个独立的三角形内角和条件，以后每增加一条实线，就会增加 1 个三角形内角和条件或多边形条件。如图 4-12 是中点多边形，共有 6 个互不重叠的三角形，如果增加 BD 实对角线，又构成三角形 BCD，比原来增加了 1 个三角形内角和条件，即共有 7 个独立的图形条件。又如图 4-13 中有 7 个互不重叠的三角形，增加 AB 实对角线后，便增加 1 个三角形内角和条件或 1 个多边形条件，即共有 8 个独立图形条件。

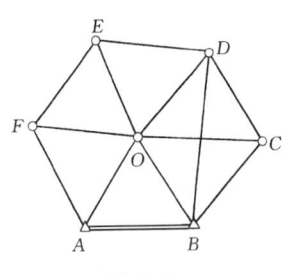

图 4-12

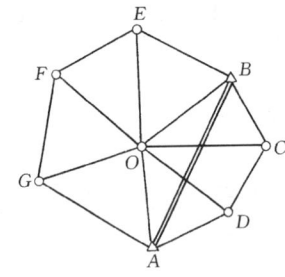

图 4-13

所以，独立图形条件数等于实线所围且互不重叠的三角形个数再加实对角线的条数。

但应当注意，任何半虚线边不能与实线边构成闭合图形。因此，一切单向观测的半虚半实对角线就不得统计在内。

2. 圆周条件数

因为只有在中点多边形的中心点上观测了全部中心角后，才会产生圆周条件，所以圆周条件式的个数等于中心点的点数。如图 4-13 只有一个中心点，该图中只有 O 点上产生一个圆周条件。

3. 极条件数

因为只有中点多边形、大地四边形和扇形，能以一点为极，由任一边起算，经不同三角形传算边长，最后能回复到起始边。所以，极条件通常只在上述三种图形中产生，而且每有 1 个这样的图形，只能有 1 个独立的极条件。因此，测角网中的极条件数等于中点多边形、大地四边形和扇形的总个数。如图 4-12、图 4-13 中都有两个极条件。

4．附合条件数

附合条件是由多余起算数据引起的。因此，附合条件数可按多余起算数据的个数来确定。一般情况下，增加何种多余起算数据，就会产生何种附合条件。

测角网中，1 个点的纵、横坐标，1 条边的方位角和边长是必要的起算数据，除此之外，均属多余起算数据。因此，附合条件数很容易从各类起算数据的个数中直接统计出来，即：方位角和基线条件数等于网中起算方位角、起算边的总数少 1；坐标条件数是：已知点组数少 1 的两倍。

【例 4-3】 试计算图 4-14 中三角网的条件方程式的总数和各类条件式的个数。

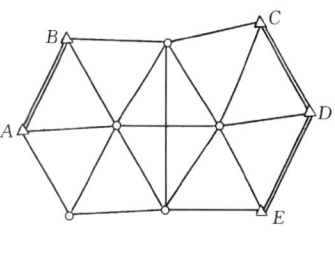

图 4-14

解： 图中 A、B、C、D、E 为已知点，共有两组已知点坐标，3 个已知方位角和 3 条已知边长。应列出 2 个方位角条件（包括 1 个固定角条件）；2 个基线条件（包括 1 个固定边条件）；2 个坐标条件（纵、横坐标条件）。此外，有 11 个图形条件；2 个圆周条件；3 个极条件。因此，本例共有条件总数 22 个。

四、测角网按条件平差算例

前面介绍了各种三角网中条件的种类、数目和组成，这些都是三角网按条件平差的基础。现将用条件平差法平差三角网的实际步骤归纳如下：

（1）抄取起算数据和观测数据，绘制三角网略图；

（2）确定多余观测的个数（即确定条件方程的个数）；

（3）列出足够数目而又线性无关的条件方程。在需要计算某些量的最或然值的中误差时，应列出其平差值函数式。若函数式为非线性形式，则尚需求出其权函数式；

（4）填写条件方程系数表；

（5）组成法方程组的系数及常数项；

（6）解算法方程组，求 $[pvv]$ 及平差值函数的权倒数；

（7）求改正数 v，计算平差值，并作检核；

（8）计算单位权中误差及平差值函数的中误差。

【例 4-4】 三角网如图 4-15 所示，由表 4-5 列出全部观测值，试按条件平差法平差，并评定精度。

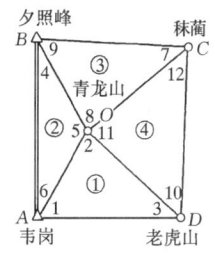

图 4-15

解： 图 4-15 为独立测角网，按角度进行条件平差的计算步骤 [（一）至（十二）] 如下：

（一）绘制三角网平差略图（见图 4-15）

（二）编制起算数据表（见表 4-5）

（三）计算条件方程式个数

图中：$n = 12$；$P = 3$；$r = n - 2P = 12 - 6 = 6$。

其中：图形条件 4 个；圆周条件 1 个；极条件 1 个。

（四）条件式及权函数式的组成

1．条件方程式

按照表 4-5 所列观测值计算各条件式的常数项，并确定条件式的系数，组成条件式：

表 4-5

三角形编号	角 号	点 名	观 测 角	三角形编号	角 号	点 名	观 测 角
①	1	韦 岗	58°33′13.8″	③	7	秣 蔺	464146.9
	2	青龙山	785503.3		8	青龙山	765019.7
	3	老虎山	423142.6		9	夕照峰	562754.6
	w_1		− 0.3		w_3		+ 1.2
②	4	夕照峰	245936.3	④	10	老虎山	533154.4
	5	青龙山	1232642.3		11	青龙山	804754.7
	6	韦 岗	313340.7		12	秣 蔺	454008.9
	w_2		− 0.7		w_4		− 2.0

起 算 数 据 表 表 4-6

等级	点 名	坐 标		坐标方位角	至何点	边 长	备 注
		x	y	α			
II II	韦 岗 夕照峰	3553106.74^m 3564238.63	412513.61^m 415526.76	15°08′44.6″	夕照峰	11532.48^m	抄自××省测绘局 1988 年×月××计算的 ××测区成果表

(1) 图形条件式包括:

$$v_1 + v_2 + v_3 - 0.3 = 0 \qquad (a)$$

$$v_4 + v_5 + v_6 - 0.7 = 0 \qquad (b)$$

$$v_7 + v_8 + v_9 + 1.2 = 0 \qquad (c)$$

$$v_{10} + v_{11} + v_{12} - 2.0 = 0 \qquad (d)$$

(2) 圆周条件式包括:

$$v_2 + v_5 + v_8 + v_{11} = 0$$

$$w_{圆} = (2) + (5) + (8) + (11) - 360° = 0 \qquad (e)$$

(3) 极条件式

$$+ 1.29v_1 - 2.30v_3 + 4.52v_4 - 3.43v_6 + 1.98v_7 - 1.40v_9 +$$

$$+ 1.56v_{10} - 2.06v_{12} - 7.9 = 0 \qquad (g)$$

极条件常数项之计算见表 4-7。w、δ 以对数第六位为单位。

极条件系数常数项计算表(以中心点为极) 表 4-7

角 号	角的正弦对数	δ	角 号	角的正弦对数	δ
1	− 0.0689844	+ 1.29	3	− 0.1700810	+ 2.30
4	− 0.3741587	+ 4.52	6	− 0.2811575	+ 3.43
7	− 0.1380302	+ 1.98	9	− 0.0790682	+ 1.40
10	− 0.0946431	+ 1.56	12	− 0.1455018	+ 2.06
Σ_1	− 0.6758164		Σ_2	− 0.6758085	
		$w_{极} = \Sigma_1 - \Sigma_2 = - 7.9$			

表 4-8

条件方程系数及改正数计算表

改正数 编　号	a/K_a	b/K_b	c/K_c	d/K_d	e/K_e	g/K_g	f	v
	$+0.2289$	$+0.2478$	-0.3577	$+0.7678$	-0.2217	$+0.1635$		
1	$+1$					$+1.29$		$+0.44$
2	$+1$				$+1$			$+0.01$
3	$+1$					-2.30		-0.15
4		$+1$				$+4.52$		$+0.99$
5		$+1$			$+1$		$+1.39$	$+0.03$
6		$+1$				-3.43	$+3.43$	-0.31
7			$+1$			$+1.98$	-1.98	-0.03
8			$+1$		$+1$			-0.58
9			$+1$			-1.40	$+1.40$	-0.59
10				$+1$		$+1.56$	-1.56	$+1.02$
11				$+1$	$+1$		$+0.34$	$+0.55$
12				$+1$		-2.06		$+0.43$
w	-0.3	-0.7	$+1.2$	-2.0	0	-7.9		

2. 权函数式

距离起算边最远的边，因其传播误差最大，所以叫最弱边。图 4-15 的最弱边为 CD 边，最弱边的计算式为：

$$S_{CD} = S_{AB}\frac{\sin\hat{L}_6\sin\hat{L}_9\sin\hat{L}_{11}}{\sin\hat{L}_5\sin\hat{L}_7\sin\hat{L}_{10}}$$

两边取对数，并求其全微分，以对数第六位为单位，得权函数式为：

$$\Delta F = \Delta \lg S_{CD} = +1.39v_5 + 3.43v_6 - 1.98v_7 + 1.40v_9 - 1.56v_{10} + 0.34v_{11} \qquad (f)$$

（五）组成条件方程系数和改正数计算表（见表 4-8）

（六）法方程的组成及解算

由表 4-8 中的数据组成法方程：

$$3k_a + 0 + 0 + 0 + k_e - 1.010k_g - 0.3 = 0$$
$$0 + 3k_b + 0 + 0 + k_e + 1.090k_g - 0.7 = 0$$
$$0 + 0 + 3k_c + 0 + k_e + 0.580k_g + 1.2 = 0$$
$$0 + 0 + 0 + 3k_d + k_e - 0.500k_g - 2.0 = 0$$
$$k_a + k_b + k_c + k_d + 4k_e + 0 + 0 = 0$$
$$-1.010k_a + 1.090k_b + 0.580k_c - 0.500k_d + 0 + 51.707k_g - 7.9 = 0$$

并用矩阵表示为：

$$\begin{bmatrix} 3 & 0 & 0 & 0 & 1 & -1.010 \\ 0 & 3 & 0 & 0 & 1 & 1.090 \\ 0 & 0 & 3 & 0 & 1 & 0.580 \\ 0 & 0 & 0 & 3 & 1 & -0.500 \\ 1 & 1 & 1 & 1 & 4 & 0 \\ -1.010 & 1.090 & 0.580 & -5.000 & 0 & 51.707 \end{bmatrix}\begin{bmatrix} k_a \\ k_b \\ k_c \\ k_d \\ k_e \\ k_g \end{bmatrix} + \begin{bmatrix} -0.3 \\ -0.7 \\ 1.2 \\ -2.0 \\ 0 \\ -7.9 \end{bmatrix} = \begin{bmatrix} 0 \\ 0 \\ 0 \\ 0 \\ 0 \\ 0 \end{bmatrix}$$

解算法方程得：

$k_a = 0.2289$　　$k_b = 0.2478$　　$k_c = -0.3577$

$k_d = 0.7678$　　$k_e = -0.2217$　　$k_g = 0.1635$

（七）改正数计算（见表4-8）

（八）平差值计算（见表4-9）

（九）三角形之解算（见表4-9）

（十）条件方程式的检核

将平差值代入图形条件、圆周条件、极条件闭合差的计算式中，经计算闭合差为零。或将改正数代入条件方程，检核结果表明，平差计算符合要求。

（十一）坐标计算

根据三角网的起算数据，以平差后角值，计算坐标方位角，再以解算所得之边长，计算各三角点的坐标，并载入三角点成果表中（坐标计算及成果表略）。

（十二）精度评定

1. 单位权中误差

$$\mu = \pm \sqrt{\frac{[pvv]}{r}} = \pm \sqrt{\frac{3.50}{6}} = \pm 0.''76$$

2. 最弱边 CD 边长对数中误差

由表4-8中的数据组成转换系数方程：

$$3q_a + q_e - 1.010q_g + 0 = 0$$

$$3q_b + q_e + 1.090q_g + 4.820 = 0$$

$$3q_c + q_e + 0.580q_g - 0.580 = 0$$

$$3q_d + q_e - 0.500q_g - 1.220 = 0$$

$$q_a + q_b + q_c + q_d + 4q_e + 1.730 = 0$$

$$-1.010q_a + 1.090q_b + 0.580q_c - 0.500q_d + 51.707q_g - 20.079 = 0$$

解转换系数方程得：

$q_a = 0.2346$　　$q_b = -1.6779$　　$q_c = 0.1964$

$q_d = 0.5670$　　$q_e = -0.2625$　　$q_g = 0.4369$

另由表4-8中的数据组成系数 $[ff] = 22.127$，代入权倒数计算式

$$\frac{1}{p_F} = 4.01$$

$$m_{1gS_{CD}} = \pm \mu \sqrt{\frac{1}{p_F}} = \pm 0.76 \sqrt{4.01} = \pm 1.52$$

3. 最弱边 CD 的相对中误差

$$\frac{m_{S_{CD}}}{s_{CD}} = \frac{m_{1gS_{CD}}}{\mu \cdot 10^6} = \frac{1.52}{0.434 \times 10^6} \approx \frac{1}{280000}$$

三角形编号	角号	点　名	观　测　角 (° ′ ″)	改正数 (″)	平　差　角 (° ′ ″)	边　长 (m)
①	1	韦　岗（A）	583313.8	+0.4	583314.2	7370.28
	2	青龙山（O）	785503.3	0.0	785503.3	8477.99
	3	老虎山（D）	423142.6	−0.1	423142.5	5839.65
	w_1		−0.3	+0.3		
②	4	夕照峰（B）	245936.3	+1.0	245937.3	5839.65
	5	青龙山（O）	1232642.3	0.0	1232642.3	11532.48*
	6	韦　岗（A）	313340.7	−0.3	313340.4	7234.06
	w_2		−0.7	+0.7		
③	7	秾　蔺（C）	464146.9	0.0	464146.9	7234.06
	8	青龙山（O）	765019.7	−0.6	765019.1	9679.48
	9	夕照峰（B）	562754.6	−0.6	562754.0	8285.97
	w_3		+1.2	−1.2		
④	10	老虎山（D）	533154.4	+1.0	533155.4	8285.97
	11	青龙山（O）	804754.7	+0.6	804755.3	10170.92
	12	秾　蔺（C）	454008.9	+0.4	454099.3	7370.28
	w_4		−2.0	+2.0		

* 起算边

第三节　测边网条件平差

　　单纯测量边长的平面控制网称之为测边网。测边网的必要起算数据是1个点的坐标和1条边的方位角。仅具有必要起算数据的测边网叫做独立网，否则称为附合网。

　　测边网的平差可以采用条件平差法，也可以采用间接平差法。

　　在测边网平差中，由于各边的长度不同，观测边长的精度也不相同，一般应先计算各边长的中误差，确定它们的权，然后进行平差计算。有时，网中边长相差不大，为计算方便起见，也可以按同精度观测进行平差。

一、条件方程总数及各类条件数

　　在独立测边网中，为了确定第一个待定点，需要观测1条边的边长，以后每确定1个待定点，必要观测数仍为2。故独立测边网的条件总数为：

$$r = n - 2P + 1 \qquad (4\text{-}21)$$

式中　n 为测边的总个数，P 为待定点数。

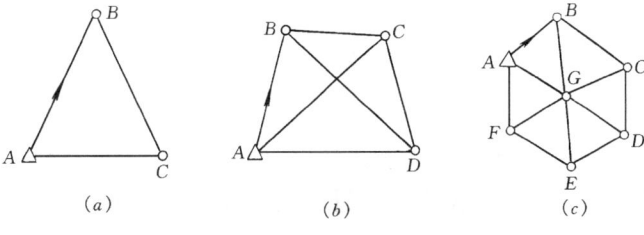

(a)　　　　　(b)　　　　　(c)

图 4-16

附合测边网的必要观测数 $t = 2P$，因而其条件总数为：

$$r = n - 2P \qquad\qquad (4\text{-}22)$$

图 4-16（a）所示为一独立测边三角形，观测量总数 $n = 3$，$P = 2$，按式（4-21）计算得：$r = n - 2P + 1 = 0$。由此可见，测边单三角形不存在条件。

图 4-16（b）所示为一独立测边大地四边形，观测量总数 $n = 6$，$P = 3$，按式（4-21）计算得：$r = n - 2P + 1 = 1$。由此可见，测边大地四边形只存在 1 个条件。

图 4-16（c）所示为一独立测边中点多边形，观测量总数 $n = 12$，$P = 6$，按式（4-21）计算得：$r = n - 2P + 1 = 1$，即此测边中点多边形也仅存在 1 个条件。

综上所述不难得出：独立测边网的条件个数等于网中大地四边形、中点多边形个数之和。网中产生的这种条件称为测边网图形条件。

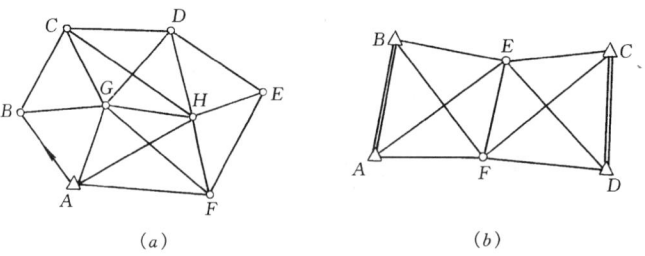

图 4-17

【例 4-5】　如图 4-17（a）所示为一独立测边网，试确定条件方程的个数。

解：图中有大地四边形 2 个，中点多边形 2 个，根据上面的讨论，应有 4 个测边网图形条件。

若按式（4-21）计算，因 $n = 17$，$P = 7$，则：$r = 17 - 2 \times 7 + 1 = 4$，两者计算结果完全一样。

对于附合测边网，除具有独立网的条件外，同时还应有坐标方位角及纵、横坐标等限制条件。图 4-17（b）为一附合测边网，$n = 9$，$P = 2$，按式（4-22）计算，$r = n - 2P = 5$，测边网中共有 5 个条件，其中应列出测边网图形条件 2 个，另外还应列出方位角条件 1 个，坐标条件 2 个。

二、测边网的条件方程

测边网的条件方程一般按角度闭合法列立。

（一）以角度改正数表示的图形条件

在图 4-18 的大地四边形中，可由 S_1、S_2、S_5 计算出 β_1 角；由 S_2、S_3、S_6 计算出 β_2 角；由 S_1、S_3、S_4 计算出 β_3 角。由于边长观测存在误差，致使：

$$\beta_1 + \beta_2 \neq \beta_3 \qquad\qquad (4\text{-}23)$$

若给 S_1、S_2、S_3……加一改正数，并使由此引起的角度改正数满足下式：

$$v_{\beta_1} + v_{\beta_2} - v_{\beta_3} + w = 0; \qquad (w = \beta_1 + \beta_2 - \beta_3) \qquad\qquad (4\text{-}24)$$

式（4-24）是用角度改正数表示的测边大地四边形图形条件方程式。

类似地，如图 4-19 的中点多边形，通过相应三角形计算出角度后，也可列出下式：

$$v_{\beta_1} + v_{\beta_2} + v_{\beta_3} + w = 0; \quad (w = \beta_1 + \beta_2 + \beta_3 - 360°) \qquad\qquad (4\text{-}25)$$

式（4-25）是角度改正数表示的测边中点多边形的条件方程式。

（二）角度改正数与边长改正数的关系式

在测边网中角度不是直接观测值，应将角度改正数表示为边长改正数的表达式。为此，需求出三角形角度改正数与边长改正数的关系式。

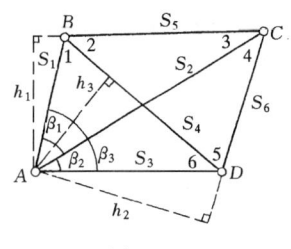

图 4-18

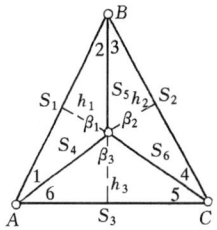

图 4-19

图 4-20 为由观测边 a、b、c 组成的测边三角形 ABC。

若用 A、B、C 分别表示三角形的顶角；h_a、h_b、h_c 分别表示三角形 a、b、c 边上的高。则按余弦公式可以写出：$a^2 = b^2 + c^2 - 2bc\cos A$。取微分并稍加整理可得：

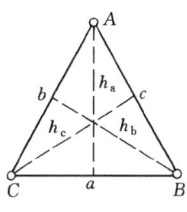

图 4-20

$$a\,\mathrm{d}a = (b - c\cos A)\mathrm{d}b + (c - b\cos A)\mathrm{d}c + bc\sin A\,\mathrm{d}A$$

如以相应改正数代替上式中的微分，经整理后得：

$$v_A = \frac{a}{bc\sin A}\left(v_a - \frac{b - c\cos A}{a}v_b - \frac{c - b\cos A}{a}v_c\right) \qquad (4\text{-}26)$$

由图 4-20 可以看出：

$$b - c\cos A = a\cos C；\quad c - b\cos A = a\cos B；\quad bc\sin A = ah_a$$

代入（4-26）式，得：

$$v_A = \frac{1}{h_a}(v_a - \cos C v_b - \cos B v_c)$$

式中 v_A 以秒为单位；若 h_a 以米为单位；v_a、v_b、v_c 以厘米为单位，则 $\rho_c = 2062.65$，上式即变成：

$$v''_A = \frac{\rho_c}{h_a}(v_a - \cos C v_b - \cos B v_c) \qquad (4\text{-}27)$$

式（4-27）也可写成：

$$v''_A = \frac{\rho_c}{h_a}v_a - \frac{\rho_c}{h_a}\cos C v_b - \frac{\rho_c}{h_a}\cos B v_c \qquad (4\text{-}28)$$

式（4-27）、式（4-28）即为角度改正数与边长改正数的关系式。

式（4-27）的规律为：

（1）括号外分母为其对边之高，分子为 2062.65；

（2）括号内，对边改正数之系数为 +1；

（3）两邻边改正数的系数，分别为该边邻角的负余弦。如 v_b 的系数为 $-\cos C$；v_c 的系数为 $-\cos B$。

由此规律即可写出：

$$v''_B = \frac{\rho_c}{h_b}(v_b - \cos C v_a - \cos A v_c)$$

$$v''_C = \frac{\rho_c}{h_c}(v_c - \cos A v_b - \cos B v_a)$$

（三）测边大地四边形、中点多边形的图形条件

根据式（4-28）和图（4-18）可以写出：

$$\left.\begin{array}{l} v_{\beta_1} = \dfrac{\rho_c}{h_1}v_5 - \dfrac{\rho_c \cos (1+2)}{h_1}v_1 - \dfrac{\rho_c \cos (3)}{h_1}v_2 \\[3mm] v_{\beta_2} = \dfrac{\rho_c}{h_2}v_6 - \dfrac{\rho_c \cos (4)}{h_2}v_2 - \dfrac{\rho_c \cos (5+6)}{h_2}v_3 \\[3mm] v_{\beta_3} = \dfrac{\rho_c}{h_3}v_4 - \dfrac{\rho_c \cos (6)}{h_3}v_3 - \dfrac{\rho_c \cos (1)}{h_3}v_1 \end{array}\right\}$$

代入式（4-24）可得大地四边形图形条件为：

$$\rho_c\left(\frac{\cos (1)}{h_3} - \frac{\cos (1+2)}{h_1}\right)v_1 - \rho_c\left(\frac{\cos (3)}{h_1} + \frac{\cos (4)}{h_2}\right)v_2$$

$$+ \rho_c\left(\frac{\cos (6)}{h_3} - \frac{\cos (5+6)}{h_2}\right)v_3 - \frac{\rho_c}{h_3}v_4$$

$$+ \frac{\rho_c}{h_1}v_5 + \frac{\rho_c}{h_2}v_6 + w = 0;\ \ (w = \beta_1 + \beta_2 - \beta_3) \tag{4-29}$$

式中　w 以秒（″）为单位；边长改正数以厘米（cm）为单位；三角形的高以米（m）为单位；$\rho_c = 2062.65$。式（4-29）即为大地四边形的图形条件方程。

对于如图（4-19）所示的中点多边形，则根据式（4-28）也可写出：

$$\left.\begin{array}{l} v_{\beta_1} = \dfrac{\rho_c}{h_1}v_1 - \dfrac{\rho_c \cos (1)}{h_1}v_4 - \dfrac{\rho_c \cos (2)}{h_1}v_5 \\[3mm] v_{\beta_2} = \dfrac{\rho_c}{h_2}v_2 - \dfrac{\rho_c \cos (3)}{h_2}v_5 - \dfrac{\rho_c \cos (4)}{h_2}v_6 \\[3mm] v_{\beta_3} = \dfrac{\rho_c}{h_3}v_3 - \dfrac{\rho_c \cos (5)}{h_3}v_6 - \dfrac{\rho_c \cos (6)}{h_3}v_4 \end{array}\right\}$$

将上式代入式（4-25），经整理后可得：

$$\frac{\rho_c}{h_1}v_1 + \frac{\rho_c}{h_2}v_2 + \frac{\rho_c}{h_3}v_3 - \rho_c\left(\frac{\cos (1)}{h_1} + \frac{\cos (6)}{h_3}\right)v_4$$

$$- \rho_c\left(\frac{\cos (2)}{h_1} + \frac{\cos (3)}{h_2}\right)v_5$$

$$- \rho_c\left(\frac{\cos (4)}{h_2} + \frac{\cos (5)}{h_3}\right)v_6 + w = 0;\ \ (w = \beta_1 + \beta_2 + \beta_3 - 360°) \tag{4-30}$$

式中　各符号取值单位和式（4-29）相同。式（4-30）即为中点多边形的图形条件方程。

对于附合测边网根据具体情况，除列出测边图形条件之外，还应列出因有多余起算数据而引起的方位角条件和坐标条件。测边网中方位角及纵、横坐标条件方程的列立，可先

按测角网形式列出其角度应满足的条件方程，然后根据式（4-27）或式（4-28）将角度改正数和边长改正数之间的关系，代入条件方程整理即可。

计算条件方程式中的系数时，可先用边长算出相应的 β 和 h，然后按公式进行计算。

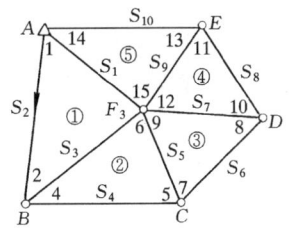

图 4-21

起 算 数 据 表　　表 4-10

点　名	坐　　标		方 位 角
	x（m）	y（m）	（° ′ ″）
A	35 34 631.93	40 412 717.23	180 19 15.31
B			

三、独立测边网按条件平差算例

【例 4-6】 图 4-21 为测边中点多边形，A 为已知点，α_{AB} 为已知方位角。共观测了 10 条边，试按条件平差法求各边长平差值及 S_8 平差后的边长中误差及相对误差（已知数据见表 4-10），观测数据见表 4-11，各边精度视为相等）。

表 4-11

观测值编　号	观测值（m）	改正数（cm）	平差值（m）	观测值编　号	观测值（m）	改正数（cm）	平差值（m）
S_1	1192.148	+ 0.16	1192.1496	S_6	1189.819	− 0.10	1189.8180
S_2	2099.269	− 0.15	2099.2675	S_7	1278.241	+ 0.10	1278.2420
S_3	1244.456	+ 0.20	1244.4580	S_8	1201.784	− 0.08	1201.7832
S_4	1345.386	− 0.10	1345.3850	S_9	1271.190	+ 0.08	1271.1908
S_5	1054.540	+ 0.08	1054.5408	S_{10}	1106.452	− 0.09	11064511

解：1. 条件个数

中点多边形有 1 个图形条件。

2. 按余弦公式 $\cos A = \dfrac{b^2 + c^2 - a^2}{2bc}$ 反算角度

按下式求得闭合差为：

$$w = （3）+（6）+（9）+（12）+（15）- 360° = + 03.3''$$

按式（4-30）列出中点多边形图形条件方程为：

$$- 3.586 v_{s_1} + 3.336 v_{s_2} - 4.395 v_{s_3} + 2.235 v_{s_4} - 1.828 v_{s_5} + 2.093 v_{s_6}$$
$$- 2.207 v_{s_7} + 1.835 v_{s_8} - 1.804 v_{s_9} + 1.879 v_{s_{10}} + 3.3 = 0$$

3. 列出平差值函数

$$F = \hat{S}_8，故权函数式为：\Delta F = v_{s_8}$$

4. 根据条件方程可组成法方程

$$71.0449 K_a + 3.3 = 0，解之得：K_a = - 0.046。$$

5. 按 $v_{s_i} = a_i K_a$，计算各边改正数填于表 4-11 中。

按 $\hat{S}_i = S_i + v_{s_i}$ 计算各边平差值，列于表 4-11 中。

6. 坐标计算（略）

7. 精度评定

（1）单位权中误差 $\mu = \pm \sqrt{\dfrac{[v_s v_s]}{r}} = \pm \sqrt{0.1454} = \pm 0.38\text{cm}$

（2）权倒数计算及中误差计算 根据权函数式及条件方程可算得：

$$[ff] = 1, \quad [af] = 1.835$$

$$71.0449 q_a + 1.835 = 0$$

$$q_a = -0.0258$$

故有：$\dfrac{1}{p_F} = [ff] + [af] q_a = 0.9527$；$m_{\hat{S}_8} = \pm 0.38 \sqrt{0.9527} = \pm 0.37\text{cm}$

（3）边长相对中误差 $\dfrac{m_{\hat{S}_8}}{\hat{S}_8} = \dfrac{0.37}{120178} = \dfrac{1}{324800}$

第四节 边角网条件平差

一、条件总数及各类条件数

独立边角网确定第一个待定点时，需观测 1 条边的边长，以后每确定 1 个待定点，必要观测数为 2。故独立边角网和独立测边网一样，其条件方程总数为：

$$r = n - 2P + 1$$

附合边角网的条件方程总数为：

$$r = n - 2P$$

由于边角网实测时可能有以下几种情况：

（1）观测网中全部角度和部分边长；

（2）观测网中全部边长和部分角度；

（3）观测网中部分角度和部分边长；

（4）观测网中全部角度和全部边长。

因此，独立边角网采用条件平差时，根据观测量的不同，可能会有图形条件、圆周条件、极条件、测边网图形条件这些独立测角、测边网的条件之外，尚有因边角同测而产生的正弦条件和余弦条件。附合边角网采用条件平差时，还会出现基线、坐标方位角及纵横坐标等附合条件。边角网中凡属测角网、测边网的各类条件，均可按测角网、测边网相应条件的列立方法列出，这些条件的列立已在前两节中作了介绍。本节只讨论边角网的正弦条件、余弦条件的列立。

图 4-22 为边角网，网中观测了所有内角和 a、b、c、d、e、f 共 6 条边。$n = 30$，$P = 5$，$r = n - 2P = 20$，条件总数为 20 个。其中有：8 个测角网图形条件；1 个圆周条件；1 个方位角条件；2 个坐标条件和 8 个正弦条件（其中有一部分是跨越 2 个三角形的正弦条件）。

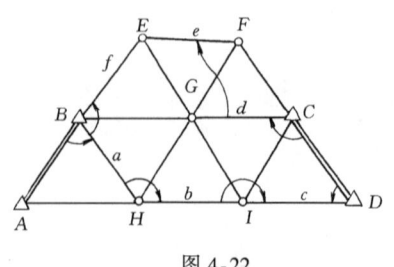

图 4-22

二、正弦条件

当三角形中观测边数 ≥2，同时，观测内角数 ≥2 时，便存在着正弦条件。

所谓正弦条件就是在三角形中，各边平差值和其对角平差值正弦之比应相等。

如图 4-23 所示为一观测了所有内角和边长的三角形，设 $\hat{A}$、$\hat{B}$、$\hat{C}$ 为平差角，$\hat{a}$、$\hat{b}$、$\hat{c}$ 为平差后边长，则可列出：

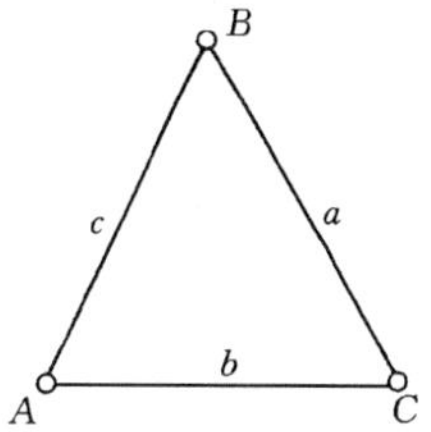

图 4-23

$$\frac{\hat{b}}{\hat{a}} = \frac{\sin\hat{B}}{\sin\hat{A}} \tag{4-31}$$

式（4-31）也可写成：

$$\hat{a}\sin\hat{B} - \hat{b}\sin\hat{A} = 0 \tag{4-32}$$

若对式（4-32）取微分，并以改正数代替微分量，则可得：

$$\left.\begin{array}{l} \sin B v_a - \sin A v_b + \dfrac{a}{\rho''}\cos B v''_B - \dfrac{b}{\rho''}\cos A v''_A + w = 0 \\ w = (a\sin B - b\sin A) \end{array}\right\} \tag{4-33}$$

同理，可列出另一个正弦条件为：

$$\frac{\hat{a}}{\hat{c}} = \frac{\sin\hat{A}}{\sin\hat{C}}$$

以及：

$$\left.\begin{array}{l} \sin C v_a - \sin A v_c + \dfrac{a}{\rho''}\cos C v''_c - \dfrac{c}{\rho''}\cos A v''_A + w = 0 \\ w = (a\sin C - c\sin A) \end{array}\right\} \tag{4-34}$$

式（4-33）和（4-34）就是 △ABC 的正弦条件方程。

当三角形中 B 角未观测时，由于：$\hat{B} = 180 - \hat{C} - \hat{A}$，因此有：$v''_B = -v''_C - v''_A$。代入式（4-33），整理后得：

$$\left.\begin{array}{l} \sin B v_a - \sin A v_b - \dfrac{1}{\rho''}(b\cos A + a\cos B)v''_A - \dfrac{a}{\rho''}\cos B v''_C + w = 0 \\ w = a\sin B - b\sin A \qquad (B = 180 - C - A) \end{array}\right\} \tag{4-35}$$

三、余弦条件

三角形中如果观测了 3 个边之外，只观测了 1 个内角，则存在余弦条件。例如在图 4-23 中观测了 A 角和 3 个边长，则平差后用边长反算的角度 $\hat{A}'$ 应等于观测角 A 的平差值 $\hat{A}$，这就是余弦条件，即：

$$\hat{A} - \hat{A}' = 0 \tag{4-36}$$

或写成：

$$A + v_A - A' - v_{A'} = 0$$

若令：$A - A' = w$，则上式可写成：

$$v_A - v_{A'} + w = 0 \tag{4-37}$$

根据式（4-27），可以写出：$v_{A'} = \dfrac{\rho''}{h_a}\{v_a - \cos C v_b - \cos B v_c\}$，于是，将此式代入式（4-37），可得：

$$v_A - \frac{\rho''}{h_a}v_a + \frac{\rho''\cos C}{h_a}v_b + \frac{\rho''\cos B}{h_a}v_c + w = 0 \tag{4-38}$$

式（4-38）就是边角网的余弦条件的表达式。

四、边角网按条件平差算例

【例4-7】 图4-24为独立边角网，B 为已知点，a_{BC} 为已知方位角，起算数据列于表
4-12内，观测了（1）、（2）、（3）、（4）共4个内角和全部边长，观测值见表4-13。网中角
度观测中误差 $m_\beta = \pm 1''$，各边观测精度相等，观测中误差 $m_s = \pm 1.41\text{cm}$。试按条件平差
法平差该网，并求 AD 边平差后的相对误差。

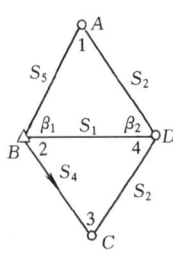

图 4-24

起算数据表 表4-12

点 名	坐 标	坐标方位角
B	35 42 249.331m 40 582 428.220	
C		19°36′43.7″

表 4-13

观测值 编 号	观 测 值	改 正 数	平 差 值	观测值 编 号	观 测 值	改 正 数	平 差 值
（1）	44°47′00.8″	− 1.56″	44°46′59.24″	S_1	861.063m	+ 1.25cm	861.0755m
（2）	57 01 31.7	− 1.66	57 01 30.04	S_2	1012.448	+ 1.20	1012.4600
（3）	45 31 06.3	− 0.66	45 31 05.64	S_3	1127.232	− 0.58	1127.2262
（4）	77 27 25.0	− 0.68	77 27 24.32	S_4	1178.08	− 0.82	1178.0728
				S_5	1133.165	− 0.59	1133.1591

解：1. 条件个数

$r = n - 2P + 1 = 4$，其中有 1 个测角网图形条件，2 个正弦条件和 1 个余弦条件。

2. 权的确定

取 $\mu = m_\beta = \pm 1''$，则有：$p_\beta = 1$；$p_s = \dfrac{m_\beta^2}{m_s^2} = \dfrac{1}{2}$。

3. 条件方程与权函数式的列立

四个条件方程为：

$$v_2 + v_3 + v_4 + w_1 = 0$$

$$\sin(4)v_{s_2} - \sin(2)v_{s_4} + \frac{s_2}{\rho''}\cos(4)v''_4 - \frac{s_4}{\rho''}\cos(2)v''_2 + w_2 = 0$$

$$\sin(2)v_{s_1} - \sin(3)v_{s_2} + \frac{s_1}{\rho''}\cos(2)v''_2 - \frac{s_2}{\rho''}\cos(3)v''_3 + w_3 = 0$$

$$v''_1 - \frac{\rho''}{h_1}v_{s_1} + \frac{\rho''}{h_1}\cos\beta_2 v_{s_3} + \frac{\rho''}{h_1}\cos\beta_1 v_{s_5} + w_4 = 0$$

式中 $w_1 = (2) + (3) + (4) - 180$；$w_2 = s_2\sin(4) - s_4\sin(2)$；$w_3 = s_1\sin(2) - s_2\sin(3)$；

$w_4 = A - A'\left(\text{本例中：} A' = \text{arc } \cos\dfrac{s_3^2 + s_5^2 - s_1^2}{2s_3 s_5}\text{；} h_1 = s_3\sin\beta_2 = s_5\sin\beta_2\right)$。

以观测值代入上列各式，计算后可列出 4 个条件方程及权函数式分别为：

$$v_2 + v_3 + v_4 + 3.0 = 0$$

$$0.976v_{s_2} - 0.839v_{s_4} + 0.107v''_4 - 0.311v''_2 - 2.302 = 0$$

$$0.839v_{s_1} - 0.713v_{s_2} + 0.227v''_2 - 0.344v''_3 - 0.044 = 0$$

$$- 1.974v_{s_1} + 0.740v_{s_3} + 0.764v_{s_5} + v''_1 + 4.9 = 0$$

$$\Delta F = v_{s_3}$$

4. 根据条件方程及角度和边长的权可组成法方程

$$\left.\begin{array}{l} 3.000K_a - 0.204K_b - 0.117K_c + 0 + 3.000 = 0 \\ - 0.204K_a + 0.937K_b - 0.419K_c + 0 - 2.302 = 0 \\ - 0.117K_a - 0.419K_b + 0.776K_c - 0.829K_d - 0.044 = 0 \\ 0 + 0 - 0.829K_c + 3.514K_d + 4.900 = 0 \end{array}\right\}$$

解之,得:

$$K_a = - 0.8936; \quad K_b = + 1.9566; \quad K_c = - 0.6835; \quad K_d = - 1.5557。$$

5. 按 $v_i = \dfrac{1}{p_i}(a_iK_a + b_iK_b + c_iK_c + d_iK_d)$ 计算改正数

填于表 4-13 中改正数栏内,并代入条件方程进行检核。

6. 按 $\hat{L}_i = L_i + v_i$ 计算平差值

填于表 4-13。

7. 计算各待定点坐标(略)

8. 精度评定

(1) 单位权中误差 $\mu = \pm\sqrt{\dfrac{[pvv]}{r}} = \pm\sqrt{\dfrac{14.9806}{4}} = \pm 1.92''$

(2) 计算 AD 边中误差   可将 $\left[\dfrac{af}{p}\right]$、$\left[\dfrac{bf}{p}\right]$、$\left[\dfrac{cf}{p}\right]$、$\left[\dfrac{df}{p}\right]$ 代替法方程中的常数项,计算出 q_a、q_b、q_c、q_d,并按计算平差值函数的权倒数的第二公式:

$$\frac{1}{p_F} = \left[\frac{ff}{p}\right] + \left[\frac{af}{p}\right]q_a + \left[\frac{bf}{p}\right]q_b + \left[\frac{cf}{p}\right]q_c + \left[\frac{df}{p}\right]q_d \ \text{或按} \ \frac{1}{p_F} = \left[\frac{ff}{p} \cdot 4\right] \ \text{计算得:}$$

$$\frac{1}{p_F} = 0.7636$$

$$m_{\hat{s}_3} = \pm \mu \times \sqrt{\frac{1}{p_F}} = \pm 1.68\text{cm}$$

(3) 计算 AD 边相对误差

$$\frac{m_{\hat{s}_3}}{\hat{s}_3} = \frac{1.68}{112723} \approx \frac{1}{67000}$$

第五节   测角网间接平差

应用间接平差法进行测角网平差,通常取待定点的坐标平差值为未知数,通过平差直接求得各待定点的坐标平差值,因而又把这种平差方法称为坐标平差法。测角网的观测值可以是方向或角度,本节以方向作为观测值来讨论如何组成误差方程。

一、按方向组成误差方程

误差方程是表示观测值与未知数之间关系的方程。在三角点上所观测的是各个方向，而未知数则是待定点的纵、横坐标。因此，列误差方程就是要找出观测方向值与纵、横坐标之间的函数关系。

由于观测方向值的改正数不能直接表达为纵、横坐标改正数的函数，故应先列出观测值与坐标方位角之间的关系式，再建立坐标方位角与纵、横坐标间的关系式，最后才能列出观测值与坐标之间的关系式。

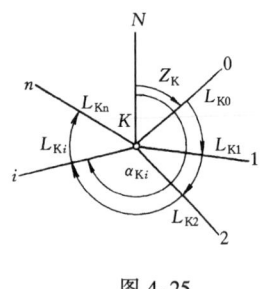

图 4-25

在图 4-25 中，在测站 K 上观测了 0、1、2……n 个方向，各方向观测值为 L_{K0}、L_{K1}、L_{K2}……L_{Kn}，相应的改正数为 v_{k0}、v_{k1}、v_{k2}……v_{kn}。为了列出方向观测值与坐标方位角之间的关系式，必须在每一个测站上引进一个定向角。

所谓定向角就是方向值与坐标方位角之间的一个必要的量。其值不是预先可以知道的，故定向角是一个未知数。

设测站上零方向的坐标方位角 Z_K 为定向角，其近似值为 Z'_K，相应的改正数为 ΔZ_K。那么，由图 4-25 可以看出：测站 K 至 i 方向的坐标方位角可表达为观测方向值的函数：

$$\alpha_{Ki}^0 + \Delta\alpha_{Ki} = Z'_K + \Delta Z_K + L_{Ki} + v_{Ki}$$

移项后可得：

$$v_{Ki} = -\Delta Z_K + \Delta\alpha_{Ki} + (\alpha_{Ki}^0 - L_{Ki} - Z'_K)$$

式中 α_{Ki}^0 是 Ki 方向的近似坐标方向角；$\Delta\alpha_{Ki}$ 是其改正数；括号内的数值是常数。

令：$l_{Ki} = (\alpha_{Ki}^0 - L_{Ki} - Z'_K)$，则上式可以写为：

$$v_{Ki} = -\Delta Z_K + \Delta\alpha_{Ki} + l_{Ki} \tag{4-39}$$

式（4-39）就是方向改正数与坐标方位角改正数之间的关系式。

下面再求 $\Delta\alpha_{Ki}$ 与 K、i 两点坐标改正数之间的关系式。

设 K、i 平差后的纵、横坐标为 x_K、y_K，x_i、y_i；相应的近似值为 x_K^0、y_K^0，x_i^0、y_i^0；相应的改正数为 δx_K、δy_K，δx_i、δy_i。坐标的平差值可表示为：

$$x_K = x_K^0 + \delta x_K; y_K = y_K^0 + \delta y_K$$
$$x_i = x_i^0 + \delta x_i; y_i = y_i^0 + \delta y_i$$

设 $\Delta\alpha_{Ki}$ 为坐标方位角的改正数，则 Ki 方向的坐标方位角的平差值为：

$$\alpha_{Ki} = \alpha_{Ki}^0 + \Delta\alpha_{Ki}$$

由 K、i 两点的纵、横坐标来表示 Ki 的坐标方位角为：

$$\alpha_{Ki}^0 + \Delta\alpha_{Ki} = \text{arctg}\frac{(y_i^0 + \delta y_i) - (y_K^0 + \delta y_K)}{(x_i^0 + \delta x_i) - (x_K^0 + \delta x_K)}$$

按台劳级数展开上式，仅取一次项则有：

$$\alpha_{Ki}^0 + \Delta\alpha_{Ki} = \text{arctg}\frac{y_i^0 - y_K^0}{x_i^0 - x_K^0} + \left(\frac{\partial\alpha_{Ki}}{\partial x_i}\right)_0 \delta x_i + \left(\frac{\partial\alpha_{Ki}}{\partial y_i}\right)_0 \delta y_i$$
$$+ \left(\frac{\partial\alpha_{Ki}}{\partial x_K}\right)_0 \delta x_K + \left(\frac{\partial\alpha_{Ki}}{\partial y_K}\right)_0 \delta y_K$$

式中 $\operatorname{arctg}\dfrac{y_i^0 - y_K^0}{x_i^0 - x_K^0} = \alpha_{Ki}^0$。因此有:

$$\Delta\alpha_{Ki} = \left(\frac{\partial\alpha_{Ki}}{\partial x_i}\right)_0 \delta x_i + \left(\frac{\partial\alpha_{Ki}}{\partial y_i}\right)_0 \delta y_i + \left(\frac{\partial\alpha_{Ki}}{\partial x_K}\right)_0 \delta x_K + \left(\frac{\partial\alpha_{Ki}}{\partial y_K}\right)_0 \delta y_K \tag{4-40}$$

对上式中的偏导数,有:

$$\left(\frac{\partial\alpha_{Ki}}{\partial x_K}\right)_0 = \left(\frac{\partial}{\partial x_K}\operatorname{arctg}\frac{y_i^0 - y_K^0}{x_i^0 - x_K^0}\right)_0 = \frac{1}{1 + \left(\dfrac{y_i^0 - y_K^0}{x_i^0 - x_K^0}\right)^2} \frac{(y_i^0 - y_K^0)}{(x_i^0 - x_K^0)^2}$$

$$= \frac{y_i^0 - y_K^0}{(x_i^0 - x_K^0)^2 + (y_i^0 - y_K^0)^2} = \frac{\Delta y_{Ki}^0}{S_{Ki}'^2} = \frac{\sin\alpha_{Ki}^0}{S_{Ki}'}$$

同理可得:

$$\left(\frac{\partial\alpha_{Ki}}{\partial y_K}\right)_0 = -\frac{\cos\alpha_{Ki}^0}{S_{Ki}'};\left(\frac{\partial\alpha_{Ki}}{\partial x_i}\right)_0 = -\frac{\sin\alpha_{Ki}^0}{S_{Ki}'};\left(\frac{\partial\alpha_{Ki}}{\partial y_i}\right)_0 = \frac{\cos\alpha_{Ki}^0}{S_{Ki}'}$$

将各偏导数的具体算式代入式(4-40),则可得:

$$\Delta\alpha_{Ki} = \frac{\sin\alpha_{Ki}^0}{S_{Ki}'}\delta x_K - \frac{\cos\alpha_{Ki}^0}{S_{Ki}'}\delta y_K - \frac{\sin\alpha_{Ki}^0}{S_{Ki}'}\delta x_i + \frac{\cos\alpha_{Ki}^0}{S_{Ki}'}\delta y_i \tag{4-41}$$

为了计算方便,可将上式有些元素的单位进行换算:把 $\Delta\alpha_{Ki}$ 换成角秒单位;S_{Ki}' 换成千米单位;δx_K、δy_K、δx_i、δy_i 换成分米单位。具体形式如下:

$$\Delta\alpha_{Ki} = \frac{\Delta\alpha''_{Ki}}{\rho''};\quad \{S_{Ki}'\}_m = \{S_{Ki}\}_{km} \cdot 10^3;$$

$$\{\delta x_K\}_m = \{\xi_K\}_{dm} \cdot 10^{-1};\{\delta y_K\}_m = \{\eta_K\}_{dm} \cdot 10^{-1};$$

$$\{\delta x_i\}_m = \{\xi_i\}_{dm} \cdot 10^{-1};\{\delta y_i\}_m = \{\eta_i\}_{dm} \cdot 10^{-1}$$

将上列各式代入式(4-41)后则有:

$$\Delta\alpha''_{Ki} = \frac{\sin\alpha_{Ki}^0\rho''}{S_{Ki}' \cdot 10^4}\xi_K - \frac{\cos\alpha_{Ki}^0\rho''}{S_{Ki}' \cdot 10^4}\eta_K - \frac{\sin\alpha_{Ki}^0\rho''}{S_{Ki}' \cdot 10^4}\xi_i + \frac{\cos\alpha_{Ki}^0\rho''}{S_{Ki}' \cdot 10^4}\eta_i$$

令:$a_{Ki} = \dfrac{\sin\alpha_{Ki}^0\rho''}{S_{Ki}' \cdot 10^4}$;$b_{Ki} = -\dfrac{\cos\alpha_{Ki}^0\rho''}{S_{Ki}' \cdot 10^4}$。并将上列符号代入上式得:

$$\Delta\alpha''_{Ki} = a_{Ki}\xi_K + b_{Ki}\eta_K - a_{Ki}\xi_i - b_{Ki}\eta_i \tag{4-42}$$

式(4-42)就是坐标方位角改正数与纵、横坐标改正数之间的关系式。

二、误差方程的几种形式

将式(4-42)代入式(4-39),即可得到按方向改正数列出的误差方程如下:

$$v''_{Ki} = -\Delta Z_K + a_{Ki}\xi_K + b_{Ki}\eta_K - a_{Ki}\xi_i - b_{Ki}\eta_i + l_{Ki} \tag{4-43}$$

式(4-43)就是 Ki 方向观测值改正数所表达的误差方程的普遍形式。

在 K 测站上如果观测了 n 个方向,就可以列出 n 个误差方程。这里假定 K、i 都是待定点。误差方程的系数 a_{Ki}、b_{Ki} 是用 K、i 两点间的近似边长和近似坐标方位角算得。由前面知道,常数项由下式算得:

$$l_{Ki} = \alpha_{Ki}^0 - (L_{Ki} + Z'_K) \tag{4-44}$$

式中　Z'_K 为定向角的近似值，由下式计算：

$$Z'_K = \frac{[\alpha^0_{Ki} - L_{Ki}]^n_1}{n} \tag{4-45}$$

式中　$[\alpha^0_{Ki} - L_{Ki}]^n_1 = (\alpha^0_{K1} - L_{K1}) + (\alpha^0_{K2} - L_{K2}) + \cdots\cdots + (\alpha^0_{Kn} - L_{Kn})$

这里，α^0_{Ki} 是由 K、i 的近似坐标算得的近似坐标方位角；$\alpha^0_{Ki} - L_{Ki}$ 就是由 Ki 方向的 α^0_{Ki} 和 L_{Ki} 算得的近似定向角；每一个方向都可以算得一个近似定向角，最后取由 n 个方向算得的定向角的近似值的平均值作为本测站的定向角的近似值。

由于测站点和照准点有已知点和待定点两种可能。如果是已知点，其坐标是固定的，式中的纵、横坐标改正数 ξ、η 等于零，因此，根据 K、i 点为已知点和待定点的不同，式（4-43）式有如下四种形式：

（1）当 K 和 i 都是待定点时，误差方程就是式（4-43）。

（2）当 K 为已知点，i 为待定点时

$$v''_{Ki} = -\Delta Z_K - a_{Ki}\xi_i - b_{Ki}\eta_i + l_{Ki} \tag{4-46}$$

（3）当 K 为待定点，i 为已知点时

$$v''_{Ki} = -\Delta Z_K + a_{Ki}\xi_K + b_{Ki}\eta_K + l_{Ki} \tag{4-47}$$

（4）当 K 和 i 都是已知点时

$$v''_{Ki} = -\Delta Z_K + l_{Ki} \tag{4-48}$$

根据式（4-43）、（4-46）、（4-47）、（4-48）可列出三角网中各种情况下的误差方程。对式（4-43）进行分析，可以看到按观测方向组成的误差方程具有如下特性：

（1）同一测站的各方向误差方程中，都有一共同的未知数，即定向角改正数 ΔZ_K，并且它的系数都是 -1；

（2）同一个误差方程中，ξ_K 与 ξ_i，η_K 与 η_i 的系数的数值相同而符号相反；

（3）同一条边对向观测的两个方向的误差方程中，同一改正数的系数的数值、符号都相同。

第（1）、（2）两个特性是明显的。

第（3）特性的证明如下：

设 K、i 两点间，由对向观测两方向值列出的误差方程为：

$$v''_{Ki} = -\Delta Z_K + a_{Ki}\xi_K + b_{Ki}\eta_K - a_{Ki}\xi_i - b_{Ki}\eta_i + l_{Ki}$$

$$v''_{iK} = -\Delta Z_i + a_{iK}\xi_i + b_{iK}\eta_i - a_{iK}\xi_K - b_{iK}\eta_K + l_{iK}$$

因为：$\alpha^\circ_{Ki} = \alpha^\circ_{iK} \pm 180°$，所以有：$\sin\alpha^\circ_{Ki} = -\sin\alpha^\circ_{iK}$；$\cos\alpha^\circ_{Ki} = -\cos\alpha^\circ_{iK}$

故得：$a_{Ki} = -a_{iK}$；$b_{Ki} = -b_{iK}$ 因此有：

$$v''_{Ki} = -\Delta Z_K + a_{Ki}\xi_K + b_{Ki}\eta_K - a_{Ki}\xi_i - b_{Ki}\eta_i + l_{Ki}$$

$$v''_{iK} = -\Delta Z_i + a_{Ki}\xi_K + b_{Ki}\eta_K - a_{Ki}\xi_i - b_{Ki}\eta_i + l_{iK}$$

所以第（3）个特性得到证明。

三、误差方程的组成

（一）按方向组成误差方程时未知数的个数

按方向进行坐标平差，独立未知数的个数可用下式计算：

$$t = 2P + Q$$

式中 P 是待定点个数，一个待定点有 x、y 两个未知数，P 个待定点就有 $2P$ 个未知数；Q 为测站个数，每一测站都必须求定一个定向角 Z，才能列出方向观测的误差方程，所以 Q 也就是代表了定向角的个数。凡是在测站进行了方向观测的点都应计算在内，不管是已知点还是待定点。

（二）计算待定点的近似坐标

计算误差方程中的系数 a、b 和常数项 l 时，要用到待定点坐标的近似值。尤其是常数项 l 的计算要较为准确，才能使坐标改正数达到平差预计的精度。

坐标近似值要算到厘米，使坐标方位角近似值计算到 $0.''1$。计算坐标近似值可采用余切公式或坐标增量公式，计算前，各三角形的闭合差应配赋。

（三）近似坐标方位角的计算

用各点的近似坐标按下式计算：

$$\mathrm{tg}\alpha_{\mathrm{K}i}^0 = \frac{y_i^0 - y_{\mathrm{K}}^0}{x_i^0 - x_{\mathrm{K}}^0} = \frac{\Delta y_{\mathrm{K}i}^0}{\Delta x_{\mathrm{K}i}^0} \quad 或 \quad \mathrm{ctg}\alpha_{\mathrm{K}i}^0 = \frac{x_i^0 - x_{\mathrm{K}}^0}{y_i^0 - y_{\mathrm{K}}^0} = \frac{\Delta x_{\mathrm{K}i}^0}{\Delta y_{\mathrm{K}i}^0}$$

近似方位角不应用已知方位角按观测角推算，而要用近似坐标反算，计算至 $0.''1$。

（四）近似边长计算

计算公式为：

$$S'_{\mathrm{K}i} = \sqrt{\Delta x_{\mathrm{K}i}^{0\,2} + \Delta y_{\mathrm{K}i}^{0\,2}} \quad 或 \quad S'_{\mathrm{K}i} = \frac{\Delta x_{\mathrm{K}i}^0}{\cos\alpha_{\mathrm{K}i}^0} = \frac{\Delta y_{\mathrm{K}i}^0}{\sin\alpha_{\mathrm{K}i}^0}$$

计算近似边长的目的在于计算方向系数 a、b。故不要求有很高的计算精度，只要计算至米即可。

（五）计算方向系数 a、b

由前知，方向系数 a、b 的计算公式为：

$$a_{\mathrm{K}i} = \frac{\sin\alpha_{\mathrm{K}i}^0\rho''}{S'_{\mathrm{K}i} \cdot 10^4}; \quad b_{\mathrm{K}i} = -\frac{\cos\alpha_{\mathrm{K}i}^0\rho''}{S'_{\mathrm{K}i} \cdot 10^4}$$

（六）误差方程常数项的计算

计算常数项的公式为 (4-44)。Z'_{K} 按公式 (4-45) 计算。

同一测站上所有误差方程常数项之和应等于零，即以下式作为检核：

$$[l_{\mathrm{K}i}]_1^n = 0$$

四、史赖伯法则

为了消除误差方程中定向角改正数，以及合并某些误差方程，史赖伯论证了以虚拟误差方程组代替原误差方程组的原理。结合按方向组成误差方程这一具体问题，提出了 3 个法则，通常称为史赖伯法则。利用该法则可以减轻组成和解算法方程的计算工作量，又不影响计算结果。

（一）史赖伯第一法则

史赖伯第一法则：设在一组含有 t 个未知数的等权误差方程组中，每一方程都有一相同的未知数 ΔZ，且其系数都是 -1。则在组成法方程时，可用一组虚拟误差方程来代替。它与原方程组的区别是：消去了相同的未知数 ΔZ，多了一个和方程 $[v']$。和方程中的系数与常数项，就是原方程组中各式中相应的系数和常数项的和；它的权为原误差方程权数和的负倒数。

可以证明：虚拟误差方程与原误差方程在组成、答解法方程组时是等价的。应用史赖伯第一法则，可以消除每个测站的定向角改正数。

设在测站 K 观测了 n 个方向，则有 n 个误差方程式：

$$
\left.
\begin{aligned}
v_{K1} &= -\Delta Z_K + a_{K1}\xi_K + b_{K1}\eta_K - a_{K1}\xi_1 - b_{K1}\eta_1 + l_{K1} \quad p = 1 \\
v_{K2} &= -\Delta Z_K + a_{K2}\xi_K + b_{K2}\eta_K - a_{K2}\xi_2 - b_{K2}\eta_2 + l_{K2} \quad p = 1 \\
&\cdots\cdots\cdots\cdots\cdots\cdots\cdots\cdots\cdots\cdots\cdots\cdots\cdots \quad \cdots\cdots \\
v_{Kn} &= -\Delta Z_K + a_{Kn}\xi_K + b_{Kn}\eta_K - a_{Kn}\xi_n - b_{Kn}\eta_n + l_{Kn} \quad p = 1
\end{aligned}
\right\}
\quad (4\text{-}49)
$$

根据上述第一法则，可用下面一组虚拟方程代替，即：

$$
\left.
\begin{aligned}
v'_{K1} &= a_{K1}\xi_K + b_{K1}\eta_K - a_{K1}\xi_1 - b_{K1}\eta_1 + l_{K1} \quad p_1 = 1 \\
v'_{K2} &= a_{K2}\xi_K + b_{K2}\eta_K - a_{K2}\xi_2 - b_{K2}\eta_2 + l_{K2} \quad p_2 = 1 \\
&\cdots\quad\cdots\quad\cdots\quad\cdots \quad\cdots\cdots \\
v'_{Kn} &= a_{Kn}\xi_K + b_{Kn}\eta_K - a_{Kn}\xi_n - b_{Kn}\eta_n + l_{Kn} \quad p_n = 1 \\
[v'] &= [a]\xi_K + [b]\eta_K - a_{K1}\xi_1 - b_{K1}\eta_1 - \cdots - a_{Kn}\xi_n - b_{Kn}\eta_n + [l] \quad [p] = -\frac{1}{n}
\end{aligned}
\right\}
$$

$$
(4\text{-}50)
$$

用式（4-50）代替式（4-49），虽然增加了一个和方程，但是因为减少了一个未知数，在组成法方程时也就减少了一个法方程和相应的解算法方程时的工作量。

取式（4-49）之和，并顾及同一测站上各方向改正数之和等于零（即 $\sum\limits_{i=1}^{n} v_i = 0$），则被消去的定向角改正数 ΔZ_K，可按下面的算式计算：

$$
\Delta Z_k = \frac{[a]}{n}\xi_k + \frac{[b]}{n}\eta_k - \frac{a_{k1}}{n}\xi_1 - \frac{b_{k1}}{n}\eta_1 - \cdots\cdots
$$

$$
-\frac{a_{kn}}{n}\xi_n - \frac{b_{kn}}{n}\eta_n + \frac{[l]}{n} \tag{4-51}
$$

（二）史赖伯第二法则

史赖伯第二法则：凡系数相同仅常数项不同的一组约化方程，可用一个等价的约化方程代替。这个等价的约化方程的常数项为系数相同的一组约化方程常数项的加权平均，权为其权之和。

应用第二法则可以合并未知数系数相同的误差方程式。测角网按方向进行坐标平差时，对向观测的两个误差方程式的系数 a、b 是相同的，设消除定向角改正数 ΔZ 后的虚拟误差方程式为：

$$
\left.
\begin{aligned}
v'_{ki} &= a_{ki}\xi_k + b_{ki}\eta_k - a_{ki}\xi_i - b_{ki}\eta_i + l_{ki} \quad 权为 1 \\
v'_{ik} &= a_{ki}\xi_k + b_{ki}\eta_k - a_{ki}\xi_i - b_{ki}\eta_i + l_{ik} \quad 权为 1
\end{aligned}
\right\}
\quad (4\text{-}52)
$$

根据第二法则，可用下面一等值方程代替：

$$
v' = a_{ki}\xi_k + b_{ki}\eta_k - a_{ki}\xi_i - b_{ki}\eta_i + \frac{l_{ki} + l_{ik}}{2} \quad 权为 2 \tag{4-53}
$$

用式（4-53）代替式（4-52）的理由是：两者组成的法方程式相同，对于决定未知数也是等价的。

（三）史赖伯第三法则

史赖伯第三法则：用一任意常数 q 乘一方程，所得一新方程与原方程等价。新方程的权为原来的权除以 q^2。

应用第三法则可以对误差方程式的权进行变换。通过消除和合并后得到的虚拟误差方程式的权，往往不等于 ±1，例如约化后新增的和方程以及合并后的方程的权分别为 $-\dfrac{1}{n}$ 和 2。方程的权不相等，会给法方程的组成工作带来不便。因此，再应用第三法则，将权不为 1 的误差方程改为权等于 ±1。

设一方程为：

$$v' = ax_1 + bx_2 + \cdots\cdots + l \quad 权为 p \tag{4-54}$$

用常数 $\sqrt{p}$ 乘上式，得一新方程：

$$v' = \sqrt{p}ax_1 + \sqrt{p}bx_2 + \cdots\cdots + \sqrt{p}l \quad 权为 \frac{p}{\left(\sqrt{p}^2\right)} = 1 \tag{4-55}$$

式（4-54）与式（4-55）等价，也是因两者可以组成同一个法方程组。

五、按方向作坐标平差算例

本节将结合实例说明三角网按方向进行间接平差的步骤、方法和有关的计算表格。

（一）计算步骤

1．绘制平差略图，摘抄起算数据（这项工作要经过仔细核对）；

2．抄录观测方向值；

3．将三角形闭合差平均分配后，计算近似坐标；

4．根据近似坐标计算近似坐标方位角；

5．方向系数 a、b 的计算；

6．计算近似定向角 Z' 和常数项 l；

7．编制误差方程式表；

8．组成和解算法方程；

9．计算待定点最后坐标；

10．精度评定。

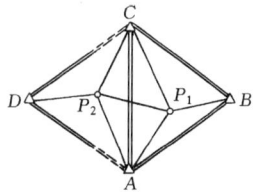

图 4-26

（二）算例

【例 4-8】 在图 4-26 中，A、B、C、D 为高一级的已知点，P_1、P_2 为待定点；实线表示已观测的方向，虚线的一端表示没有观测的方向。试用坐标平差法求 P_1 和 P_2 点的坐标最或然值，并评定精度。

已知数据和观测数据见表 4-14 和表 4-15。

起 算 数 据 表 表 4-14

点　名	x（m）	y（m）	边长（m）	坐标方位角（° ′ ″）
A	5074 743.471	− 10 552.338		
B	5075 916.395	− 8 196.055	2632.075	63 32 11.2
C	5077 921.048	− 9 453.558	2366.421	327 54 01.0
D	5076 484.808	− 12 410.534	3287.323	244 05 36.9
A			2546.595	133 08 25.4
C			3362.189	19 04 29.9

测站	目标	方 向 值	测站	目标	方 向 值	测站	目标	方 向 值
P_1	P_2	00°00′00.″00	P_2	C	00°00′00.″0	A	B	00° 00′ 00.″0
	C	66 13 40.0		P_1	76 28 16.2		P_2	295 35 24.3
	B	159 41 19.4		A	139 03 48.5		C	315 32 18.1
	A	280 51 59.2		D	226 55 19.6		P_1	333 51 53.4
B	A	00 00 00.0	C	B	00 00 00.0	P	C	00 00 00.0
	P_1	32 41 15.4		P_1	34 51 41.3		P_2	22 53 29.1
	C	84 21 49.6		A	51 10 27.6		A	69 02 48.1
				P_2	72 09 46.0			

解：1．待定点近似坐标的计算

先将三角形闭合差平均分配在 3 个内角上，再按前方交会公式计算近似坐标（计算格式从略）；算得的 P_1、P_2 点的近似坐标值列于表 4-16 内。

2．近似坐标方位角和近似边长计算

用 P_1、P_2 点的近似坐标和已知点坐标，计算出各点间的近似坐标方位角和近似边长，并加以检核（计算格式见表 4-17）。

平 差 后 坐 标　　　　　　　　　　　　　　　　表 4-16

点　名	坐　标	近似坐标	改正数	平差后坐标
P_1	x	5076 063.^{m}311	− 0.^{m}003	5076 063.308
	y	− 9 543.188	− 0.007	− 9 543.195
P_2	x	5076 581.203	− 0.006	5076 581.197
	y	− 10 580.349	− 0.002	− 10 580.351

近似坐标方位角和近似边长计算　　　　　　　　　表 4-17

起点 A	P_1				P_2		
终点 B	A	B	C	P_2	A	C	D
Y_B	− 10552.388	− 8796.055	− 9453.558	− 10580.349	− 10552.338	− 9453.558	− 12410.534
Y_A	− 9543.188	− 9543.188	− 9543.188	− 9543.188	− 10580.349	− 10580.349	− 10580.349
ΔY	− 1009.150	+ 1347.133	+ 89.630	− 1037.161	+ 28.011	+ 1126.791	− 1830.185
X_B	5074 743.471	5075 916.395	5077 921.048	5076 581.203	5074 743.471	5077 921.048	5076 484.808
X_A	5076 063.311	5076 063.311	5076 063.311	5076 063.311	5076 063.311	5076 581.203	5076 581.203
ΔX	− 1319.840	− 146.916	+ 1857.737	+ 517.892	− 1837.732	+ 1339.845	− 96.395
α_{AB}^0	217°24′05.″54	96°13′26.″33	2°45′43.92	296°32′04.62	179°07′36.32	40°03′48.″13	266°59′06.16
$\alpha_{AB}^0 + 45°$	262 24 05.54	141 13 26.33	47 45 43.92	341 32 04.62	224 07 36.32	85 03 48.13	311 59 06.16
S_{AB}	1.661	1.355	1.860	1.159	1.838	1.751	1.833

3．误差方程系数 a、b 的计算

a、b 系数计算在表 4-18 中进行。

误差方程的系数 a、b 的计算　　　　　　　　　　　　表 4-18

测　站	照准点	坐标方位角	边长 S（km）	a_{1i}	b_{1i}	a_{2i}	b_{2i}
P_1	P_2	296°32′	1.16	− 15.91	− 7.95	15.91	7.95
	C	2°46′	1.86	+ 0.54	− 11.08		
	B	96°13′	1.36	+ 15.08	+ 1.65		
	A	217°24′	1.66	− 7.55	+ 9.87		
P_2	C	40°04′	1.75			7.59	− 9.02
	P_1	116°32′	1.16	− 15.91	− 7.94	15.91	7.94
	A	179°08′	1.84			0.17	11.21
	D	266°59′	1.83			− 11.26	+ 0.60

4. 误差方程常数项的计算

计算格式见表 4-19，并注意用 $[l_{ki}] = 0$ 进行检核。

误差方程常数项 l_i 计算　　　　　　　　　　　　表 4-19

测　站	照准点	方向观测值 L	概略坐标方位角 a^0	$a^0 - L$	$l = (a^0 - L) - Z'$
P_1	P_2	0° 0′00.0″	296°32′04.62	296°32′04.62	− 0.83
	C	66 13 40.0	2 45 43.92	03.92	− 1.53
	B	159 41 19.4	96 13 26.33	06.93	+ 1.48
	A	280 51 59.2	217 24 05.54	0.634	+ 0.89
				$Z' = 296\ 32\ 05.45$	+ 0.01
P_2	C	0　0 00.0	40 03 48.13	40 03 48.13	+ 0.40
	P_1	76 28 16.2	116 32 04.62	48.42	+ 0.69
	A	139 03 48.5	179 07 36.32	47.82	+ 0.09
	D	226 55 19.6	266 59 06.26	46.56	− 1.17
				$Z' = 40\ 03\ 47.73$	+ 0.01
A	B	0 0 00.0	63 32 11.52	63 32 11.52	− 0.34
	P_2	295 35 24.3	359 07 36.32	12.02	+ 0.16
	C	315 32 18.1	19 04 29.87	11.77	− 0.09
	P_1	333 51 53.4	37 24 05.54	12.13	+ 0.28
				$Z' = 63\ 32\ 11.86$	+ 0.01
B	A	0 0 00.0	243 32 11.52	243 32 11.52	+ 0.24
	P_1	32 41 15.4	276 13 26.33	10.93	− 0.35
	C	84 21 49.6	327 54 00.99	11.39	+ 0.11
				$Z' = 243\ 32\ 11.28$	0.00
C	B	0　0 00.0	147 54 00.99	147 54 00.99	− 1.01
	P_1	34 51 41.3	182 45 43.9	02.62	0.62
	A	51 10 27.6	199 04 29.9	02.27	0.27
	P_2	72 09 46.0	220 03 48.1	02.13	+ 0.13
				$Z' = 147\ 54\ 02.00$	0.01
D	C	0　0 00.00	64 05 36.88	64 05 36.88	− 0.39
	P_2	22 53 29.1	86 59 06.16	37.06	− 0.21
	A	69 02 48.1	133 08 26.0	37.86	+ 0.59
				$Z' = 64\ 05\ 37.27$	− 0.01

5. 误差方程的组成

表4-20中按测站列出了所有的误差方程。系数 a、b 和常项 l 可分别在表4-18中和表4-19中抄取。注意 a、b 本身和它在误差方程中应有的符号。在每一测站的所列误差方程的下面，增加一和方程。

误差方程与和方程 表4-20

测站	照准点	ΔZ	a_{1i}/ξ_1	b_{1i}/η_1	a_{2i}/ξ_2	b_{2i}/η_2	l	权 p	v
P_1	P_1	-1	-15.91	-7.94	15.91	7.94	-0.83	1	-0.76
	C	-1	0.54	-11.08			-1.53	1	-0.69
	B	-1	15.08	1.65			$+1.48$	1	$+0.92$
	A	-1	-7.55	9.87			$+0.89$	1	$+0.53$
	Σ	-0.08	-7.84	-7.50	15.91	7.94	0.01	$-1/4$	0
P_2	C	-1			7.59	-9.02	0.40	1	$+0.07$
	P_1	-1	-15.91	-7.94	15.91	7.94	0.69	1	$+0.64$
	A	-1			0.17	11.21	0.09	1	-0.17
	D	-1			-11.26	0.60	-1.17	1	-0.54
	Σ	$+0.04$	-15.91	-7.94	12.41	10.73	$+0.01$	$-1/4$	0
A	B	-1					-0.34	1	-0.18
	P_2	-1			0.17	11.21	$+0.16$	1	$+0.10$
	C	-1					-0.09	1	$+0.07$
	P_1	-1	-7.55	9.87			$+0.28$	1	$+0.01$
	Σ	-0.16	-7.55	9.87	0.17	11.21	$+0.01$	$-1/4$	0
B	A	-1					$+0.24$	1	$+0.45$
	P_1	-1	15.08	1.65			-0.35	1	-0.78
	C	-1					$+0.11$	1	$+0.32$
	Σ	-0.21	15.08	1.65			0.00	$-1/3$	-0.01
C	B	-1					-1.01	1	-1.13
	P_1	-1	0.54	-11.08			$+0.62$	1	$+1.26$
	A	-1					$+0.27$	1	$+0.15$
	P_2	-1			7.59	-9.02	$+0.13$	1	-0.28
	Σ	$+0.12$	0.54	-11.08	7.59	-9.02	$+0.01$	$-1/4$	0
D	C	-1					-0.39	1	-0.61
	P_2	-1			-11.26	0.60	-0.21	1	$+0.24$
	A	-1					$+0.59$	1	$+0.37$
	Σ	$+0.22$			-11.26	0.60	-0.01	$-1/3$	0

6. 应用史赖伯法则约化误差方程

应用史赖伯第二法则，约化两对向观测的误差方程，并将各测站的和方程集中列出。计算表格见表4-21的前半部分。

再用第三法则，将权不为1的方程化为权为 ±1 的方程，即以原方程的 $\sqrt{p_i}$ 乘表4-21前半部分的各式，即得后半部分的各式。

误差方程改化系数表　　　表 4-21

联合约化误差方程与和方程

方　向		a_{1i}/ξ_1	b_{1i}/η_1	a_{2i}/ξ_2	b_{2i}/η_2	l	权 p
	P_1P_2	-15.91	-7.94	15.91	7.94	-0.07	2
	P_1C	0.54	-11.08			-0.46	2
	P_1B	15.08	1.65			+0.56	2
	P_1A	-7.55	9.87			+0.58	2
	P_2C			7.59	-9.02	+0.26	2
	P_2A			0.17	11.21	+0.12	2
	P_2D			11.26	0.60	-0.69	2
和方程	$[v'_{P1}]$	-7.84	-7.50	15.91	7.94	+0.01	-1/4
	$[v'_{P2}]$	-15.91	-7.94	12.41	10.73	+0.01	-1/4
	$[v'_A]$	-7.55	9.87	0.17	11.21	+0.01	-1/4
	$[v'_B]$	15.08	1.65			+0.01	-1/3
	$[v'_C]$	0.54	-11.08	7.59	-9.02	+0.00	-1/4
	$[v'_D]$			-11.26	0.60	+0.01	-1/3

约化误差方程系数表

a_{1i}/ξ_1	b_{1i}/η_1	a_{2i}/ξ_2	b_{2i}/η_2	l	p
-22.50	-11.23	22.50	11.23	-0.10	1
0.76	-15.67			-0.65	1
21.33	2.33			+0.79	1
-10.68	13.96			+0.82	1
		10.73	-12.76	+0.37	1
		0.24	15.85	+0.17	1
		-15.92	0.85	+0.98	1
-3.92	-3.75	7.96	3.97	0.00	-1
-7.96	-3.97	6.20	5.36	0.00	-1
-3.78	4.94	0.08	5.60	0.00	-1
8.71	0.95			0.00	-1
0.27	-5.54	3.80	-4.51	0.00	-1
		-6.50	0.35	-0.01	-1

7. 法方程的组成

按照表 4-21 的后半部分内的系数和常数组成法方程。

因为这些方程的权有为 +1，有为 -1，为了避免在组成法方程时出错，通常是分成两个部分组成法方程：如第一部分是按照权为 +1 的误差方程的系数组成；第二部分是按照权为 -1 的误差方程系数组成，然后把两个部分相加，就可得到最后的法方程系数和常数项。

$$910.032\xi_1 + 107.905\eta_1 - 426.829\xi_2 - 172.423\eta_2 + 9.943 = 0$$
$$107.905\xi_1 + 486.221\eta_1 - 177.726\xi_2 - 142.699\eta_2 + 24.519 = 0$$
$$-426.829\xi_1 - 177.726\eta_1 + 715.946\xi_2 + 60.605\eta_2 + 17.273 = 0$$
$$-172.423\xi_1 - 142.699\eta_1 + 60.605\xi_2 + 445.096\eta_2 - 3.957 = 0$$

解得 4 个未知数为：

$$\eta_1 = -0.07^{dm}, \xi_1 = -0.03^{dm}; \eta_2 = -0.02^{dm}, \xi_2 = -0.06^{dm}.$$

8. 定向角改正数之计算

定向角改正数在表 4-21 中进行计算。将算得的未知数代入和方程后，取代数和再除以测站的方向数，即得 ΔZ。如：P_1 测站上的定向角改正数为：

$$\Delta Z_{P1} = \frac{1}{4}(-7.84\xi_1 - 7.51\eta_1 + 15.92\xi_2 + 7.95\eta_2) = -0.''079$$

9. 检核计算

（1）计算 P_1 和 P_2 点的坐标平差值（见表 4-16）

$$x_{P_1} = x_{P_1}^0 + \xi_1 = 5076063.311 + (-0.003) = 5076063.308^m$$

$$y_{P_1} = y_{P_1}^0 + \eta_1 = -9543.188 + (-0.007) = -9543.195^m$$

$$x_{P_2} = x_{P_2}^0 + \xi_2 = 5076581.203 + (-0.006) = 5076581.197^m$$

$$y_{P2} = y_{P_2}^0 + \eta_2 = -10580.349 + (-0.002) = -10581.351^m$$

（2）用 P_1、P_2 点的坐标平差值，计算出各方向的最后坐标方位角（列在表 4-22 内）

（3）应用下式算出各方向的最后坐标方位角（见表 4-23）

平差后之坐标方位角　　　　表 4-22

方向	坐标方位角	方向	坐标方位角	方向	坐标方位角	方向	坐标方位角
P_1P_2	296°32′04.″6	P_1B	96 13 25.7	P_2C	40°03′47.″9	P_2A	179 07 36.0
P_1C	2 45 44.7	P_1A	217 24 05.1	P_2P_1	116 32 04.6	P_2D	266 59 06.8

由平差后方向值计算坐标方位角　　　　表 4-23

测站	照准点	方向观测值	改正数	平差方向值	坐标方位角
P_1	P_2	0°00′00.″0	-0.″8	0°00′00.″0	296 32 04.6
	C	66 13 40.0	-0.7	66 13 40.1	2 45 44.8
	B	159 41 19.4	+0.9	159 41 21.1	96 13 25.7
	A	280 51 59.2	+0.6	280 52 01.5	217 24 05.1
P_2	C	0°00′00.″0	+0.1	0°00′00.″0	40 03 47.8
	P_1	76 28 16.2	+0.6	76 28 16.7	116 32 04.2
	A	139 03 48.5	-0.2	139 03 48.2	179 07 36.0
	D	226 55 19.6	-0.5	226 55 19.0	266 59 06.8
A	B	0 00 00.00	-0.2	0 00 00.0	
	P_2	295 35 24.3	+0.1	295 35 24.6	
	C	315 32 18.1	+0.1	315 32 18.4	
	P_1	333 51 53.4	0.0	333 51 53.6	
B	A	0 00 00.0	+0.5	0 00 00.0	
	P_1	32 41 15.4	-0.8	32 41 14.1	
	C	84 21 49.6	+0.3	84 21 49.4	
C	B	0 00 00.0	-1.1	0 00 00.00	
	P_1	34 51 41.3	+1.3	34 51 43.7	
	A	51 10 27.6	+0.1	51 10 28.8	
	P_2	72 09 46.0	-0.3	72 09 46.8	
D	C	0 00 00.0	-0.6	0 00 0.00	
	P_2	22 53 29.1	+0.2	22 53 29.9	
	A	69 02 48.1	+0.4	69 02 49.1	

$$\alpha_{ki} = \hat{L}_{ki} + Z_k = L_{ki} + v_{ki} + Z'_k + \Delta Z_k$$

P_1 测站上平差后的定向角为:

$$Z_{P_1} = Z'_{P_1} + \Delta Z_{P_1}$$

$$= 296°32'05.''45 - 0.''08 = 296°32'05.''4$$

计算 P_1P_2 方向平差后的坐标方位角为:

$$\alpha_{P_1P_2} = L_{P_1P_2} + v_{P_1P_2} + Z_{P_1}$$

$$= 0°00'00''.0 + (-0.''8) + 296°32'05.''4$$

$$= 296°32'04.''6$$

由平差后的方向值和定向角算得的坐标方位角,应该与由点的坐标平差值算得的一致。如果不一致,说明平差中的某一环节出了问题。

10. 精度评定

(1) 单位权中误差计算

按 $[pvv]$ 式直接算得 $[vv] = 7.41$。为此,可计算单位权中误差 $\mu = \pm\sqrt{\dfrac{[pvv]}{n-t}}$,本例中,$n = 22$,$t = 2P + Q = 10$,故:

$$\mu = \pm\sqrt{\frac{7.41}{22-10}} = \pm 0.''79$$

(2) 未知数中误差计算

对法方程系数阵求逆,得未知数的协因数阵:

$$Q_{\hat{x}\hat{x}} = M^{-1} = \begin{pmatrix} Q_{11} & Q_{12} & Q_{13} & Q_{14} \\ Q_{21} & Q_{22} & Q_{23} & Q_{24} \\ Q_{31} & Q_{32} & Q_{33} & Q_{34} \\ Q_{41} & Q_{42} & Q_{43} & Q_{44} \end{pmatrix} = \begin{pmatrix} 0.001640 & 0.000152 & 0.000968 & 0.000552 \\ 0.000152 & 0.002482 & 0.000642 & 0.000768 \\ 0.000968 & 0.000642 & 0.002108 & 0.000293 \\ 0.000552 & 0.000768 & 0.000293 & 0.002667 \end{pmatrix}$$

则:

$$m_{x1} = \pm 0.1\mu\sqrt{Q_{11}} = \pm 0.003\text{m}$$

$$m_{y1} = \pm 0.1\mu\sqrt{Q_{22}} = \pm 0.004\text{m}$$

$$m_{x2} = \pm 0.1\mu\sqrt{Q_{33}} = \pm 0.004\text{m}$$

$$m_{y2} = \pm 0.1\mu\sqrt{Q_{44}} = \pm 0.004\text{m}$$

第六节　测边网和边角网间接平差

当应用计算机进行测边网、边角网平差时,宜采用间接平差法。测边网、边角网按间接平差时,一般选待定点的坐标作为未知数,因此,亦称为测边网、边角网坐标平差。

测边网、边角网的观测值包括角度(或方向)和边长,当按间接平差法平差测边网、边角网时,关键是列出观测值的误差方程。按方向列立误差方程已在前一节中作了介绍,这里主要讨论角度误差方程、边长误差方程的列立。

一、按角度进行坐标平差的误差方程

在图 4-27 中，P_i、P_j、P_k 都是待定点，设待定点的坐标平差值为 x_i、y_i、x_j、y_j、x_k、y_k；x_i^0、y_i^0、x_j^0、y_j^0、x_k^0、y_k^0 为待定点坐标的近似值；δx_i、δy_i、δx_j、δy_j、δx_k、δy_k 为坐标近似值的改正数。现在 P_j 点设测站观测了 P_i、P_k 两个方向，参照式（4-43）、式（4-44）可列出两个按方向的误差方程：

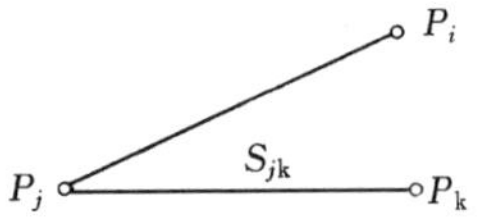

图 4-27

$$v_{ji} = -\Delta Z_j + a_{ji}\delta x_j + b_{ji}\delta y_j - a_{ji}\delta x_i - b_{ji}\delta y_i + (\alpha_{ji}^0 - L_{ji} - Z'_j)$$

$$v_{jk} = -\Delta Z_j + a_{jk}\delta x_j + b_{jk}\delta y_j - a_{jk}\delta x_k - b_{jk}\delta y_k + (\alpha_{jk}^0 - L_{jk} - Z'_j)$$

角度是两相邻方向的之差。所以按角度组成的误差方程，就是由相邻的两方向的误差方程相减而得。于是由以上两式相减可得：

$$v_j = v_{jk} - v_{ji}$$
$$= (a_{jk} - a_{ji})\delta x_j + (b_{jk} - b_{ji})\delta y_j + a_{ji}\delta x_i - a_{jk}\delta x_k + b_{ji}\delta y_i - b_{jk}\delta y_k$$
$$+ \{(\alpha_{jk}^0 - L_{jk}) - (\alpha_{ji}^0 - L_{ji})\}$$

若令：$a_{jk} - a_{ji} = A_j$；$b_{jk} - b_{ji} = B_j$；$l_j = (\alpha_{jk}^0 - L_{jk}) - (\alpha_{ji}^0 - L_{ji}) = \alpha_{jk}^0 - \alpha_{ji}^0 - L_j$，并代入上式，则误差方程可写成：

$$v_j = A_j\delta x_j + B_j\delta y_j + a_{ji}\delta x_i - a_{jk}\delta x_k + b_{ji}\delta y_i - b_{jk}\delta y_k + l_j \tag{4-56}$$

式（4-56）就是按角度进行坐标平差的误差方程，上式可用于边角网间接平差，也可用于测角网按间接平差。式中 v_j 就是角 L_j 的改正数；l_j 是由两方向的近似坐标方位角算得的角度概值与角度观测值 L_j 的差值。在边角网中，每一个观测角均应列出一个误差方程式。根据 P_i、P_j、P_k 为待定点或已知点等不同情况，式（4-56）有不同的形式。

二、边长误差方程

在图 4-27 中测得待定点 j、k 间的边长 S_{jk}，则 S_{jk} 的平差值方程为：

$$\hat{S}_{jk} = S_{jk} + v_{jk} = \sqrt{(x_k - x_j)^2 + (y_k - y_j)^2} \tag{4-57}$$

将 j、k 两点的坐标近似值及改正数代入上式，并按台劳级数展开，取一次项得：

$$S_{jk} + v_{jk} = \sqrt{(x_k^0 - x_j^0)^2 + (y_k^0 - y_j^0)^2} + \frac{(x_k^0 - x_j^0)}{\sqrt{(x_k^0 - x_j^0)^2 + (y_k^0 - y_j^0)^2}}$$

$$\times (\delta x_k - \delta x_j) + \frac{(y_k^0 - y_j^0)}{\sqrt{(x_k^0 - x_j^0)^2 + (y_k^0 - y_j^0)^2}}(\delta y_k - \delta y_j) \tag{4-58}$$

若以 S_{jk}^0 表示 jk 边长的近似值（即：$S_{jk}^0 = \sqrt{(x_k^0 - x_j^0)^2 + (y_k^0 - y_j^0)^2}$），并将此式代入式（4-58）后，得误差方程为：

$$v_{S_{jk}} = -\frac{\Delta x_{jk}^0}{S_{jk}^0}\delta x_j - \frac{\Delta y_{jk}^0}{S_{jk}^0}\delta y_j + \frac{\Delta x_{jk}^0}{S_{jk}^0}\delta x_k + \frac{\Delta y_{jk}^0}{S_{jk}^0}\delta y_k + l_{jk} \tag{4-59}$$

式中　$l_{jk} = S_{jk}^0 - S_{jk}$；$\Delta x_{jk}^0$、$\Delta y_{jk}^0$ 为按近似坐标计算的 jk 间的近似坐标增量；S_{jk} 为边长观

测值。

式（4-59）即为边长误差方程的一般形式。

若 j 为已知点，则误差方程式（4-59）中 $\delta x_j = \delta y_j = 0$；若 k 为已知点，则误差方程式（4-59）中 $\delta x_k = \delta y_k = 0$；若 j、k 均为已知点，该边即为固定边，则不需要列误差方程。

需要说明的是：按 $\overrightarrow{jk}$ 列立的边长误差方程和按 $\overrightarrow{kj}$ 列立的误差方程，其结果是相同的。

三、测边网按间接平差算例

【例 4-9】　同精度测得如图 4-28 中的 3 条边长，其结果为：$S_1 = 387.363\text{m}$；$S_2 = 306.065\text{m}$；$S_3 = 354.862\text{m}$。已知点 A、B、C 的起算数据，列于表 4-24 中，试列出边长误差方程，并求其平差值。

已知数据表　　　表 4-24

点号	坐标		边长	方位角 α
	x (m)	y (m)	S (m)	(° ′ ″)
A	2692.201	5203.153	603.608	
B	2092.765	5132.304	545.984	186 44 26.3
C	2210.593	5665.422	667.562	77 32 13.3
A				316 10 25.6

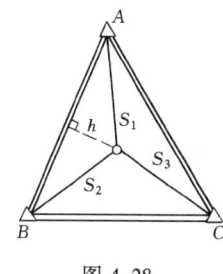

图 4-28

解： 1. 计算待定点近似坐标

选择待定点 D 的坐标 x_D、y_D 为未知数；其近似值 x_D^0、y_D^0 可由已知点 A、B 和观测边 S_1、S_2 交会计算而得。设图 4-28 中，h 为 $\triangle ABD$ 底边 AB 上的高；l 为 S_1 在 AB 边上的投影，则可得：

$$l = \frac{S_{AB}^2 + S_1^2 - S_2^2}{2 \cdot S_{AB}} = 348.502\text{m}; \qquad h = \sqrt{S_1^2 - l^2} = 169.105\text{m};$$

$$\cos\alpha_{AB} = \frac{x_B - x_A}{S_{AB}} = 0.9930882; \qquad \sin\alpha_{AB} = \frac{y_B - y_A}{S_{AB}} = -0.1173758$$

按此计算待定点 D 的近似坐标为：

$$x_D^0 = x_A + l\cos\alpha_{AB} + h\sin\alpha_{AB} = 2326.259\text{m}$$

$$y_D^0 = y_A + l\sin\alpha_{AB} - h\cos\alpha_{AB} = 5330.183\text{m}$$

2. 误差方程的系数和常数项计算

误差方程系数和常数项计算均列于表 4-25 中。

误差方程系数、常数项计算　　　表 4-25

方向 $j\ k$	$x_k^0 - x_j$ (m)	$y_k^0 - y_j$ (m)	近似边长 S^0 (m)	$\Delta x_{jk}^0 / S^0$	$\Delta y_{jk}^0 / S^0$	$S^0 - L = l$ (m)
AD	-365.942	127.031	387.363	-0.9447	0.3279	0
BD	233.494	197.880	306.065	0.7629	0.6465	0
CD	115.666	-335.238	354.631	0.3262	-0.9453	-0.231

由表 4-25 的最后 3 列数值，可列出误差方程如下：

$$v_1 = -0.9447\delta x_D + 0.3279\delta y_D + 0$$
$$v_2 = 0.7269\delta x_D + 0.6465\delta y_D + 0$$
$$v_3 = 0.3262\delta x_D - 0.9453\delta y_D - 0.231$$

3. 求平差值

根据误差方程可组成法方程：

$$1.5808\delta x_D - 0.1249\delta y_D - 0.0753 = 0$$
$$-0.1249\delta x_D + 1.4192\delta y_D + 0.2182 = 0$$

解法方程得：

$$\delta x_D = 0.036m; \qquad \delta y_D = -0.151m$$

于是，得待定点坐标平差值为：

$$x_D = x_D^0 + \delta x_D = 2326.295m$$
$$y_D = y_D^0 + \delta y_D = 5330.033m$$

将坐标改正数代入误差方程，计算观测值的改正数，可得改正数和边长平差值分别为：

$$v_1 = -0.083(\text{m}); v_2 = -0.070; v_3 = -0.077$$
$$\hat{S}_1 = 387.280(\text{m}); \hat{S}_2 = 305.995; \hat{S}_3 = 354.785$$

四、边角网按间接平差算例

【例 4-10】 图4-29为边角网，网中 A、B、C 是已知点，P 是待定点。同精度观测了三角形的六个内角；测量了 S_1、S_2、S_3 三条边长，观测值及中误差见表4-26。现按间接平差法求待定点 P 的坐标，坐标中误差及点位中误差。

解：1. 绘制平差略图（见图4-29）

2. 编制起算数据表（见表4-26）

3. 计算待定点的近似坐标

在 $\triangle APB$ 中，由已知点 A、B 的坐标和观测角（1）、（2）按余切式计算待定点 P 的近似坐标。计算结果记在表4-28中。

4. 计算近似坐标方位角和观测角的推算值

由已知点坐标和待定点近似坐标计算近似坐标增量。见表4-28的第2、3列。再由近似坐标增量计算近似坐标方位角和 S_1、S_2、S_3 边长推算值。计算结果见表4-28的第4、5列。由已知方位角和近似方位角计算三角形各内角的推算值。计算结果见表4-27。

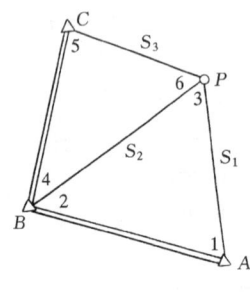

图 4-29

起 算 数 据 表　　　表 4-26

点　名	坐　标		边 长 S	坐标方位角 α
	x	y		
A	3143.237m	5260.334m	1484.781m	350°54′27.0′
B	4609.361	5025.696	3048.650	0 52 06.0
C	7657.661	5071.897		

128

编　号	观 测 值	推 算 值	常 数 项	中 误 差	平 差 值
1	44° 05′ 44.8″	44°05′44.86″	+ 0.06″	± 2.5″	44°05′49.6″
2	93 10 43.1	93 10 43.01	− 0.09	± 2.5	93 10 41.9
3	42 43 27.2	42 43 32.13	+ 4.93	± 2.5	42 43 28.5
4	76 51 40.7	76 51 37.99	− 2.71	± 2.5	76 51 39.1
5	28 45 20.9	28 45 17.40	− 3.50	± 2.5	28 45 21.4
6	74 22 55.1	74 23 04.61	+ 9.51	± 2.5	74 22 59.5
S_1	2185.070^m	2185.001^m	− 6.9^{cm}	± 3.3^{cm}	2185.043^m
S_2	1522.853	1522.798	− 5.5	± 2.3	1522.863
S_3	3082.621	3082.614	− 0.7	± 4.6	3082.639

5. 计算误差方程常数项

以各推算值减去观测值，得各误差方程的常数项。见表 4-27。

6. 误差方程系数之计算

先计算 PA、PB、PC 的方向误差方程系数，式中

$$a_{ki} = \frac{\sin\alpha_{ki}^0}{S_{ki}^0}\rho''; \qquad b_{ki} = -\frac{\cos\alpha_{ki}^0}{S_{ki}^0}\rho''$$

再按（4-56）式计算角度误差方程系数。计算时应注意，已知点的坐标改正数为零；并要仔细确定符号。

按（4-59）式计算边长误差方程系数。

角度和边长误差方程系数的计算结果，见表 4-28 的第 9、10 列。

7. 观测值权的确定

已知 $m_\beta = \pm 2.5''$，设 $\mu = m_\beta$，则

$$p_\beta = \frac{\mu^2}{m_\beta^2} = 1; \qquad p_S = \frac{\mu^2}{m_S^2} = \frac{2.5^2}{m_S^2}$$

各观测值的权，按上式计算结果记入表 4-30 第 13 列。

8. 法方程的组成与解算

由表 4-28 组成法方程，见该表左下方。

解算法方程　$\delta_{x_P} = 0.5944$；$\delta_{y_P} = 6.5454$

9. 平差值之计算

将解出的未知数——待定点近似坐标改正数与近似坐标求代数和得待定点坐标平差值，即

$$x_P = x_P^0 + \delta x_P = 4933.013 + 0.006 = 4933.019^m$$

$$y_P = y_P^0 + \delta y_P = 6513.702 + 0.065 = 6513.767$$

再将未知数代入误差方程，计算各观测值的改正数。见表 4-28 第 13 列。将改正数与观测值相加，得观测量的平差值。结果见表 4-27。

10. 精度评定

误差方程系数及法方程的组成表

表 4-28

方向号边号	近似坐标增量 Δx⁰	近似坐标增量 Δy⁰	近似边长 s⁰	近似坐标方位角 α⁰	(a)	(b)	观测值编号	(A)	(B)	(l)	P	v
1	2	3	4	5	6	7	8	9	10	11	12	13
PA	−1789.776ᵐ	−1253.368ᵐ		215°00′11.86″	−0.542	+0.773	1	−0.542	+0.773	+0.06″	1	+4.80″
PB	−323.652	−1488.006		257 43 43.99	−1.324	+0.288	2	+1.324	−0.288	−0.09	1	−1.19
PC	+2724.648	−1441.805		332 06 48.60	−0.313	−0.591	3	−0.782	−0.485	+4.93	1	+1.29
S₁			2185.001ᵐ		+0.819	+0.574	4	−1.324	+0.288	−2.71	1	−1.61
S₂			1522.798		+0.213	+0.977	5	+0.313	+0.591	−3.50	1	+0.55
S₃			3082.614		−0.884	+0.468	6	+1.011	−0.879	+9.51	1	+4.36
							S_1	+0.819	+0.574	−6.9ᶜᵐ	0.6	−2.66ᶜᵐ
							S_2	+0.213	+0.977	−5.5	1.2	+1.02
							S_3	−0.884	+0.468	−0.7	0.3	+1.84

法方程的组成：

$[paa]$ 6.222 $[pab]$ −1.098 $[pbb]$ +3.529 $[pal]$ +3.490 $[pbl]$ −22.445

6513.720ᵐ

xp^0 4933.013ᵐ yp^0 6513.720ᵐ

（1）单位权中误差，即测角中误差为

$$\mu = \pm \sqrt{\frac{[pvv]}{n - t}} = \pm \sqrt{\frac{54.5339}{9 - 2}} = \pm 2.79''$$

$$\delta x_{\mathrm{P}} = +0.5944$$

$$\delta y_{\mathrm{P}} = +6.5454$$

（2）待定点 P 坐标中误差，对法方程系数阵求逆得：

$$p_{\mathrm{y}} = 3.335; p_{\mathrm{x}} = 5.880$$

故

$$m_{x_{\mathrm{p}}} = \pm \frac{2.79}{\sqrt{5.880}} = \pm 1.15\mathrm{cm}$$

$$m_{y_{\mathrm{p}}} = \pm \frac{2.79}{\sqrt{3.335}} = \pm 1.53\mathrm{cm}$$

（3）P 点点位中误差

$$M_{\mathrm{P}} = \pm \sqrt{m_{x_{\mathrm{p}}}^2 + m_{y_{\mathrm{p}}}^2} = \pm \sqrt{(1.15)^2 + (1.53)^2} = 1.91\mathrm{cm}$$

思考题及习题

4-1　测角网的必要起算数据是几个？

4-2　如何确定测角网的必要观测数？

4-3　中点多边形（独立网）有多少个条件方程式？它们分别是什么条件？

4-4　大地四边形（独立网）有多少个条件方程式？它们分别是什么条件？

4-5　什么是方位角条件？什么是基线条件？什么情况下会产生这些条件？

4-6　测角网是由哪些条件构成的？

4-7　基线条件与极条件有何异同点？

4-8　圆周条件和极条件的作用是什么？

4-9　独立测边网中有哪些类别的条件方程？条件总数如何计算？

4-10　附合测边网中有哪些类型的条件方程？条件总数如何计算？

4-11　边角网中的正弦条件式，同测角网中的基线条件式有什么异同点？

4-12　什么情况下需要列余弦条件？

4-13　测角网坐标平差时，列立误差方程有什么规律？试说明列立误差方程式的步骤？

4-14　测角网坐标平差中，误差方程式的未知数、系数及常数项的单位一般是怎样规定的？如设 δx、δy 以毫米为单位，则误差方程中的系数和常数项将取什么单位？

4-15　测边网坐标平差时，列立误差方程有什么规律？试说明列立误差方程式的步骤？

4-16　边角网平差时，角度和边长的权如何确定？

4-17　试确定图 4-30（a）、（b）中各测角网条件方程的总个数和各类条件数。

4-18　图 4-31 中（a）、（b）是由几组已知点构成？各有几个附合条件？

4-19　今测得图 4-32 中的角值为：

$L_1 = 61°07'57''$；$L_2 = 38°28'37''$；$L_3 = 38°22'21''$；$L_4 = 42°01'15''$；$L_5 = 29°14'35''$；

$L_6 = 70°22'00''$；$L_7 = 49°26'16''$；$L_8 = 30°57'02''$。试列出大地四边形的条件方程式。

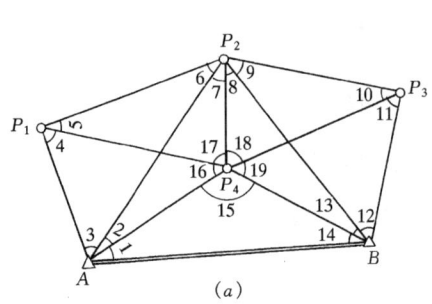
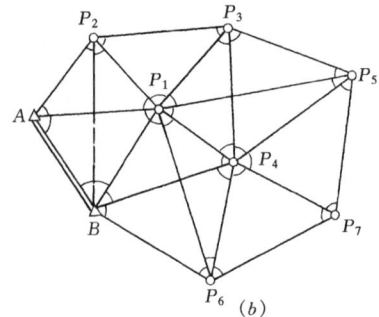

图 4-30

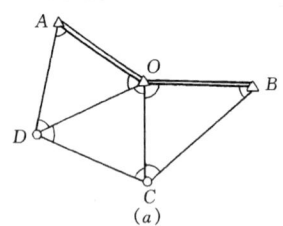
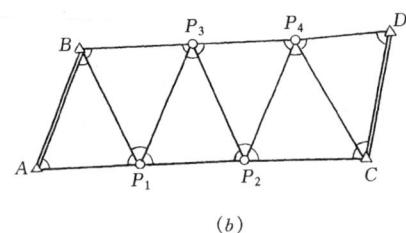

图 4-31

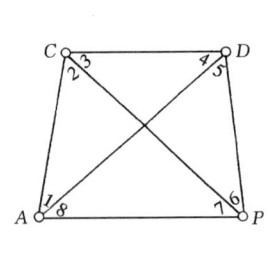
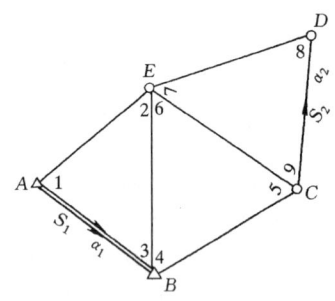

图 4-32   图 4-33

4-20 试列出图 4-33 所示的附合三角网中的基线条件和方位角条件方程式。

已知起算数据：$S_1 = 14293^m.652$；$S_2 = 10588^m.967$；$\alpha_1 = 89°40'59''.98$；$\alpha_2 = 346°39'27''.05$；

各 角 观 测 值

角 号	观测值 (° ′ ″)	角 号	观测值 (° ′ ″)	角 号	观测值 (° ′ ″)
1	47 08 06.7	4	55 34 13.9	7	40 27 34.6
2	52 32 48.9	5	47 06 48.8	8	65 34 00.8
3	80 19 04.4	6	77 18 57.3	9	73 58 24.5

4-21 有一三角网（如图 4-34），观测角编号如图所示。(1) 试用一般符号列出图中 AP 边长的权函数式，并写出 f_i 各等于何值；(2) 列出平差值 $\hat{L}_5$ 的权函数式，并写出 f_i 的值。

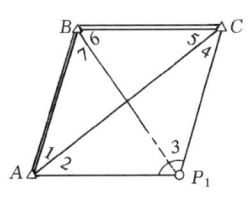

图 4-34

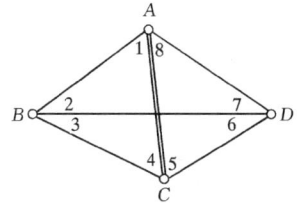

图 4-35

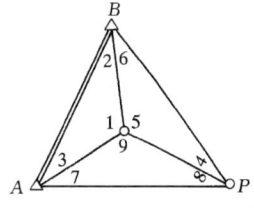

图 4-36

4-22　今测得图 4-35 所示三角网中的角值为：

$L_1 = 63°14'25''.02$；$L_2 = 23°28'50''.06$；$L_3 = 23°31'29''.31$；$L_4 = 69°45'14''.74$；

$L_5 = 61°40'57''.38$；$L_6 = 25°02'19''.23$；$L_7 = 27°24'08''.77$；$L_8 = 65°52'35''.08$。

试列出平差后 BD 边的权函数式。

4-23　设在三角网（如图 4-34 中），A、B、C 为已知三角点，P_1 为待定点。试问（1）在对该网平差时，共有几个条件？每种条件各有几个？（2）试列出全部条件方程。

4-24　已知中点三边形中（如图 4-36），$AB = 2080.999$m，今用同精度测得各角值如下表，试用条件平差法平差，并评定平差后 BP 边的精度。

角　号	观 测 值 (° ′ ″)	角　号	观 测 值 (° ′ ″)	角　号	观 测 值 (° ′ ″)
1	106 50 40.3	4	20 58 20.2	7	28 26 12.5
2	42 16 38.6	5	125 20 36.8	8	23 45 11.9
3	30 52 46.4	6	33 40 57.1	9	127 48 40.7

4-25　试确定 4-37 中各图形的条件方程个数和各类条件数。

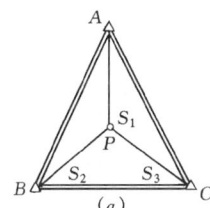

(a)

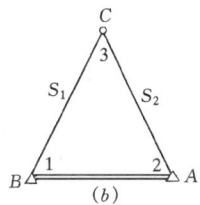

(b)

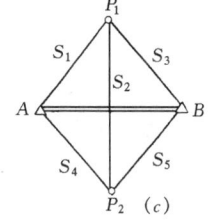

(c)

图 4-37

4-26　图 4-38 所示 A、B、C 是已知点，P 为待定点，网中观测了 3 条边长：L_1、L_2、L_3。试按条件平差法平差，求出 P 点坐标及 PB 边平差值的中误差。起算数据及观测值见下表所列。

已 知 数 据 表

点　号	坐　标　(m)		方　位　角 (° ′ ″)	边　长 (m)
	x	y		
A	60509.596	69902.525		
B	58238.935	74300.086	117 18 33.72	4949.186
C	51946.266	73416.515	187 59 34.18	6354.379

133

观 测 值 表	
编 号	观 测 值
L_1	3128.86
L_2	3367.20
L_3	6129.88

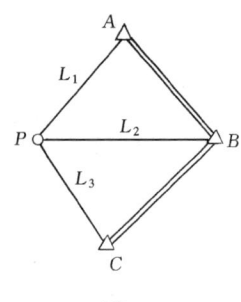

图 4-38

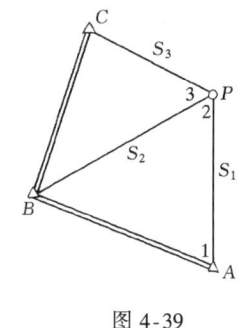

图 4-39

4-27 图 4-39 所示为一边角网，网中 A、B、C 是已知点，P 为待定点，观测了 3 个角度，3 条边长。起算数据及观测数据见下表所列。试分别列出：

(1) 正弦条件和余弦条件；(2) 角度 L_1 和边长 S_1 的误差方程。

起算数据			观测数据			
点名	x	y	角号	角度	边号	边长
A	3143.237	5260.334	1	44°05′46.″8	S_1	2185.061
B	4609.361	5025.696	2	42 43 27.2	S_2	1522.853
C	7657.661	5071.897	3	74 22 55.1	S_3	3082.611

4-28 图 4-40 为三角形中插入一点的图形，图中 A、B、C 为已知点，P 为待定点。起算数据及观测方向值列于下表中。试用坐标平差法求待定点的坐标及点位中误差。

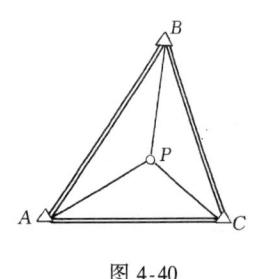

图 4-40

点号	坐标 (m)		坐标方位角	边长	至点
	x	y	(° ′ ″)	(m)	
A	8 864.53	5 392.58	45 16 38.0	6751.24	B
B	13 615.22	10 189.47	149 19 03.0	8250.04	C
C	6 520.12	14 399.30	284 35 24.0	9306.84	A

起 算 数 据 表

方 向 观 测 值

测站点	照准点	方向值	测站点	照准点	方向值
A	B	00 00 00.0	C	A	00 00 00.0
	P	30 52 47.2		P	23 45 11.3
	C	59 18 59.1		B	44 43 36.1
B	C	00 00 00.0	P	A	00 00 00.0
	P	33 40 50.4		B	106 50 42.6
	A	75 57 30.2		C	232 11 20.2

第五章 导线网平差

第一节 概　　述

随着电磁波测距仪应用的普及，测量导线边长已不是困难的事情。导线网因具有布设灵活、角度测量容易组织、边长测定精度均匀等特点，目前，已在生产中被广泛采用，并作为建立各级平面控制网的主要方法之一。因此，导线网平差也就越来越受到重视。

导线测量的外业观测元素是各导线边长和转折角。

在高斯投影平面上进行导线网平差时，导线网的观测值是归算到高斯平面上的边长和角度（或方向）值。

用观测值计算的导线将产生方位角或多边形闭合差、坐标增量或坐标闭合差。这些闭合差产生的原因是由于角度观测误差、边长测量误差和起算数据误差引起的。

导线平差的目的就是利用最小二乘原理，消除各种闭合差，获得边长、角度及待定点坐标的最或然值，同时评定其精度。

导线网的必要起算数据有 3 个，即 1 个点的纵、横坐标和 1 条边的坐标方位角。

图 5-1 中给出了几个导线网。图中 △ 表示已知点；◎ 表示 3 条或 3 条以上导线相交的结点；○ 表示中间导线点。

根据导线网中起算数据的情况，可将导线网分成两类：没有多余起算数据的称为独立导线网，如图 5-1 中的（a）、（b）；具有多余起算数据的称为附合导线网，如图 5-1 中的（c）、（d）。

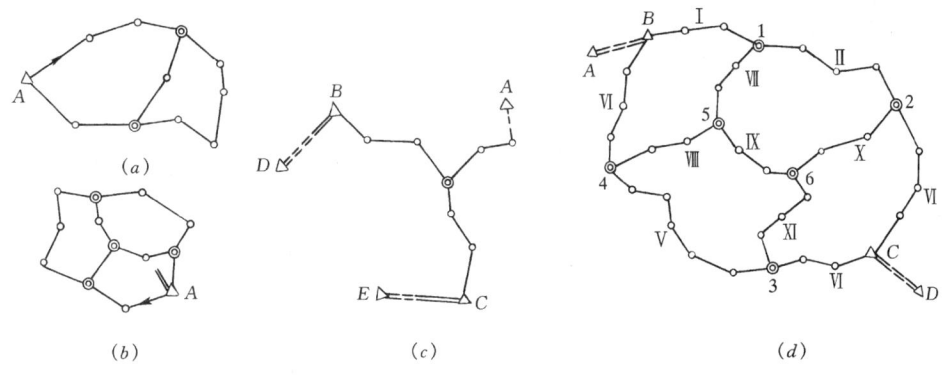

图 5-1

导线网的平差计算较繁琐，过去一般采用近似的方法处理。例如，将导线网分割成若干条单一附合导线或只有 1～2 个结点的导线网，先作角度平差，求得角度改正数以后，再求坐标增量闭合差，并按边长依比例分配坐标增量闭合差得坐标增量改正数。电子计算机普及后，导线网的严密平差已不困难了，因此，一般采用严密平差法平差。同任何平差问题一样，导线网平差可采用条件平差法，也可采用间接平差法。

导线网平差中包含有角度和边长两类不同性质的观测值。因此，在平差前应正确地确定它们的精度。测距仪的测距精度公式一般采用：

$$m_{s_i} = \pm (a + b \times 10^{-6} s_i) \tag{5-1}$$

测角中误差 m_β 可直接采用规范中对各等级导线网测角中误差限差的规定值。

在误差理论中已导出了权与中误差的关系式。设测角中误差为 m_β，测边中误差为 m_{s_i}，则观测值元素（转折角、边长）的权可以表示为：

$$p_\beta = \frac{\mu^2}{m_\beta^2}; \quad p_{s_i} = \frac{\mu^2}{m_{s_i}^2} \tag{5-2}$$

式中 μ 为单位权中误差，它是可以任意选定的比例系数。

在导线网平差中，若观测角度为同精度时，通常取 $\mu = m_\beta$，则观测角度的权 $p_\beta = 1$，而边长的权为：

$$p_{s_i} = \frac{m_\beta^2}{m_{s_i}^2} \tag{5-3}$$

公式（5-2）中 p_β 是无单位的。而 p_{s_i} 的单位与 $m_{s_i}^2$ 的单位有关，当 m_{s_i} 以 cm 为单位时，则 p_{s_i} 的单位为 $(\text{s/cm})^2$。

第二节　单一附合导线按条件平差

一、单一附合导线的条件方程

以条件平差法平差导线网时，条件方程的个数仍等于多余观测的个数。

图 5-2 所示是布设在已知点 A（x_A、y_A）与 C（x_C、y_C）间的单一附合导线，其中 α_{AB} 和 α_{CD} 是已知的始末坐标方位角，设该导线的观测角度为 β_1、β_2……β_{n+1}，测角中误差为 m_β，观测边长为 s_1、s_2……s_n，对应的测边中误差为 m_{s_1}、m_{s_2}……m_{s_n}。导线的待定点有（$n-1$）个，共有 $2n+1$ 个观测值，必要观测值为 $2(n-1)$ 个，于是多余观测数为：

$$r = (2n+1) - 2(n-1) = 3$$

对于单一附合导线而言，不论待定点有多少个，其条件方程个数都为 3 个。这 3 个条件方程是：1 个方位角条件；1 个纵坐标条件和 1 个横坐标条件。

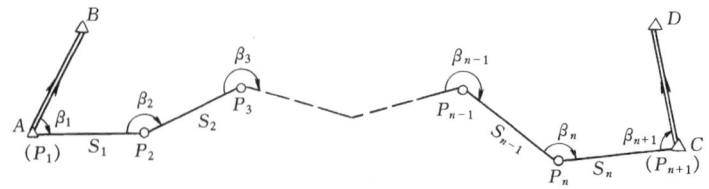

图 5-2

1. 坐标方位角条件

设观测角 β_i 的平差值为 $\hat{\beta}_i$，其改正数为 v_i（$i = 1、2……n+1$）。由图 5-2 可写出条件方程式的初步形式为：

$$\sum_{1}^{n+1} \hat{\beta}_i - (\alpha_{CD} - \alpha_{AB}) - n \cdot 180° = 0 \tag{5-4}$$

将平差值 $\beta_i + v_i = \hat{\beta}_i$ 代入式（5-4），可得：

$$\left.\begin{array}{l} \sum\limits_{1}^{n+1} v_{\beta_i} + w_\alpha = 0 \\[2mm] w_\alpha = \left(\alpha_{AB} + \sum\limits_{1}^{n+1} \beta_i - n \cdot 180°\right) - \alpha_{CD} \end{array}\right\} \tag{5-5}$$

若导线的 B 点与 C 点重合而形成一闭合导线时，则上述方位角条件成了多边形闭合条件。

2. 纵、横坐标条件

根据图 5-2，可列出纵、横坐标条件方程的初步形式为：

$$\left.\begin{array}{l} \sum\limits_{1}^{n} \hat{\Delta}x_i - (x_C - x_A) = 0 \\[2mm] \sum\limits_{1}^{n} \hat{\Delta}y_i - (y_C - y_A) = 0 \end{array}\right\} \tag{5-6}$$

在三角网中，各边边长是推算值，而导线的各边是观测值应加改正数。故导线的坐标条件和三角网的纵、横坐标条件是有区别的。

设导线观测边长 s_i 的改正数为 v_{s_i}，坐标增量的改正数为 δx_i、δy_i，则纵、横坐标条件方程应为：

$$\left.\begin{array}{l} \sum\limits_{1}^{n} \delta x_i + w_x = 0 \\[2mm] w_x = \left(x_A + \sum\limits_{1}^{n} \Delta x_i\right) - x_C \\[2mm] \sum\limits_{1}^{n} \delta y_i + w_y = 0 \\[2mm] w_y = \left(y_A + \sum\limits_{1}^{n} \Delta y_i\right) - y_C \end{array}\right\} \tag{5-7}$$

式中 Δx_i、Δy_i 为用观测值推算的坐标增量。

显然 δx_i、δy_i 是 v_{β_i} 和 v_s 的函数。为了确定 v_s、v_β 与 δx、δy 的函数关系，将坐标增量计算式 $\Delta x_i = s_i \cos\alpha_i$、$\Delta y_i = s_i \sin\alpha_i$ 微分后得：

$$\mathrm{d}\Delta x_i = \cos\alpha_i \mathrm{d}s_i - s_i \sin\alpha_i \mathrm{d}\alpha_i$$
$$\mathrm{d}\Delta y_i = \sin\alpha_i \mathrm{d}s_i + s_i \cos\alpha_i \mathrm{d}\alpha_i$$

或写成：

$$\left.\begin{array}{l} \mathrm{d}\Delta x_i = \cos\alpha_i \mathrm{d}s_i - \Delta y_i \dfrac{\mathrm{d}\alpha''_i}{\rho''} \\[3mm] \mathrm{d}\Delta y_i = \sin\alpha_i \mathrm{d}s_i + \Delta x_i \dfrac{\mathrm{d}\alpha''_i}{\rho''} \end{array}\right\} \tag{5-8}$$

由于方位角 α 是观测角 β 的函数，则式（5-8）中的 $\mathrm{d}\alpha_i$ 可由式 $\alpha_i = \alpha_{AB} + \sum\limits_{1}^{i} \beta_i \pm (i - 1) \cdot 180°$ 求全微分而得，即：$\mathrm{d}\alpha_i = \sum\limits_{1}^{i} \mathrm{d}\beta_i$。将其代入式（5-8），且将式中的微分用有限

增量改正数代替，并取 $i = 1 \sim n$ 个式子的总和，从而可得：

$$\sum_1^n \delta x_i = \sum_1^n \cos\alpha_i v_{s_i} - \frac{1}{\rho} \{ (y_2 - y_1) v_{\beta_1} + (y_3 - y_2)(v_{\beta_1} + v_{\beta_2})$$
$$+ (y_4 - y_3)(v_{\beta_1} + v_{\beta_2} + v_{\beta_2}) + \cdots\cdots$$
$$+ (y_{n+1} - y_n)(v_{\beta_1} + v_{\beta_2} + \cdots\cdots + v_{\beta_n})\}$$
$$= \sum_1^n \cos\alpha_i v_{s_i} - \frac{1}{\rho} \sum_1^n (y_{n+1} - y_i) v_{\beta_i} \qquad (i = 1 \sim n)$$

$$\sum_1^n \delta y_i = \sum_1^n \sin\alpha_i v_{s_i} + \frac{1}{\rho} \{ (x_2 - x_1) v_{\beta_1} + (x_3 - x_2)(v_{\beta_1} + v_{\beta_2})$$
$$+ (x_4 - x_3)(v_{\beta_1} + v_{\beta_2} + v_{\beta_3}) + \cdots\cdots$$
$$+ (x_{n+1} - x_n)(v_{\beta_1} + v_{\beta_2} + \cdots\cdots + v_{\beta_n})\}$$
$$= \sum_1^n \sin\alpha_i v_{s_i} + \frac{1}{\rho} \sum_1^n (x_{n+1} - x_i) v_{\beta_i} \qquad (i = 1 \sim n)$$

故式（5-7）的纵、横坐标条件方程可写成：

$$\left.\begin{array}{l} \sum_1^n \cos\alpha_i v_{s_i} - \dfrac{1}{\rho} \sum_1^n (y_{n+1} - y_i) v_{\beta_i} + w_x = 0 \\[3mm] \sum_1^n \sin\alpha_i v_{s_i} + \dfrac{1}{\rho} \sum_1^n (x_{n+1} - x_i) v_{\beta_i} + w_y = 0 \end{array}\right\} \qquad (5\text{-}9)$$

为了便于组成法方程，可列出条件方程系数表（见表 5-1）。

单一附合导线条件方程系数表　　表 5-1

观测值改正数	条件方程系数			$\dfrac{1}{p}$
	方位角条件	纵坐标条件	横坐标条件	
	a	b	c	
v_{β_1}	$+1$	$-\dfrac{1}{\rho}(y_{n+1} - y_1)$	$+\dfrac{1}{\rho}(x_{n+1} - x_1)$	$\dfrac{1}{p_\beta}$
v_{β_2}	$+1$	$-\dfrac{1}{\rho}(y_{n+1} - y_2)$	$+\dfrac{1}{\rho}(x_{n+1} - x_2)$	$\dfrac{1}{p_\beta}$
v_{β_3}	$+1$	$-\dfrac{1}{\rho}(y_{n+1} - y_3)$	$+\dfrac{1}{\rho}(x_{n+1} - x_3)$	$\dfrac{1}{p_\beta}$
$\cdots$	$\cdots\cdots$	$\cdots$	$\cdots\cdots$	$\cdots$
v_{β_n}	$+1$	$-\dfrac{1}{\rho}(y_{n+1} - y_n)$	$+\dfrac{1}{\rho}(x_{n+1} - x_n)$	$\dfrac{1}{p_\beta}$
$v_{\beta_{n+1}}$	$+1$			$\dfrac{1}{p_\beta}$
v_{s_1}		$\cos\alpha_1$	$\sin\alpha_1$	$\dfrac{1}{p_{s_1}}$
v_{s_2}		$\cos\alpha_2$	$\sin\alpha_2$	$\dfrac{1}{p_{s_2}}$
v_{s_3}		$\cos\alpha_3$	$\sin\alpha_3$	$\dfrac{1}{p_{s_3}}$
$\cdots$		$\cdots\cdots$	$\cdots\cdots$	$\cdots$
v_{s_n}		$\cos\alpha_n$	$\sin\alpha_n$	$\dfrac{1}{p_{s_n}}$
w	w_α	w_x	w_y	

二、法方程的组成与解算

由表 5-1 中条件方程的系数组成法方程为：

$$\left[\frac{aa}{p}\right]K_a + \left[\frac{ab}{p}\right]K_b + \left[\frac{ac}{p}\right]K_c + w_\alpha = 0$$

$$\left[\frac{ab}{p}\right]K_a + \left[\frac{bb}{p}\right]K_b + \left[\frac{bc}{p}\right]K_c + w_x = 0 \quad (5\text{-}10)$$

$$\left[\frac{ac}{p}\right]K_a + \left[\frac{bc}{p}\right]K_b + \left[\frac{cc}{p}\right]K_c + w_y = 0$$

求得联系数 K_a、K_b、K_c。

三、改正数的计算公式

根据改正数方程：

$$v_i = \frac{1}{p_i}(a_i K_a + b_i K_b + c_i k_c)$$

在条件方程系数表格中计算改正数，或按下式计算角度改正数和边长改正数：

$$v_{\beta_i} = \frac{1}{p_\beta}\left(K_a - \frac{1}{\rho}(y_{n+1} - y_i)K_b + \frac{1}{\rho}(x_{n+1} - x_i)K_c\right)$$

$$v_{s_i} = \frac{1}{p_{s_i}}(\cos\alpha_i K_b + \sin\alpha_i K_c) \quad (5\text{-}11)$$

因为 $v_{\alpha_i} = \sum_1^i v_{\beta_i}$，所以任意边 i 的方位角改正数为：

$$v''_{\alpha_i} = v''_{\beta_1} + v''_{\beta_2} + \cdots\cdots + v''_{\beta_i} \quad (5\text{-}12)$$

由式（5-8）得任意边坐标增量改正数为：

$$\delta x_i = \cos\alpha_i v_{s_i} - \Delta y_i v''_{\alpha_i} \frac{1}{\rho''}$$

$$\delta y_i = \sin\alpha_i v_{s_i} + \Delta x_i v''_{\alpha_i} \frac{1}{\rho''} \quad (5\text{-}13)$$

四、精度评定

（一）单位权中误差 μ

$$\mu = \pm\sqrt{\frac{[pvv]}{r}} = \pm\sqrt{\frac{[p_\beta v_\beta v_\beta] + [p_s v_s v_s]}{3}} \quad (5\text{-}14)$$

（二）平差值函数的中误差 m_F

任一平差值函数的中误差仍按下式计算：

$$m_F = \pm \mu\sqrt{\frac{1}{p_F}} \quad (5\text{-}15)$$

（三）平差值权函数式及平差值函数的权倒数 $\dfrac{1}{p_F}$

平差后导线的方位角与纵横坐标是折角和导线边长的函数，其一般形式为：
$F = f\ (\beta_1、\beta_2\cdots\cdots\beta_{n+1};\ s_1、s_2\cdots\cdots s_n)$，故其权函数式为：

$$\Delta F = f_0 + f_{\beta_1} v_{\beta_1} + f_{\beta_2} v_{\beta_2} + \cdots\cdots + f_{\beta_{n+1}} v_{\beta_{n+1}}$$

$$+ f_{s_1} v_{s_1} + f_{s_2} v_{s_2} + \cdots\cdots + f_{s_n} v_{s_n}$$

式中　f_0 为由观测值计算的函数（F）值；f_β 和 f_s 是函数 F 分别对转折角和边长平差值求偏导数的值。

因单一附合导线只有 3 个条件，所以任一平差值函数的权倒数公式为：

$$\frac{1}{p_F} = \left[\frac{ff}{p}\right] + \left[\frac{af}{p}\right] q_a + \left[\frac{bf}{p}\right] q_b + \left[\frac{cf}{p}\right] q_c \qquad (5\text{-}16)$$

式中　q 为转换系数，可从下列方程组中解得：

$$\left.\begin{array}{l}
\left[\dfrac{aa}{p}\right] q_a + \left[\dfrac{ab}{p}\right] q_b + \left[\dfrac{ac}{p}\right] q_c + \left[\dfrac{af}{p}\right] = 0 \\[3mm]
\left[\dfrac{ab}{p}\right] q_a + \left[\dfrac{bb}{p}\right] q_b + \left[\dfrac{bc}{p}\right] q_c + \left[\dfrac{bf}{p}\right] = 0 \\[3mm]
\left[\dfrac{ac}{p}\right] q_a + \left[\dfrac{bc}{p}\right] q_b + \left[\dfrac{cc}{p}\right] q_c + \left[\dfrac{cf}{p}\right] = 0
\end{array}\right\} \qquad (5\text{-}17)$$

下面讨论权函数式的列立和 $\left[\dfrac{ff}{p}\right]$、$\left[\dfrac{af}{p}\right]$、$\left[\dfrac{bf}{p}\right]$、$\left[\dfrac{cf}{p}\right]$ 的组成。

1. 边平差值权函数式

现要评定平差后导线边 $\hat{s}_j$ 的精度，因导线边长是观测值，故其权函数式为：

$$\Delta F_{\hat{s}_j} = v_{s_j} \qquad (5\text{-}18)$$

2. 坐标方位角平差值的权函数式

对于单一附合导线，求导线第 j 边的坐标方位角平差值的函数式为：$\hat{\alpha}_j = \alpha_0 + \sum\limits_{i=1}^{j} \hat{\beta}_i \pm (j-1) \cdot 180°$，对其求全微分，并用改正数代替微分得权函数式为：

$$\Delta F_{\hat{\alpha}_j} = \sum_{i=1}^{j} v_{\beta_i} \qquad (5\text{-}19)$$

函数 $\hat{\alpha}_j$ 对于 β_i 的偏导数为：

$$f_{\beta_1} = \frac{\partial \alpha_j}{\partial \beta_1} = +1 ; f_{\beta_2} = \frac{\partial \alpha_j}{\partial \beta_2} = +1 \cdots\cdots f_{\beta_j} = \frac{\partial \alpha_j}{\partial \beta_j} = +1$$

3. 坐标平差值的权函数式

现要评定导线中第 $j+1$ 号点坐标平差值的精度，先列出第 $j+1$ 号点纵、横坐标的计算式为：

$$x_{j+1} = x_0 + \Delta x_1 + \Delta x_2 + \cdots\cdots + \Delta x_j$$
$$y_{j+1} = y_0 + \Delta y_1 + \Delta y_2 + \cdots\cdots + \Delta y_j$$

式中　x_0、y_0 为起算点已知坐标。

因坐标增量是 β 和 s 的函数，则需将函数 x_{j+1}、y_{j+1} 分别对 β_i 和 s_i 求偏导数（推导过程可参照纵、横坐标条件的推导）。经整理后可得 $j+1$ 点坐标平差值的权函数为：

$$\left.\begin{array}{l}
\Delta F_{x_{j+1}} = \sum\limits_{i=1}^{j} \cos\alpha_i v_{s_i} - \sum\limits_{i=1}^{j} (y_{j+1} - y_i) \dfrac{v_{\beta_i}}{\rho} \\[4mm]
\Delta F_{y_{j+1}} = \sum\limits_{i=1}^{j} \sin\alpha_i v_{s_i} + \sum\limits_{i=1}^{j} (x_{j+1} - x_i) \dfrac{v_{\beta_i}}{\rho}
\end{array}\right\} \qquad (5\text{-}20)$$

为直观起见，可根据式（5-20）、式（5-19）、式（5-5）及式（5-9）组成表 5-2。

由表 5-2 可组成系数：

$$\left[\frac{ff}{p}\right]_\alpha 、\left[\frac{af}{p}\right]_\alpha 、\left[\frac{bf}{p}\right]_\alpha 、\left[\frac{cf}{p}\right]_\alpha$$

$$\left[\frac{ff}{p}\right]_x 、\left[\frac{af}{p}\right]_x 、\left[\frac{bf}{p}\right]_x 、\left[\frac{cf}{p}\right]_x$$

$$\left[\frac{ff}{p}\right]_y 、\left[\frac{af}{p}\right]_y 、\left[\frac{bf}{p}\right]_y 、\left[\frac{cf}{p}\right]_y$$

根据式（5-17）可以组成关于计算方位角权倒数的转换系数方程：

$$\left.\begin{array}{l}\left[\dfrac{aa}{p}\right] q_a^\alpha + \left[\dfrac{ab}{p}\right] q_b^\alpha + \left[\dfrac{ac}{p}\right] q_c^\alpha + \left[\dfrac{af}{p}\right]_\alpha = 0 \\[2mm] \left[\dfrac{ab}{p}\right] q_a^\alpha + \left[\dfrac{bb}{p}\right] q_b^\alpha + \left[\dfrac{bc}{p}\right] q_c^\alpha + \left[\dfrac{bf}{p}\right]_\alpha = 0 \\[2mm] \left[\dfrac{ac}{p}\right] q_a^\alpha + \left[\dfrac{bc}{p}\right] q_b^\alpha + \left[\dfrac{cc}{p}\right] q_c^\alpha + \left[\dfrac{cf}{p}\right]_\alpha = 0\end{array}\right\} \tag{5-21}$$

同理可以组成关于计算纵、横坐标权倒数的转换系数方程，解这三组转换系数方程，再分别代入公式（5-16）可得：

$$\frac{1}{p_{\alpha_j}} = \left[\frac{ff}{p}\right]_\alpha + \left[\frac{af}{p}\right]_\alpha q_a^\alpha + \left[\frac{bf}{p}\right]_\alpha q_b^\alpha + \left[\frac{cf}{p}\right]_\alpha q_c^\alpha \tag{5-22}$$

$$\frac{1}{p_{x_{j+1}}} = \left[\frac{ff}{p}\right]_x + \left[\frac{af}{p}\right]_x q_a^x + \left[\frac{bf}{p}\right]_x q_b^x + \left[\frac{cf}{p}\right]_x q_c^x \tag{5-23}$$

$$\frac{1}{p_{y_{j+1}}} = \left[\frac{ff}{p}\right]_y + \left[\frac{af}{p}\right]_y q_a^y + \left[\frac{bf}{p}\right]_y q_b^y + \left[\frac{cf}{p}\right]_y q_c^y \tag{5-24}$$

通过计算可求得导线第 j 边的方位角平差值的权倒数，$(j+1)$ 点的纵、横坐标平差值的权倒数，将权倒数代入式（5-15），即可求得平差值函数的中误差。

条件方程与权函数式系数表

表 5-2

改正数编号	a	b	c	f_α	f_x	f_y	$\dfrac{1}{p}$
v_{β_1}	$+1$	$-\dfrac{1}{\rho}(y_{n+1}-y_1)$	$+\dfrac{1}{\rho}(x_{n+1}-x_1)$	$+1$	$-\dfrac{1}{\rho}(y_{j+1}-y_1)$	$+\dfrac{1}{\rho}(x_{j+1}-x_1)$	$\dfrac{1}{p_\beta}$
v_{β_2}	$+1$	$-\dfrac{1}{\rho}(y_{n+1}-y_2)$	$+\dfrac{1}{\rho}(x_{n+1}-x_2)$	$+1$	$-\dfrac{1}{\rho}(y_{j+1}-y_2)$	$+\dfrac{1}{\rho}(x_{j+1}-x_2)$	$\dfrac{1}{p_\beta}$
...	...	...	...	...	...	...	...
v_{β_j}	$+1$	$-\dfrac{1}{\rho}(y_{n+1}-y_j)$	$+\dfrac{1}{\rho}(x_{n+1}-x_j)$	$+1$	$+\dfrac{1}{\rho}(y_{j+1}-y_j)$	$+\dfrac{1}{\rho}(x_{j+1}-x_j)$	$\dfrac{1}{p_\beta}$
...	...	...	...		...	...	...
v_{s_1}		$\cos\alpha_1$	$\sin\alpha_1$		$\cos\alpha_1$	$\sin\alpha_1$	$\dfrac{1}{p_{s_1}}$
v_{s_2}		$\cos\alpha_2$	$\sin\alpha_2$		$\cos\alpha_2$	$\sin\alpha_2$	$\dfrac{1}{p_{s_2}}$
...		...	...		...	...	...
v_{s_j}		$\cos\alpha_j$	$\sin\alpha_j$		$\cos\alpha_j$	$\sin\alpha_j$	$\dfrac{1}{p_{s_j}}$
...		...	...		...	...	...

五、算例

【例5-1】 在图5-3中，A、B、C、D 为已知点，已知数据及观测数据均列于表5-3中。测角中误差 $m = \pm 5\sqrt{2}''$，边长测量中误差 $m_{s_i} = \pm 0.5 \sqrt{s_i (\text{m})}$ mm。试按条件平差法求：各点的坐标平差值，并评定4号点的点位精度和3—4号边的坐标方位角精度。

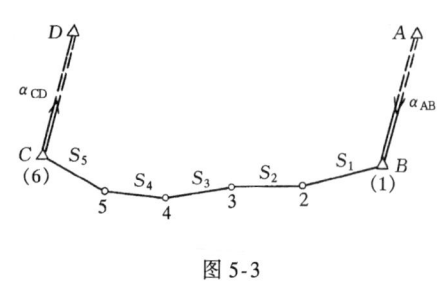

图 5-3

解：1. 权的确定

设单位权中误差 $\mu = \pm 5.0''$，则 $p_\beta = \dfrac{\mu^2}{m_\beta^2} = \dfrac{5^2}{(5\sqrt{2})^2} = \dfrac{1}{2}$，因该导线的边长不超过500m，测边中误差不超过12mm，为使观测边的权与观测角度的权不致相差太大，定权时测边中误差以毫米为单位，则观测边的权为：

$$p_{s_i} = \frac{\mu^2}{m_{s_i}^2} = \frac{25}{0.25 s_i(\text{m})} = \frac{100}{s_i(\text{m})} ('')^2/\text{mm}^2$$

或

$$\frac{1}{p_{s_i}} = \frac{s_i(\text{m})}{100} \text{mm}^2/('')^2$$

已知数据和观测数据表　　　　　　　　　　　　　表 5-3

点　　号	已知坐标（m）		编　　号	已知坐标方位角
	x	y		(° ′ ″)
B	3020.348	− 9049.801	α_{AB}	226 44 59
C	3702.437	− 10133.399	α_{CD}	57 59 31

编　　号	观 测 角 度 (° ′ ″)	编　　号	观测边长（m）
1	230 32 37	1	204.952
2	180 00 42	2	200.130
3	170 39 22	3	345.153
4	236 48 37	4	278.059
5	192 14 25	5	451.692
6	260 59 01		

注意：若定权时，测边中误差取毫米（mm）为单位，则条件方程中的观测边改正数 v_{s_i} 及坐标闭合差 w_x、w_y 均应取毫米（mm）为单位；定权时，测角中误差取秒（″）为单位，则条件方程中角度改正数 v_{β_i} 及坐标方位角闭合差 w_α 均取秒（″）为单位。

2. 列条件方程式

在计算条件系数时近似坐标取米（m）为单位，则 ρ 取 206.265。

条件方程系数及闭合差的计算见表5-4所示。

近似坐标和条件方程系数计算表　　　　　　　　表 5-4

点号 i	观测边长 s(m)	坐标方位角 α (° ′ ″)	近似坐标 x(m)	近似坐标 y(m)	cosα	sinα	$-\dfrac{y_6-y_i}{206.265}$	$\dfrac{x_6-x_i}{206.265}$	$-\dfrac{y_4-y_i}{206.265}$	$\dfrac{x_4-x_i}{206.265}$
1(B)		226 44 59*	3020.348*	-9049.801*			5.2532	3.3072	3.6204	0.1900
	204.952	277 17 36								
2			3046.36649	-9253.09478	0.126949	-0.991909	4.2676	3.1810	2.6347	0.0638
	200.130	277 18 18								
3			3071.81326	-9451.60039	0.127151	-0.991883	3.3052	3.0577	1.6723	-0.0595
	345.153	267 57 40								
4			3059.53346	-9796.53488	0.035578	-0.999367	1.6329	3.1171		
	278.059	324 46 17								
5			3286.66789	-9956.93052	0.816857	-0.576840	0.8553	2.0160		
	451.692	337 00 42								
6(C)			3702.48850	-10133.33597	0.920584	-0.390544				
		57 59 43								
			3702.437*	-10133.399*						
		57 59 31*								

表中带 * 号的是已知起算数据。

由表列结果计算条件方程的闭合差得：

$$w_\alpha = \alpha_6 - \alpha_{CD} = 12''; \quad w_x = w_6 - x_C = 51.50\text{mm}; \quad w_y = y_6 - y_C = 63.03\text{mm}$$

3. 法方程的组成和解算

条件方程和权函数式系数按式（5-5）、（5-9）、（5-19）和式（5-20）计算。其结果列于表 5-5 中。由表 5-5 的各系数组成法方程系数。

$$\left.\begin{array}{l}
12.0000k_a + 30.6276k_b + 29.3576k_c + 12.0000 = 0 \\
30.6276k_a + 126.0117k_b + 92.4118k_c + 51.5000 = 0 \\
29.3576k_a + 92.4118k_b + 97.4150k_c + 63.0300 = 0
\end{array}\right\}$$

解得：$k_a = 2.1666$；$k_b = 0.0593$；$k_c = -1.3562$

条件方程式和权函数系数表　　　　　　　　表 5-5

编号	条件式 α	条件式 x	条件式 y	权函数 F_a	权函数 F_x	权函数 F_y	Σ	$\dfrac{1}{p}$
v_1	1	5.2532	3.3071	1	3.6204	0.1900	14.3708	2
v_2	1	4.2676	3.1810	1	2.6347	0.0638	12.1471	2
v_3	1	3.3052	3.0577	1	1.6723	-0.0595	9.9757	2
v_4	1	1.6329	3.1172				5.7501	2
v_5	1	0.8553	2.0160				3.8713	2
v_6	1						1	2
v_{s_1}		0.1269	-0.9919		0.1269	-0.9919	-1.7300	2.05
v_{s_2}		0.1272	-0.9919		0.1272	-0.9919	-1.7294	2.00
v_{s_3}		-0.0356	-0.9994		-0.0356	-0.9994	-2.0700	3.45
v_{s_4}		0.8169	-0.5768				0.2401	2.78
v_{s_5}		0.9206	-0.3905				0.5301	4.52
Σ	6	17.2702	10.7286	3	8.1459	-2.7889	43.3558	

4. 改正数和平差值的计算

由联系数 k_i 和表 5-5 中的条件式系数（顾及权）计算角度改正数 v_i 和边改正数 v_{s_i}；

及由角改正数 v_{β_i} 计算的近似坐标方位角改正数 v_{α_i}，其结果均见表 5-6 所列。

编　号 i	角改正数 v_{β_i} ($''$)	方位角改正数 v_{α_i} ($''$)	边改正数 v_{s_i}（mm）	编　号 i	角改正数 v_{β_i} ($''$)	方位角改正数 v_{α_i} ($''$)	边改正数 v_{s_i}（mm）
1	− 4.01	− 4.01	2.77	4	− 3.93	− 15.30	2.31
2	− 3.79	− 7.80	2.70	5	− 1.03	16.33	2.64
3	− 3.57	− 11.37	4.67	6	4.33	− 12.00	

由表 5-6 中的改正数，计算各边边长平差值和坐标方位角平差值，并根据平差后角度值和边长计算各导线点的坐标平差值，则其结果可见于表 5-7。

点　　号	边平差值（m）	坐标方位角平差值（° ′ ″）	坐标平差值（m） $\hat{x}$	坐标平差值（m） $\hat{y}$
1	204.9548	277 17 31.99	3020.348	− 9049.801
2	200.1327	277 18 10.20	3046.363	− 9253.098
3	345.1577	267 57 28.63	3071.802	− 9451.607
4	278.0613	324 46 01.70	3059.504	− 9796.546
5	451.6946	337 00 25.67	3286.628	− 9956.960
6			3702.437	− 10133.399

5. 精度评定

由表 5-6 中取得 $[pvv] = 56.43$，于是计算单位权中误差 μ 得：

$$\mu = \pm\sqrt{\frac{[pvv]}{r}} = \pm\sqrt{\frac{56.43}{3}} = \pm 4''.3$$

由表 5-5 中的系数，组成三组转换系数方程，由

$$\left.\begin{array}{l} 12.0000 q_a^{\alpha} + 30.6276 q_b^{\alpha} + 29.3576 q_c^{\alpha} + 6.0000 = 0 \\ 30.6276 q_a^{\alpha} + 126.0117 q_b^{\alpha} + 92.4118 q_c^{\alpha} + 25.6514 = 0 \\ 29.3576 q_a^{\alpha} + 92.4118 q_b^{\alpha} + 97.4150 q_c^{\alpha} + 19.0914 = 0 \end{array}\right\}$$

解得：$q_a^{\alpha} = 0.1016$；$q_b^{\alpha} = − 0.2040$；$q_c^{\alpha} = − 0.0331$

根据式（5-22）算出：$\dfrac{1}{p_\alpha} = 6 + 6 q_a^{\alpha} − 25.6514 q_b^{\alpha} − 19.0914 q_c^{\alpha} = 0.74$

由：
$$\left.\begin{array}{l} 12.0000 q_a^{x} + 30.6276 q_b^{x} + 29.3576 q_c^{x} + 15.8546 = 0 \\ 30.6276 q_a^{x} + 126.0117 q_b^{x} + 92.4118 q_c^{x} + 71.6467 = 0 \\ 29.3576 q_a^{x} + 92.4118 q_b^{x} + 97.4150 q_c^{x} + 50.5462 = 0 \end{array}\right\}$$

解得：$q_a^{x} = 0.2674$；$q_b^{x} = − 0.6734$；$q_c^{x} = 0.0532$

根据式（5-23）算出：$\dfrac{1}{p_x} = 45.7594 + 15.8546 q_a^{x} − 71.6467 q_b^{x} + 50.5462 q_c^{x} = 4.44$

由：
$$\left.\begin{array}{l} 12.0000 q_a^{y} + 30.6276 q_b^{y} + 29.3576 q_c^{y} + 0.3886 = 0 \\ 30.6276 q_a^{y} + 126.0117 q_b^{y} + 92.4118 q_c^{y} + 1.7598 = 0 \\ 29.3576 q_a^{y} + 92.4118 q_b^{y} + 97.4150 q_c^{y} + 8.7293 = 0 \end{array}\right\}$$

解得：$q_a^y = 0.5996$；$q_b^y = 0.1266$；$q_c^y = -0.3904$

根据式（5-24）算出：$\dfrac{1}{p_y} = 7.5179 + 0.3886 q_a^y + 1.7598 q_b^y - 8.7293 q_c^y = 4.57$

计算 3—4 号边的坐标方位角中误差；4 号点的纵、横坐标中误差和点位中误差分别为：

$$m''_{\alpha(3-4)} = \pm \mu \sqrt{\frac{1}{p_\alpha}} = \pm 4.3 \sqrt{0.74} = \pm 3''.7$$

$$m_{x_4} = \pm \mu \sqrt{\frac{1}{p_x}} = \pm 4.3 \sqrt{4.44} = \pm 9.1 \text{ mm}$$

$$m_{y_4} = \pm \mu \sqrt{\frac{1}{p_y}} = \pm 4.3 \sqrt{4.57} = \pm 9.2 \text{ mm}$$

$$M_4 = \sqrt{(9.1)^2 + (9.2)^2} = \pm 12.9 \text{ mm}$$

第三节　导线网按条件平差

在实际工作中，导线常布设成由若干单一导线构成的环形或结点形式的导线网。

当导线网按条件平差时，每一个闭合环和每一条附合路线的多余观测数均为 3（均应列 3 个条件），当导线网中闭合环数和附合路线数较多时，导线网平差计算时组成条件方程，答解法方程的工作量是相当大的。一般在计算机上用导线网平差程序进行计算。这里仅介绍导线网按条件平差时条件方程的列立和平差计算步骤。

一、导线网的条件数

导线网按条件平差时，条件数仍等于多余观测数。

导线网中由单一导线形成闭合环时，每一闭合环的多余观测数为 3，故每一环有 3 个条件，其中 1 个是多边形角度条件，两个是多边形坐标闭合条件。

图 5-4 中有 4 个闭合环，共有 12 个条件，为网中闭合环数的 3 倍。设闭合环数为 q 时，则条件数应为 $3q$。

此外，还有从一已知方位角出发，经过一定的推算路线推算到另一已知方位角而产生的方位角条件；从一个起算点推算到另一起算点而产生的纵、横坐标条件，即每一条附合路线也产生 3 个条件。若设 R 为有起算坐标和方位角的已知点数，则由此而产生的附合导线条件数为 $3(R-1)$。图 5-4 中 $R=3$，故有 6 个附合条件。当以边长和角度作为观测值时，还应考虑到有中心结点形成的圆周条件。图 5-4 中央的 $N_2(7)$ 结点处构成 1 个圆周条件。设构成圆周条件的结点数为 K，则导线网的条件总数一般可由下式计算：

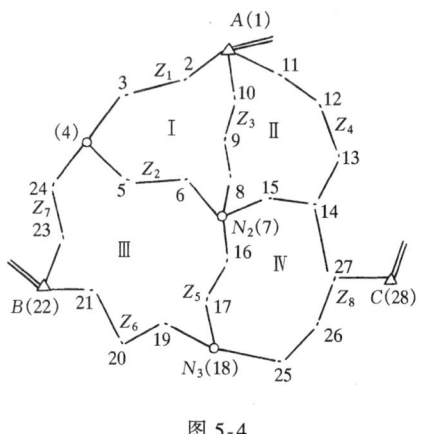

图 5-4

$$r = 3q + 3(R-1) + K = 3(q + R - 1) + K \tag{5-25}$$

式中　方位角和多边形角度条件数为（$q + R - 1$）；坐标条件数为 $2（q + R - 1）$；结点所产生的圆周条件数为 K。

对图 5-4 中的导线网，用公式（5-26）计算，其条件方程总数为：

$$r = 3(q + R - 1) + K = 3(4 + 3 - 1) + 1 = 19。$$

其中：多边形角条件 4 个，方位角条件 2 个，多边形坐标增量闭合条件 8 个，纵、横坐标条件 4 个，圆周条件数 1 个。若用 N 表示导线网中测边、测角的总个数，P 表示待定点的个数，为确定一个待定点，必要观测量 $t = 2$，则图 5-4 中导线网条件方程的总数等于多余观测的个数：

$$r = N - 2P = 67 - 48 = 19$$

与用（5-25）式计算的结果一致。

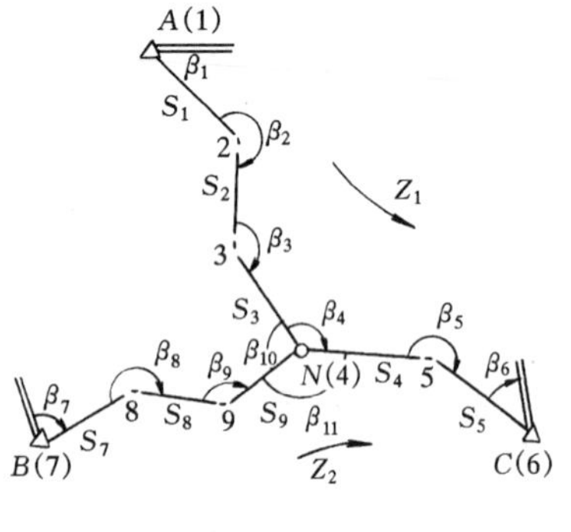

二、条件方程

为简便起见，现以单结点导线网为例，列出条件方程式。

图 5-5 中的 A、B、C 为具有起算方位角和坐标的已知点，N 为结点。导线网中 $q = 0$，$R = 3$，$K = 1$ 故条件方程总数为：$r = 3（R - 1）+ 1 = 7$。其中有两个方位角附合条件，两对（4 个）坐标条件，以及 1 个圆周条件。

图 5-5

在选择附合条件的传算路线时，为了节省计算工作量，一般以最短路线作为传算路线（图中选取 Z_1、Z_2 作为传算路线，箭头表示推算方向）。

（一）按式（5-5）列出 Z_1、Z_2 两条路线的方位角条件

Z_1：　　$v_{\beta_1} + v_{\beta_2} + v_{\beta_3} + v_{\beta_4} + v_{\beta_5} + v_{\beta_6} + w_{\alpha_1} = 0$

Z_2：　　$v_{\beta_7} + v_{\beta_8} + v_{\beta_9} + v_{\beta_{10}} + v_{\beta_4} + v_{\beta_5} + v_{\beta_6} + w_{\alpha_2} = 0$

（二）按式（5-9）列出 Z_1、Z_2 两条路线的纵、横坐标条件

Z_1：　　$\sum_1^5 \cos\alpha_i v_{s_i\mathrm{dm}} - \dfrac{10^4}{\rho''} \sum_1^5 (y_c - y_i)_{\mathrm{km}} v''_{\beta_i} + (w_{x_1})_{\mathrm{dm}} = 0$

　　　　$\sum_1^5 \sin\alpha_i v_{s_i} + \dfrac{10^4}{\rho} \sum_1^5 (x_c - x_i) v_{\beta_i} + w_{y_1} = 0$

Z_2：　　$\sum_7^9 \cos\alpha_i v_{s_i} + \cos\alpha_4' v_{s_4} + \cos\alpha_5 v_{s_5} - \dfrac{10^4}{\rho''} \sum_7^9 (y_c - y_i) v_{\beta_i} - \dfrac{10^4}{\rho''}(y_c - y_4) v_{\beta_{10}}$

　　　　　$- \dfrac{10^4}{\rho''}(y_c - y_4) v_{\beta_4} - \dfrac{10^4}{\rho''}(y_c - y_5) v_{\beta_5} + w_{x_2} = 0$

　　　　$\sum_7^9 \sin\alpha_i v_{s_i} + \sin\alpha'_4 v_{s_4} + \sin\alpha_5 v_{s_5} + \dfrac{10^4}{\rho''} \sum_7^9 (x_c - x_i) v_{\beta_i} + \dfrac{10^4}{\rho''}(x_c - x_4) v_{\beta_{10}}$

　　　　　$+ \dfrac{10^4}{\rho''}(x_c - x_4) v_{\beta_4} + \dfrac{10}{\rho}(x_c - x_5) v_{\beta_5} + w_{y_2} = 0$

式中　α_4 和 α'_4 分别为 Z_1、Z_2 两条路线推算的 $N - 5$ 的方位角。

（三）圆周条件

$$v_{\beta_4} + v_{\beta_{10}} + v_{\beta_{11}} + w_7 = 0$$

由上列 7 个条件方程、顾及观测值的权，便可组成 7 个法方程，解算法方程，求得联系数 K，代入改正数方程后，便可得各观测值改正数。用经过改正后的边长和角度值计算方位角最后求得各导线点最终坐标。

三、精度评定

导线网平差后计算单位权中误差 μ，计算平差值函数中误差 m_F，点位中误差 M_P 这些均与本章第二节所述相同。只是在评定某点点位中误差时，一般是选择路线长、点数最多的一条来推算结点的权函数式，以评定该点的精度。因为，由该原则确定的路线，结点可能达到最低限度的点位精度。

四、导线网按条件平差的步骤

1. 绘平差略图，编制起算数据表；

2. 计算条件数，选取传算路线；

3. 确定观测值的权；

4. 依推算路线计算角度闭合差；

5. 由角度和边长推算坐标增量和各点坐标；

6. 计算坐标条件闭合差；

7. 按表 5-1、5-2 计算条件方程系数和权函数式系数；

8. 法方程的组成与解算；

9. 按改正数方程求各折角和观测边长的改正数；

10. 以改正后的角度、边长计算方位角和坐标增量；

11. 计算各导线点的最后坐标；

12. 精度评定。

第四节　导线网按间接平差

导线网按间接平差时，一般选待定点的纵、横坐标为未知数，故又称为导线网坐标平差。由于导线网按间接平差时，列立观测值的误差方程简单、易列、规律性强，便于编制程序，尽管其未知数个数较多，法方程阶数较高，但若使用计算机编程计算，答解高阶法方程并不困难，因此，常采用间接平差法。

导线网采用坐标平差时，方向（或角度）观测值的误差方程与三角网的误差方程相同，边长观测值的误差方程与测边网的误差方程相同。

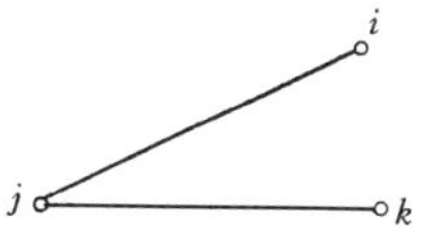

在图 5-6 中方向观测值 L_{jk} 的误差方程为：

图 5-6

$$v_{jk} = -\Delta Z_j + a_{jk}\delta x_j + b_{jk}\delta y_j - a_{jk}\delta x_k - b_{jk}\delta y_k + l_{jk} \tag{5-26}$$

式中

$$a_{jk} = \frac{\sin\alpha_{jk}^0 \rho}{s_{jk}^0} \qquad b_{jk} = -\frac{\cos\alpha_{jk}^0 \rho}{s_{jk}^0}$$

当 s^0 以米为单位，坐标改正数 δx、δy 以厘米为单位时，$\rho = 2062.65$，ΔZ_j 为定向角改正数，而常数项

$$l_{jk} = -Z_j^0 + \alpha_{jk}^0 - L_{jk}$$

其中
$$Z_j^0 = \frac{1}{N_j}\sum_{i=1}^{N_j}(\alpha_i^0 - L_{ji})$$

N_j 表示测站 j 上的观测方向数，Z_j^0 表示定向角近似值。

角度观测值 L_j 的误差方程为：

$$v_j = (a_{jk} - a_{ji})\delta x_j + (b_{jk} - b_{ji})\delta y_j + a_{ji}\delta x_i - a_{jk}\delta x_k + b_{ji}\delta y_i - b_{jk}\delta y_k + l_j \qquad (5\text{-}27)$$

式中
$$l_j = \alpha_{jk}^0 - \alpha_{ji}^0 - L_j$$

边长观测值的误差方程根据式（4-59）可得：

$$v_{S_{jk}} = -\cos\alpha_{jk}^0\delta x_j - \sin\alpha_{jk}^0\delta y_j + \cos\alpha_{jk}^0\delta x_k + \sin\alpha_{jk}^0\delta y_k + l_{S_{jk}} \qquad (5\text{-}28)$$

式中
$$l_{S_{jk}} = s_{jk}^0 - s_{jk}$$

在以上各式中，s_{jk}^0 和 α_{jk}^0 表示根据近似坐标（x^0，y^0）求得的近似边长和近似坐标方位角。

由误差方程组成法方程，解算法方程，求得未知数。将未知数代入误差方程，计算全部观测值方向（或角度）、边长的改正数，最后求出各待定点的坐标平差值和各观测值的平差值。在答解法方程时，对法方程系数阵求逆阵，得未知数的权系数阵，从而可以全面地评定每个待定点的纵、横坐标的精度和点位精度。整个平差计算过程与边角网间接平差的计算过程相同，这里不再重述。

思考题及习题

5-1　单一附合导线按条件平差时，为什么只有3个条件？它们是怎样产生的？

5-2　坐标方位角条件和纵、横坐标条件的最后形式是什么？怎样计算这3个条件的闭合差 w_α、w_x、w_y？

5-3　导线网平差时，如何定权？

5-4　某单一附合导线共有5个导线点（如图5-7所示），试用文字符号列出按条件平差时的条件方程。

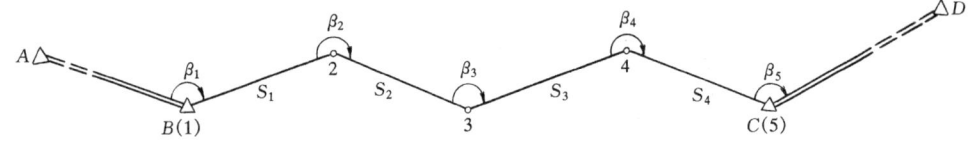

图 5-7

5-5　评定精度时，计算 $[pvv]$ 以及计算某导线点坐标的权倒数用到哪些计算公式？如何列导线点坐标的权函数式？

5-6　试用条件平差法，解出图5-8中各导线点的最或然坐标（$m_\beta = \pm 1.''8$；$m_s = \pm$（5mm $\pm$ 5 $\times$ $10^{-6}s_i$）），并求3号点坐标平差值的中误差和点位中误差。

5-7　导线网如图5-1（b）所示，现问：（1）用条件平差法平差时应列多少个条件方程？各类条件方程是多少？应组成几阶法方程？（2）按角度进行坐标平差时应列多少个误差方程？应组成几阶法方

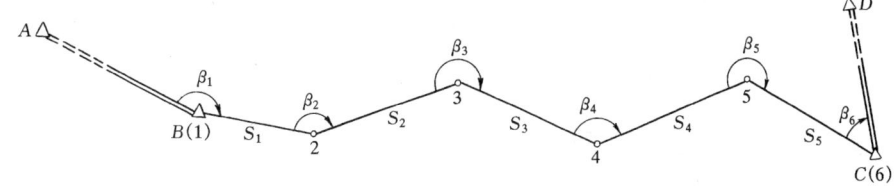

图 5-8

程？

题 5-6 的已知数据及观测值表

点 号	已知坐标（m）		编 号	方 位 角
	x	y		（° ′ ″）
B	3 358 992.328	68 225.416	α_{AB}	168 51 06.3
C	3 347 724.976	79 833.124	α_{CD}	40 23 22.7
编 号	观测角度 （° ′ ″）	编 号	观测边长	
1	167 43 17.5	s_1	2555.539	
2	130 47 41.7	s_2	4409.385	
3	197 18 17.5	s_3	3038.541	
4	174 51 42.9	s_4	4760.178	
5	244 37 49.1	s_5	3540.426	
6	36 13 27.1			

第六章 误 差 椭 圆

第一节 概　　述

在控制测量中，点的平面位置是用一对平面直角坐标来确定，即用 XOY 坐标系中的纵坐标和横坐标来表示的。为了确定待定点的平面位置，通常需要进行一系列的观测。由于测量中不可避免地存在观测误差，因而根据观测值并通过平差计算而获得的是待定点的最或然坐标 (x, y)，并不是待定点的真坐标 $(\tilde{x}, \tilde{y})$，也就是说使待定点的位置产生了一定的位移。

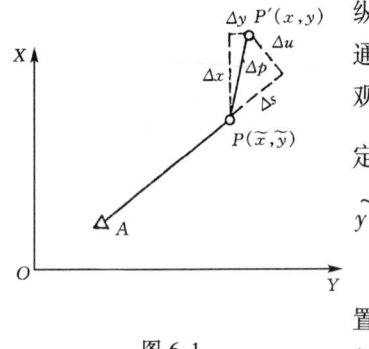

图 6-1

在图 6-1 中设 A 为无误差的已知点，P 为待定点的位置，其坐标值为 $(\tilde{x}, \tilde{y})$。P' 为由观测值通过平差所求得的最或然点位 (x, y)。这就使待定点的真位置 P 移动到 P'，移动量 $PP' = \Delta P$ 就是由观测误差所引起的待定点的点位真误差（简称真误差）。由图知：

$$\left. \begin{array}{l} \Delta x = x - \tilde{x} \\ \Delta y = y - \tilde{y} \end{array} \right\} \tag{6-1}$$

式中　Δx 是点位真误差 ΔP 在纵坐标轴 X 上的投影，称为点位在 X 方向上的真位差；

　　　Δy 是点位真误差 ΔP 在横坐标轴 Y 上的投影，称为点位在 Y 方向上的真位差。

点位真误差 ΔP 与 Δx、Δy 有如下关系：

$$\Delta P^2 = \Delta x^2 + \Delta y^2 \tag{6-2}$$

由于待定点的真位置 $P(\tilde{x}, \tilde{y})$ 是无法知道的，所以真误差 ΔP 也就无法知道。当然，ΔP 在纵、横坐标轴上的投影也就不可能知道。但是，经过平差后，P 点坐标平差值 (x, y) 的中误差 m_x 和 m_y 却是已知的。且 P 点的点位中误差与 P 点在 x 方向上和 y 方向上的中误差 m_x 和 m_y 的关系式为：

$$M_P^2 = m_x^2 + m_y^2 \tag{6-3}$$

式中　M_P 称为待定点 P 的点位中误差，简称点位误差。

点位在 x、y 方向上的中误差 m_x、m_y 又称为点位在 x 方向和 y 方向上的位差。

如果将待定点 P 的真位差投影到 AP 延长线方向及与 AP 方向垂直的方向上，则可得到这两待定方向上的真位差为：Δs 和 Δu（见图 6-1）。

显然，由图 6-1 知：$\Delta P^2 = \Delta s^2 + \Delta u^2$

仿照式 (6-3)，又可写成为　　$M_P^2 = m_s^2 + m_u^2 \tag{6-4}$

式中 m_s 称为纵向误差，它是点位在 AP 方向（纵向）上的位差；m_u 为横向误差，它是点位在 AP 的垂直方向（横向）上的位差。

通过纵横向误差来求待定点的点位误差，是测量工作中的一种常用的方法。

如果将图 6-1 中的坐标系旋转某一个角度 φ，就可得到新的坐标系 $X'OY'$（如图 6-2 所示），则 A、P、P' 各点的坐标分别为 $(x'_A，y'_A)$、$(\widetilde{x}'_P，\widetilde{y}'_P)$、$(x'_{P'}，y'_{P'})$。虽然在新坐标系中对应的真误差 $\Delta x'$ 和 $\Delta y'$ 的大小变了，但是 ΔP 的大小将不受坐标轴的变动而发生变化，此时：

$$\Delta P^2 = \Delta x'^2 + \Delta y'^2$$

仿照式（6-3）亦可以写出：

$$M_P^2 = m_{x'}^2 + m_{y'}^2 \tag{6-5}$$

由式（6-3）、（6-4）和（6-5）可知，点位中误差的平方（即点位方差的估值总是等于点位在两个相互垂直的方向上的位差的平方和。也就是说，点位中误差的大小与坐标系的选择无关。

从以上的分析可知，点位中误差 M_P 虽然可以用来评定待定点的点位精度，但它却不能代表该点在某一任意方向上的位差大小。在某些情况下，点位中误差并不十分重要，而需要研究点位在某些特殊方向上的位差大小，了解点位在哪一个方向上的位差最大，在哪一个方向上的位差最小。例如，在桥墩的放样工作中，就要研究点位在桥轴线方向上的位差的大小。

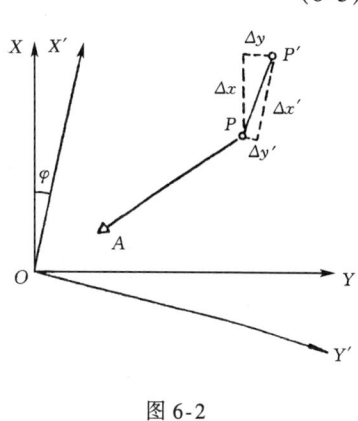

图 6-2

为了便于求定待定点点位在任意方向上位差的大小，一般是通过求出待定点的点位误差椭圆来实现的。通过误差椭圆可以求得待定点在任意方向上的位差，这样就可以较精确地、形象地、全面地反映待定点点位在各个方向上误差的分布情况。

第二节 点 位 误 差

一、点位误差的计算

待定点在纵、横坐标轴上的坐标中误差计算公式为

$$\left.\begin{aligned} m_x^2 = \mu^2 \frac{1}{p_x} = \mu^2 Q_{xx} \\ m_y^2 = \mu^2 \frac{1}{p_y} = \mu^2 Q_{yy} \end{aligned}\right\} \tag{6-6}$$

根据式（6-3）可求得点位中误差

$$M_P^2 = m_x^2 + m_y^2 = \mu^2(Q_{xx} + Q_{yy}) = \mu^2\left(\frac{1}{p_x} + \frac{1}{p_y}\right) \tag{6-7}$$

式中 μ 为单位权中误差；Q_{xx}、Q_{yy} 是待定点坐标 x 和 y 的权倒数。

关于 Q_{xx}、Q_{yy} 的计算，现分别按间接平差和条件平差简述如下：

当以三角网中待定点的坐标作为未知数，按间接平差法平差时，法方程系数阵的逆阵

就是协因数阵 Q。

当三角网中只有一个待定点时，有：

$$Q = (B^\mathrm{T}PB)^{-1} = \begin{pmatrix} Q_\mathrm{xx} & Q_\mathrm{xy} \\ Q_\mathrm{yx} & Q_\mathrm{yy} \end{pmatrix} \tag{6-8}$$

其中主对角线元素 Q_xx、Q_yy 就是待定点坐标 x 和 y 的权倒数，而 Q_xy 和 Q_yx 就是它们的相关权倒数（相关权倒数在后面的公式推导中要用到）。

当三角网中有多个待定点（例如有 S 个待定点）时，协因数阵为：

$$\underset{2s\times2s}{Q} = (B^\mathrm{T}PB)^{-1} = \begin{pmatrix} Q_{x_1x_1} & Q_{x_1y_1} & \cdots & Q_{x_1x_i} & Q_{x_1y_i} & \cdots & Q_{x_1x_s} & Q_{x_1y_s} \\ Q_{y_1x_1} & Q_{y_1y_1} & \cdots & Q_{y_1x_i} & Q_{y_1y_i} & \cdots & Q_{y_1x_s} & Q_{y_1y_s} \\ \cdots & \cdots & \cdots & \cdots & \cdots & \cdots & \cdots & \cdots \\ Q_{x_sx_1} & Q_{x_sy_1} & \cdots & Q_{x_sx_i} & Q_{x_sy_i} & \cdots & Q_{x_sx_s} & Q_{x_sy_s} \\ Q_{y_sx_1} & Q_{y_sy_1} & \cdots & Q_{y_sx_i} & Q_{y_sy_i} & \cdots & Q_{y_sx_s} & Q_{y_sy_s} \end{pmatrix} \tag{6-9}$$

主对角线上的元素为相应待定点坐标的权倒数 Q_xx、Q_yy，而相关权倒数 Q_xy 和 Q_yx 则在主对角线的两侧。

当三角网按条件平差时，待定点的坐标是平差值的函数。求待定点最或然坐标的权倒数，可以根据求平差值函数的权倒数方法进行计算。

设待定点 P 的最或然坐标 x、y 的函数式为：

$$x = f_\mathrm{x}^\mathrm{T}\hat{L}; y = f_\mathrm{y}^\mathrm{T}\hat{L} \tag{6-10}$$

根据第二章所述平差值函数中误差式可直接写出：

$$\left. \begin{aligned} Q_\mathrm{xx} &= f_\mathrm{x}^\mathrm{T}Q_{\hat{L}\hat{L}}f_\mathrm{x} = f_\mathrm{x}^\mathrm{T}P^{-1}f_\mathrm{x} + f_\mathrm{x}^\mathrm{T}P^{-1}A^\mathrm{T}q_\mathrm{x} \\ Q_\mathrm{yy} &= f_\mathrm{y}^\mathrm{T}Q_{\hat{L}\hat{L}}f_\mathrm{y} = f_\mathrm{y}^\mathrm{T}P^{-1}f_\mathrm{y} + f_\mathrm{y}^\mathrm{T}P^{-1}A^\mathrm{T}q_\mathrm{y} \end{aligned} \right\} \tag{6-11}$$

式中 P^{-1} 为观测值的权逆阵；A 为条件方程的系数阵；q_x 和 q_y 分别为式（6-10）中权函数式的转换系数阵。它们可由下式解得：

$$\left. \begin{aligned} Nq_\mathrm{x} + AP^{-1}f_\mathrm{x} &= 0 \\ Nq_\mathrm{y} + AP^{-1}f_\mathrm{y} &= 0 \end{aligned} \right\} \tag{6-12}$$

实际上，就是保持法方程系数阵不变，而分别以（$AP^{-1}f_\mathrm{x}$）和（$AP^{-1}f_\mathrm{y}$）为常数项解得的结果。式（6-11）的纯量形式为：

$$\left. \begin{aligned} Q_\mathrm{xx} &= \left[\frac{f_\mathrm{x}f_\mathrm{x}}{p}\right] + \left[\frac{af_\mathrm{x}}{p}\right]q_\mathrm{ax} + \left[\frac{bf_\mathrm{x}}{p}\right]q_\mathrm{bx} + \cdots\cdots + \left[\frac{rf_\mathrm{x}}{p}\right]q_\mathrm{rx} \\ Q_\mathrm{yy} &= \left[\frac{f_\mathrm{y}f_\mathrm{y}}{p}\right] + \left[\frac{af_\mathrm{y}}{p}\right]q_\mathrm{ay} + \left[\frac{bf_\mathrm{y}}{p}\right]qb_\mathrm{y} + \cdots\cdots + \left[\frac{rf_\mathrm{y}}{p}\right]q_\mathrm{ry} \end{aligned} \right\} \tag{6-13}$$

式中 q_ax、$q_\mathrm{bx}\cdots\cdots q_\mathrm{rx}$ 和 q_ay、$q_\mathrm{by}\cdots\cdots q_\mathrm{ry}$ 都是由对称线性方程组中解出的未知数。

在条件平差中，求 Q_xy 可用下面的公式：

$$Q_\mathrm{xy} = f_\mathrm{x}^\mathrm{T}P^{-1}f_\mathrm{y} + f_\mathrm{x}^\mathrm{T}P^{-1}A^\mathrm{T}q_\mathrm{y} \tag{6-14}$$

或

$$Q_\mathrm{yx} = f_\mathrm{y}^\mathrm{T}P^{-1}f_\mathrm{x} + f_\mathrm{y}^\mathrm{T}P^{-1}A^\mathrm{T}q_\mathrm{x} \tag{6-15}$$

它们的纯量形式为：

$$Q_{xy} = \left[\frac{f_x f_y}{p}\right] + \left[\frac{a f_x}{p}\right] q_{ay} + \left[\frac{b f_x}{p}\right] q_{by} + \cdots\cdots + \left[\frac{r f_x}{p}\right] q_{ry} \qquad (6\text{-}16)$$

或：
$$Q_{yx} = \left[\frac{f_y f_x}{p}\right] + \left[\frac{a f_y}{p}\right] q_{ax} + \left[\frac{b f_y}{p}\right] q_{bx} + \cdots\cdots + \left[\frac{r f_y}{p}\right] q_{rx} \qquad (6\text{-}17)$$

二、任意方向上的位差

由图 6-2 可知，点位在不同的方向上的位差的大小是不同的。为了求定 P 点在某一任意方向 φ 上的位差，需要先找出待定点 P 在方向 φ 上的真误差 $\Delta\varphi$ 与纵横坐标值 Δx、Δy 的真误差的函数关系，然后求出位差。P 点在 φ 方向上的位置真误差，实际上就是 P 点点位真误差在 φ 方向的投影值。如图 6-3，点位真误差 PP' 在 φ 方向上的投影值为 PP'''。图中 $\Delta\varphi$ 与 Δx、Δy 的关系式为：

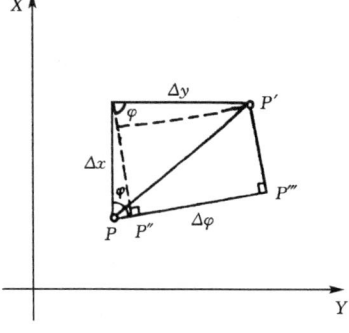

图 6-3

$$\Delta\varphi = \overline{PP''} + \overline{P''P'''} = \Delta x \cos\varphi + \Delta y \sin\varphi$$

根据协因数传播定律得：
$$Q_{\varphi\varphi} = Q_{xx}\cos^2\varphi + Q_{yy}\sin^2\varphi + Q_{xy}\sin 2\varphi \qquad (6\text{-}18)$$

式中 $Q_{\varphi\varphi}$ 即为求 φ 方向上的位差时的权倒数。

若以 $Q_{\varphi\varphi}$ 乘以单位权中误差 μ^2 则得：
$$m_\varphi^2 = \mu^2 Q_{\varphi\varphi} = \mu^2(Q_{xx}\cos^2\varphi + Q_{yy}\sin^2\varphi + Q_{xy}\sin 2\varphi) \qquad (6\text{-}19)$$

式（6-19）即为由给定的方位角 φ，求 P 点在该方向上位差的实用公式。

三、位差的极值及极值方向

已知点位在不同方向上位差大小是不同的。实际工作中往往需要知道在一定的观测精度下，点位的位差在什么方向上最大，什么方向上最小，也即位差的最大值及最小值应是多大？为回答此问题需先寻求位差的极值方向。

在式（6-19）中，μ 代表单位权中误差，其大小与方位角 φ 无关。而 $Q_{\varphi\varphi}$ 的大小则是随着 φ 值的改变而改变的。因此，为了求位差的极大值和极小值，只要将 $Q_{\varphi\varphi}$ 对 φ 角取一阶导数，并令其为零，即可求出极值时的方向 φ_0，即：

$$\frac{\mathrm{d}Q_{\varphi\varphi}}{\mathrm{d}\varphi} = \frac{\mathrm{d}}{\mathrm{d}\varphi}(Q_{xx}\cos^2\varphi + Q_{yy}\sin^2\varphi + Q_{xy}\sin 2\varphi) = 0$$

亦即：$-2Q_{xx}\cos\varphi_0\sin\varphi_0 + 2Q_{yy}\sin\varphi_0\cos\varphi_0 + 2Q_{xy}\cos 2\varphi_0 = 0$

根据三角公式，得：

$$-(Q_{xx} - Q_{yy})\sin 2\varphi_0 + 2Q_{xy}\cos 2\varphi_0 = 0$$

由此得：
$$\mathrm{tg}2\varphi_0 = \frac{2Q_{xy}}{Q_{xx} - Q_{yy}} \qquad (6\text{-}20)$$

因为 $\mathrm{tg}2\varphi_0 = \mathrm{tg}(2\varphi_0 + 180°)$，所以式（6-20）有两个根：一个根为 $2\varphi_0$；另一个根为 $2\varphi_0 + 180°$。

因此，位差具有两个极值方向，它们是 φ_0 和（$\varphi_0 + 90°$）。可见位差为极值时的两个方向是正交的。现在的问题是：在这相互垂直的两个方向中，哪个是极大值方向，哪个又是极小值方向呢？通过对权倒数 $Q_{\varphi\varphi}$ 的分析，可以证明（证明从略）：极值方向只与 Q_{xy} 有关。

当 Q_{xy} 为正时，极大值在第一、三象限；极小值在第二、四象限。

当 Q_{xy} 为负时，极大值在第二、四象限；极小值在第一、三象限。

由此可见：$Q_{\varphi\varphi}$ 取得极大值一定是在互差 180° 的两个方向上；同样地，$Q_{\varphi\varphi}$ 取得极小值的也是在互差 180° 的两个方向上。而且，极大值与极小值的方向总是互相垂直的。

通常用 φ_E 和 $\varphi_E \pm 180°$ 表示极大值的两个方向；用 φ_F 和 $\varphi_F \pm 180°$ 表示极小值的两个方向。φ_E 和 φ_F 总是互差 90°，即 $\varphi_F = \varphi_E \pm 90°$。

用 φ_E 和 φ_F 分别代入式（6-19），就可求得位差的极大值和极小值（通常用 E 表示位差的极大值，用 F 表示位差的极小值）。

将 φ_E 代入式（6-19），得位差的极大值：

$$E^2 = m_{\varphi E}^2 = \mu^2(Q_{xx}\cos^2\varphi_E + Q_{yy}\sin^2\varphi_E + Q_{xy}\sin2\varphi_E) \tag{6-21}$$

将 φ_F 代入式（6-19），得位差的极小值：

$$F^2 = m_{\varphi F}^2 = \mu^2(Q_{xx}\cos^2\varphi_F + Q_{yy}\sin^2\varphi_F + Q_{xy}\sin2\varphi_F) \tag{6-22}$$

因为 $\varphi_F = \varphi_E \pm 90°$，所以有：

$$F^2 = m_{\varphi F}^2 = \mu^2(Q_{xx}\sin^2\varphi_E + Q_{yy}\cos^2\varphi_E - Q_{xy}\sin2\varphi_E) \tag{6-23}$$

因为位差的极大值方向与极小值方向互相垂直，故可由 E 和 F 来计算点位中误差，即：

$$M_P^2 = E^2 + F^2 = \mu^2(Q_{xx} + Q_{yy})$$

利用式（6-21）、（6-22）、（6-23），即可计算某待定点位差的最大值 E 和最小值 F。但由于诸式需通过三角函数计算，使用上很不方便。所以在实际计算中，都是采用以下推导得到的公式进行计算。

由三角学可知：

$$\sin2\varphi_0 = \pm\frac{1}{\sqrt{1 + \text{ctg}^2 2\varphi_0}} = \pm\frac{\text{tg}2\varphi_0}{\sqrt{\text{tg}^2\varphi_0 + 1}}$$

将式（6-20）代入上式得：

$$\sin2\varphi_0 = \pm\frac{2Q_{xy}}{\sqrt{(Q_{xx} - Q_{yy})^2 + 4Q_{xy}^2}} \tag{6-24}$$

考虑到 $\text{ctg}^2 2\varphi_0 + 1 = \dfrac{1}{\sin^2 2\varphi_0}$，并将式（6-24）及下列三角公式：

$$\cos^2\varphi_0 = \frac{1 + \cos2\varphi_0}{2}; \sin^2\varphi_0 = \frac{1 - \cos2\varphi_0}{2}$$

同时代入式（6-18），并经整理得：

$$Q_{\varphi\varphi} = \frac{1}{2}\left\{(Q_{xx} + Q_{yy}) \pm \sqrt{(Q_{xx} - Q_{yy})^2 + 4Q_{xy}^2}\right\} \tag{6-25}$$

令 $K = \sqrt{(Q_{xx} - Q_{yy})^2 + 4Q_{xy}^2}$，则代入上式得：

$$Q_{\varphi\varphi} = \frac{1}{2}\{(Q_{xx} + Q_{yy}) \pm K\} \tag{6-26}$$

式中 K 是算术平方根，恒取正值。当 K 前取正号时，$Q_{\varphi\varphi}$ 为极大值；K 前取负号时，$Q_{\varphi\varphi}$ 为极小值。所以，位差的最大值平方与最小值平方为：

$$
\left.\begin{array}{l}
E^2 \;=\; \dfrac{1}{2}\,\mu^2(\,Q_{xx}\;+\;Q_{yy}\;+\;K\,)\\[4mm]
F^2 \;=\; \dfrac{1}{2}\,\mu^2(\,Q_{xx}\;+\;Q_{yy}\;-\;K\,)
\end{array}\right\}
\tag{6-27}
$$

【例 6-1】 已知某平面控制网中待定点 P 的协因数阵的元素为：

$$
Q_{\hat{x}\hat{x}} \;=\; \begin{pmatrix} Q_{xx} & Q_{xy}\\ Q_{yx} & Q_{yy} \end{pmatrix} \;=\; \begin{pmatrix} 0.4494 & -0.2082\\ -0.2082 & 0.3806 \end{pmatrix}
$$

协因数的单位为 $(cm/('')\,)^2$。单位权中误差 $\mu = \pm 5''$。试求：最大位差方向 φ_E；最小位差方向 φ_F；最大位差 E；最小位差 F 以及该点的点位误差 M_P。

解： 1. 根据式（6-20）求极值方向

$$
\mathrm{tg}2\varphi_0 = \frac{2Q_{xy}}{Q_{xx} - Q_{yy}} = \frac{2 \times (-0.2082)}{0.4494 - 0.3806} = -6.0523
$$

解上式得：

$2\varphi_0 = 99°22'55''$ 及 $279°22'55''$，即：$\varphi_0 = 49°41'27.5''$ 及 $139°41'27.5''$

因为 $Q_{xy} = -0.2082 < 0$。所以极大值的方向在第二、四象限；极小值的方向在第一、三象限，即：

$$
\varphi_E = 139°41'27.5'' \text{ 或 } 319°41'27.5''
$$

$$
\varphi_F = 49°41'27.5'' \text{ 或 } 229°41'27.5''
$$

2. 根据式（6-27）求最大位差与最小位差

$$
E^2 = \frac{1}{2}\mu^2\,(Q_{xx} + Q_{yy} + K)
$$

$$
= \frac{5^2}{2}\,(0.4494 + 0.3806) \;+\; \sqrt{(0.4494 - 0.3806)^2 + 4 \times (-0.2082)^2} = 15.6506
$$

$$
F^2 = \frac{1}{2}\mu^2\,(Q_{xx} + Q_{yy} - K)
$$

$$
= \frac{5^2}{2}\,(0.4494 + 0.3806) \;-\; \sqrt{(0.4494 - 0.3806)^2 + 4 \times (-0.2082)^2} = 5.0994
$$

所以，最大位差 $E = \pm 3.69cm$，最小位差 $F = \pm 2.26cm$

3. 点位误差

因：$M_P^2 = E^2 + F^2 = 15.6506 + 5.0994 = 20.7500$，所以：

$$
M_P = \pm 4.55cm
$$

第三节　误差曲线与误差椭圆

一、以极值表示任意方向上的位差

前一节导出了计算待定点 P 在任意方向上位差的实用公式（6-19），式中的任意方向 φ 是由纵坐标轴 X 轴起算的。按式（6-19）所得到的位差乃是 P 点在方位角为 φ 这一方向上的位差。当方位角为 φ_E 和 φ_F 时，分别得到 P 点的最大位差 E 和最小位差 F。

那么任意方向上的位差与位差的极值 E 和 F 有什么关系呢？为今后讨论方便起见，现在导出以极值 E、F 表示的任意方向 θ 上的位差实用公式。

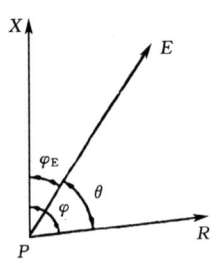

图 6-4

在图 6-4 中，以 E_θ 表示极大值方向绕 P 点旋转任意角度 θ 后，方向 PR 上的位差，此处 θ 以极大值 E 为起始轴，φ 与 θ 的关系由图 6-4 可知：

$$\varphi = \varphi_E + \theta$$

位差：$E_\theta = m_\varphi$。所以，由式（6-19）可得：

$$E_\theta^2 = m_\varphi^2 = \mu^2[Q_{xx}\cos^2(\varphi_E + \theta) + Q_{yy}\sin^2(\varphi_E + \theta) + Q_{xy}\sin2(\varphi_E + \theta)] \tag{6-28}$$

顾及三角公式中的和角公式，可得：

$$\cos^2(\varphi_E + \theta) = \cos^2\varphi_E\cos^2\theta - \frac{1}{2}\sin2\varphi_E\sin2\theta + \sin^2\varphi_E\sin^2\theta$$

$$\sin^2(\varphi_E + \theta) = \sin^2\varphi_E\cos^2\theta + \frac{1}{2}\sin2\varphi_E\sin2\theta + \cos^2\varphi_E\sin^2\theta$$

$$\sin2(\varphi_E + \theta) = \sin2\varphi_E\cos^2\theta + \cos2\varphi_E\sin2\theta - \sin2\varphi_E\sin^2\theta$$

将上面三个式子代入式（6-28），并按 θ 并项得：

$$E_\theta^2 = \mu^2\Big\{Q_{xx}(\cos^2\varphi_E\cos^2\theta - \frac{1}{2}\sin2\varphi_E\sin2\theta + \sin^2\varphi_E\sin^2\theta) +$$

$$Q_{yy}(\sin^2\varphi_E\cos^2\theta + \frac{1}{2}\sin2\varphi_E\sin2\theta + \cos^2\varphi_E\sin^2\theta) +$$

$$Q_{xy}(\sin2\varphi_E\cos^2\theta + \cos2\varphi_E\sin2\theta - \sin2\varphi_E\sin^2\theta)\Big\}$$

$$= \mu^2(Q_{xx}\cos^2\varphi_E + Q_{yy}\sin^2\varphi_E + Q_{xy}\sin2\varphi_E)\cos^2\theta +$$

$$\mu^2(Q_{xx}\sin^2\varphi_E + Q_{yy}\cos^2\varphi_E - Q_{xy}\sin2\varphi_E)\sin^2\theta +$$

$$\mu^2\Big[-\frac{1}{2}(Q_{xx} - Q_{yy})\sin2\varphi_E + Q_{xy}\cos2\varphi_E\Big]\sin2\theta \tag{6-29}$$

将式（6-21）和式（6-23）代入式（6-29），则得：

$$E_\theta^2 = E^2\cos^2\theta + F^2\sin^2\theta + \mu^2\Big[-\frac{1}{2}(Q_{xx} - Q_{yy})\sin2\varphi_E + Q_{xy}\cos2\varphi_E\Big]\sin2\theta$$

若将式（6-24）和式（6-20）代入式 $\cos2\varphi_0 = \dfrac{\sin2\varphi_0}{\text{tg}2\varphi_0}$ 可得：

$$\cos2\varphi_0 = \pm\frac{Q_{xx} - Q_{yy}}{\sqrt{(Q_{xx} - Q_{yy})^2 + 4Q_{xy}^2}} = \pm\frac{Q_{xx} - Q_{yy}}{K} \tag{6-30}$$

将式（6-24）、（6-30）代入 E_θ^2 式中的第三项时，则有：

$$\mu^2\Big[-\frac{1}{2}(Q_{xx} - Q_{yy})\frac{2Q_{xy}}{K} + Q_{xy}\frac{Q_{xx} - Q_{yy}}{K}\Big]\sin2\theta$$

$$= \mu^2\sin2\theta\Big[\frac{-Q_{xy}(Q_{xx} - Q_{yy}) + Q_{xy}(Q_{xx} - Q_{yy})}{K}\Big] = 0$$

所以得：

$$E_\theta^2 = E^2\cos^2\theta + F^2\sin^2\theta \tag{6-31}$$

式（6-31）就是以 E 轴为起始方向，用 E、F 表示的计算某任意方向上的位差 E_θ 的实用公式。

【例 6-2】 数据同例 6-1，试计算 $\theta = 15°18'32.5''$ 这一方向上的位差。

解：1. 按式（6-19）计算位差

156

因：$\varphi = \varphi_E + \theta = 139°41'27.5'' + 15°18'32.5'' = 155°$，故有：

$$m_\varphi^2 = \mu^2 Q_{\varphi\varphi} = \mu^2(Q_{xx}\cos^2\varphi + Q_{yy}\sin^2\varphi + Q_{xy}\sin2\varphi)$$

$$= 5^2(0.4494\cos^2155° + 0.3806\sin^2155° - 0.2082\sin310°) = 14.915$$

$$m_\varphi = \pm 3.86\text{cm}$$

2. 按式（6-31）计算位差

$$m_\varphi^2 = E_\theta^2 = E^2\cos^2\theta + F^2\sin^2\theta$$

$$= 15.6506\cos^215°18'32.5'' + 5.0994\sin^215°18'32.5'' = 14.915$$

$$m_\varphi = \pm 3.86\text{cm}$$

二、误差曲线

由式（6-31）可知，当 θ 从 0°变化到 360°时，以 θ 和 E_θ 为极坐标的点的轨迹为一如图 6-5 所示的闭合曲线，由图知，该曲线是按 E 轴和 F 轴对称的。且任意方向 θ 上的向径$\overline{PI}$就是该方向上的位差 m_φ 或 E_θ。

由于这一闭合曲线已把待定点 P 在 0°至 360°内各个方向上的位差清楚地图解出来了，故称该曲线为误差曲线（或精度曲线）。

待定点点位的误差，可以按式（6-31）以第一象限内不同的 θ 角值，计算出不同方向上的位差 E_θ，再以 P 点为极点，以 E_θ 为 θ 方向上的向径逐点描迹，就可绘出第一象限内的部分曲线。然后再根据曲线关于 E 轴和 F 轴的对称性，绘出整个曲线。当然，还可以按照下面的做法来绘制误差曲线图。

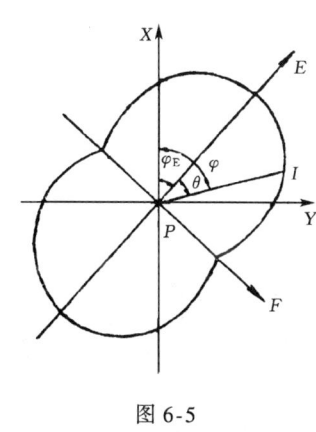

图 6-5

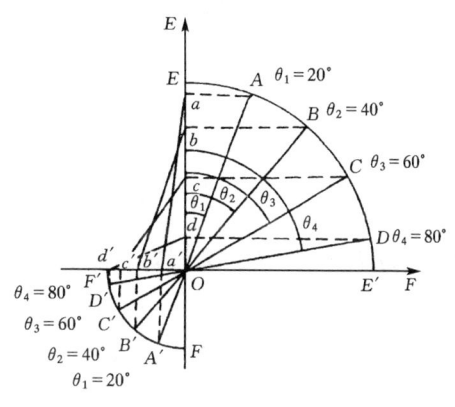

图 6-6

根据式（6-20）和（6-27）预先计算出 φ_E、E、F 等值，以 E、F 为坐标轴（如图 6-6 所示）按一定的比例尺在第一象限内以 O 点为圆心，$\overline{OE} = E$ 为半径画弧 EE'。仍以 O 点为圆心，以 $\overline{OF} = F$ 为半径，在第三象限作圆弧 FF'，作完这两段圆弧以后，再以 E 轴为起始方向，作出角度值为 θ_i 的一系列方向线，这个角值一般只要取以 20°为间隔的四条方向线就够了。这些方向线交 EE' 弧于 A、B、C、D 等点，同时将各方向线反向延长，使之与 FF' 弧相交于 A'、B'、C'、D' 等点。然后再将 A、B、C、D 各点投影到 E 轴上，从而得到 a、b、c、d 等投影点；同样，将 A'、B'、C'、D' 等投影到 F 轴上，得到 a'、b'、c'、d' 等投影点。最后连接 a 与 a'、b 与 b'、c 与 c'、d 与 d'，所得到的连线 $\overline{aa'}$、

$\overline{bb'}$、$\overline{cc'}$、$\overline{dd'}$就分别是$\theta_1 = 20°$、$\theta_2 = 40°$、$\theta_3 = 60°$、$\theta_4 = 80°$时各方向上的位差，也就是误差曲线在各θ_i方向上的向径。

现以$\overline{aa'}$为例证明如下：

证明：由图 6-6 知：$\overline{oa} = E\cos\theta_1$；$\overline{oa'} = F\sin\theta_1$。

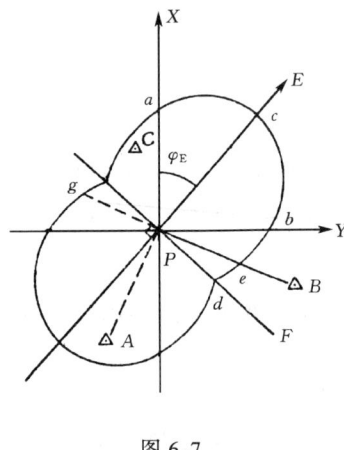

图 6-7

而在直角 $\triangle aoa'$ 中，由勾股定理有：

$$\overline{aa'}^2 = \overline{oa}^2 + \overline{oa'}^2 = E^2\cos^2\theta_1 + F^2\sin^2\theta_1 = E_{\theta 1}^2$$

所以：$\overline{aa'} = E_{\theta 1}$

同理可得：$\overline{bb'} = E_{\theta 2}$；$\overline{cc'} = E_{\theta 3}$；$\overline{dd'} = E_{\theta 4}$

求出这些向径后，就可按一定比例尺在三角点图上绘出相应点的误差曲线。误差曲线还有其他的作图方法，这里仅介绍这一种。

在工程测量中，误差曲线图的用途是很广泛的。根据这个图可以找出坐标平差值在各个方向上的位差。例如，由图 6-7 可得：

$$m_{xP} = \overline{Pa}；m_{yP} = \overline{Pb}；m_{\varphi F} = \overline{Pd} = F \qquad (6\text{-}32)$$

由图还可以找到坐标平差值函数的中误差。例如，欲求平差后方位角 α_{PA} 的中误差 $m_{\alpha PA}$，可先从图中量出垂直于 PA 方向上的位差 $\overline{Pg}$，就是 PA 边上的横向误差，于是可由下式求得：

$$m''_{\alpha PA} = \rho'' \frac{\overline{Pg}}{S_{PA}} \qquad (6\text{-}33)$$

其中 S_{PA} 为 PA 的距离。又例如，欲求 PB 边边长的中误差则为：

$$m_{S_{PB}} = \overline{Pe} \qquad (6\text{-}34)$$

【例 6-3】 试画出图 6-8 中 P_2 点的误差曲线，并从误差曲线图上量出 $\hat{x}_{P2}$、$\hat{y}_{P2}$ 的中误差 $m_{\hat{x}2}$、$m_{\hat{y}2}$ 和 P_2B 边的边长中误差 $m_{\hat{S}_{P2B}}$。

已知 $\hat{x}_{P2}$、$\hat{y}_{P2}$ 的协因数阵的元素为：

$Q_{\hat{x}2\hat{x}2} = 0.44359$；$Q_{\hat{y}2\hat{y}2} = 0.57601$；$Q_{\hat{x}2\hat{y}2} = 0.16202$；单位权中误差 $\mu = \pm 5.1\text{cm}$

解：由式（6-20）得：

$$\text{tg}2\varphi_0 = \frac{2 \times 0.16202}{0.44359 - 0.57601} = -2.447062$$

所以：$\varphi_0 = 146°07'$ 和 $\varphi_0 = 326°07'$

因为 $Q_{\hat{x}2\hat{y}2} = 0.16202 > 0$，所以极大值方向在第一、三

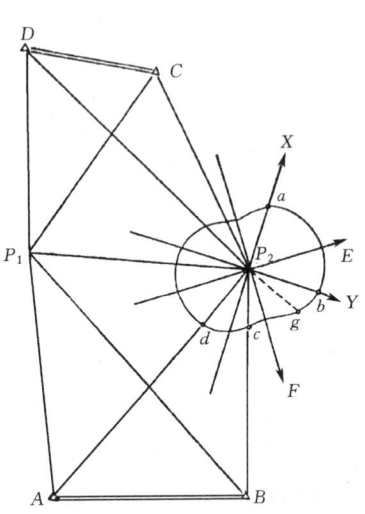

图 6-8 测边网展点图

测边网展点比例 1:20000

误差曲线比例 1:2

158

象限，极小值方向在第二、四象限，即：

$$\varphi_E = 56°07' \text{ 或 } \varphi_E = 236°07' \text{ ; } \varphi_F = 146°07' \text{ 或 } 326°07'$$

由式（6-26）得：

$$K = \sqrt{(0.44359 - 0.57601)^2 + 4 \times (0.16202)^2} = 0.35005$$

由式（6-27）得：

$$E^2 = 5.1^2 (0.44359 + 0.57601 + 0.35005) / 2 = 17.812 \text{cm}^2$$

$$F^2 = 5.1^2 (0.44359 + 0.57601 - 0.35005) / 2 = 8.707 \text{cm}^2$$

于是：$E = \pm 4.22 \text{cm}$；$F = \pm 2.95 \text{cm}$

计算出 E、F 和 φ_0 后，就可按照上述的作图方法在测边网上绘出误差曲线（见图 6-8）。误差曲线图绘制出后，就可在此误差曲线上量出 P_2 点坐标平差值在各个方向上的位差（P_1、P_2 方向除外，因 P_1、P_2 点都是待定点。P_1、P_2 方向上的精度表示将在下节中专门讨论）。

例如：$m_{\hat{x}2} = \overline{P_2a} = \pm 3.4 \text{cm}$ $m_{\hat{y}2} = \overline{P_2b} = \pm 3.9 \text{cm}$

对于某边的边长中误差，只要量取该方向上的向径即可。P_2B 边的边长中误差为：

$$m_{\hat{S}_{P2B}} = \overline{P_2c} = \pm 3.1 \text{cm}$$

其相对中误差为：

$$\frac{m_{\hat{S}_{P2B}}}{S_{P2B}} = \frac{3.1}{123113} = \frac{1}{39700}$$

此外，还可以从误差曲线上图解出某边的方位角中误差 $m_{\hat{\alpha}}$。例如，欲求平差后 P_2A 边的坐标方位角的中误差 $m_{\hat{\alpha}P2A}$，可先从图上量出垂直于 P_2A 方向上的位差 $\overline{P_2g}$。$\overline{P_2g}$ 就是 P_2A 边的横向误差。由图上可量得 $\overline{P_2g} = \pm 3.6 \text{cm}$，则按下式求取 $m_{\hat{\alpha}P2A}$：

$$m_{\hat{\alpha}P2A} = \rho'' \frac{\overline{P_2g}}{S_{P_2A}} = \pm 206265 \frac{3.6}{164349} = \pm 4''.5$$

式中 S_{P2A} 是 P_2A 边的边长。

若还要求点位中误差，只要量取任意两垂直方向上的向径后求平方和，即得点位中误差的平方。

$$M_{P2}^2 = m_{\hat{x}2}^2 + m_{\hat{y}2}^2 = E^2 + F^2 = \overline{P_2g}^2 + \overline{P_2d}^2 = \overline{P_2a}^2 + \overline{P_2b}^2 = 26.52 \text{cm}^2$$

$$M_{P2} = \pm 5.1 \text{cm}$$

三、误差椭圆

误差曲线并不是一种典型曲线，作图也不是十分方便，因此降低了它的实用价值。但是，当采用电子计算机进行平差计算，并由计算机自动绘图，那就十分迅速方便，不论曲线典型与否都无关紧要了。在电子计算机普遍使用之前或工作量不大的情况下，人们往往是寻找一种典型曲线来近似地替代误差曲线。那么，问题是用什么样的典型曲线才能更好地替代该误差曲线呢？

由图 6-9 可以看出：误差曲线与以 E 为长半轴，以 F 为短半轴的椭圆非常相似。故人们可利用椭圆来代替误差曲线，并称该椭圆为误差椭圆。

对于任一待定点只要求出了最大位差值的方向 φ_E、位差的极大值 E 和极小值 F，就可以惟一地画出误差椭圆。φ_E、E、F 被称为误差椭圆参数。

从图 6-9 中可以看出：误差椭圆除了在长轴 E 和短轴 F 上能精确表示位差外，在误差椭圆的任何其他方向上都不能直接量出位差的大小。

那么，除 E 轴和 F 轴外，其他方向上的位差怎样量取呢？现在不加证明地给出除 E、F 轴以外的任意方向上位差的量取方法。

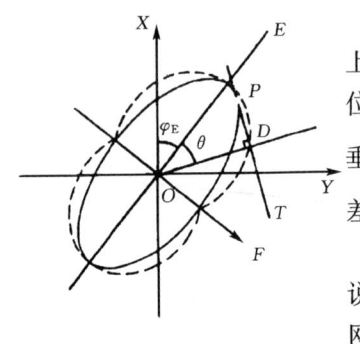

图 6-9

在量取任意方向 θ 的位差 m_θ 时，只要在垂直于该方向上作椭圆的切线，则垂足与原点的方向长度就是 θ 方向上的位差 m_θ。如图 6-9 中，垂直 θ 方向作误差椭圆的切线 D，得垂足 D；量取 O 至 D 的长度 $\overline{OD}$，则 $\overline{OD}$ 就是 θ 方向上的位差，即 $E_\theta = \overline{OD}$。

应当指出：在以上的讨论中，都是以 1 个待定点为例，说明了如何确定该点点位误差椭圆或误差曲线的问题。如果网中有多个待定点时，也同样可以利用上述相同的方法，为每一个待定点确定 1 个误差椭圆或误差曲线。

由以上讨论知道，计算误差椭圆的 3 个参数，只与坐标平差值的协因数阵 Q 有关。若平差时采用间接平差法，当网中有 S 个待定点时，就有 $2S$ 个未知数，其相应的协因数阵为式 (6-9)，故不需要额外计算 Q 阵的工作量，便可以计算任一待定点的误差椭圆的 3 个参数。应注意的是，为了计算第 i 个点的误差椭圆的参数，只需要用到 $Q_{x_i x_i}$、$Q_{y_i y_i}$、$Q_{x_i y_i}$ 3 个权系数，并按式 (6-20) 和式 (6-27) 计算出 φ_{E_i}、E_i、F_i，然后作出该点的误差椭圆。若是采用条件平差法，则只需要列出第 i 点的坐标 x_i 和 y_i（$i = 1$、$2 \cdots \cdots S$）的权函数式，并按 (6-13) 和 (6-16) 求出相应的权系数，以后的计算就和间接平差时相一致了。

在这里还必须指出：在有关误差曲线中曾说明了如何利用误差曲线按图解法从图上量出已知点与待定点之间的边长中误差，以及与该边相垂直的横向误差，从而求出方位角误差。如果网中有多个误差曲线，能用图解法确定已知点与任一待定点之间的边长中误差或方位角中误差，但却不能用图解法确定待定点与待定点之间的边长中误差或方位角中误差。这是因为这些待定点的坐标中误差并不是相互独立的缘故。

第四节　相对误差椭圆

在实际测量工作及平面控制网中，往往需要的并不是待定点相对于已知点的精度，而是需要了解任意两个待定点之间相对位置的精度情况。

根据上一节所讲的方法，可以给每个待定点作出一个误差曲线，并利用这些曲线，图解所需要的某些量的中误差。前面已指出：不能直接用这些待定点上的误差曲线来确定待定点与待定点之间的某些精度指标。

现在就来讨论如何利用误差曲线（或误差椭圆）来图解任意两待定点之间相对位置的精度。设有两个任意点 P_i 和 P_j，这两点的相对位置可通过其坐标来表示，即：

$$\left.\begin{array}{l} \Delta x_{ji} \; = \; x_i \; - \; x_j \\ \Delta y_{ji} \; = \; y_i \; - \; y_j \end{array}\right\} \tag{6-35}$$

根据协因数传播律，可得：

$$\left.\begin{array}{l} Q_{\Delta x \Delta x} \; = \; Q_{x_i x_i} \; + \; Q_{x_j x_j} \; - \; 2 Q_{x_i x_j} \\[2mm] Q_{\Delta y \Delta y} \; = \; Q_{y_i y_i} \; + \; Q_{y_j y_j} \; - \; 2 Q_{y_i y_j} \\[2mm] Q_{\Delta x \Delta y} \; = \; Q_{x_i y_i} \; - \; Q_{x_j y_i} \; - \; Q_{x_i y_j} \; + \; Q_{x_j y_j} \end{array}\right\} \tag{6-36}$$

从式（6-35）可以看出，如果 P_i 和 P_j 两个点中有一个点（例如 P_i）为不带误差的已知点，则由式（6-36）可得到：$Q_{\Delta x \Delta x} = Q_{x_j x_j}$；$Q_{\Delta y \Delta y} = Q_{y_j y_j}$；$Q_{\Delta x \Delta y} = Q_{x_j y_j}$。因此，两点之间坐标差的协因数就等于待定点坐标的协因数。而在前面所有的讨论都是以此为基础的。可见，由此作出的误差曲线都是待定点相对于已知点而言的。

根据式（6-36）计算出两个待定点间的相关权系数，参照式（6-20）和式（6-27）就可得到计算待定点 P_i 相对于 P_j 另一待定点的误差椭圆参数的公式：

$$\left.\begin{array}{l} \mathrm{tg} 2\varphi_0 \; = \; \dfrac{2 Q_{\Delta x \Delta y}}{Q_{\Delta x \Delta x} \; - \; Q_{\Delta y \Delta y}} \\[4mm] E \; = \; \dfrac{1}{2} \mu^2 (Q_{\Delta x \Delta x} \; + \; Q_{\Delta y \Delta y} \; + \; K) \\[4mm] F \; = \; \dfrac{1}{2} \mu^2 (Q_{\Delta x \Delta x} \; + \; Q_{\Delta y \Delta y} \; - \; K) \end{array}\right\} \tag{6-37}$$

$$K \; = \; \sqrt{(Q_{\Delta x \Delta x} \; - \; Q_{\Delta y \Delta y})^2 \; + \; 4 Q_{\Delta x \Delta y}^2} \tag{6-38}$$

由式（6-37）算出误差椭圆的 3 个参数后，就可按上节所述方法绘制误差曲线（或误差椭圆）。用这套参数绘制出的误差曲线（或误差椭圆）是待定点 P_i 相对于待定点 P_j（或待定点 P_j 相对于待定点 P_i 的）误差曲线（或误差椭圆），故称为相对误差曲线（或相对误差椭圆）。于是，对上一节所介绍的待定点相对于已知点的误差椭圆，则称为点位误差椭圆。

相对误差椭圆（或相对误差曲线）是一个待定点相对于另一个待定点的误差椭圆（或误差曲线）。它是描述两待定点之间的相对位置精度的，绘图时通常把它绘在有关的两待定点连线的中间。有了 $P_1 P_2$ 点的相对误差椭圆，就可以按照上节所述的方法，用图解法量取所需要的任意方向上的位差的大小。

相对误差椭圆在工程测量上的应用是非常广泛的。现举例说明绘制方法及其作用。

【例 6-4】 在修建水电站时，常常需要根据附近的控制点来测设水轮机的轴线位置。如图 6-10 所示，欲在定线网点 A、B、C 中插入两待定点 P_1（位于 1＃水轮机轴线上）和 P_2（位于 4＃水轮机轴线上）。

已知：平差后的单位权中误差 $\mu = \pm 5.0''$，P_1 和 P_1

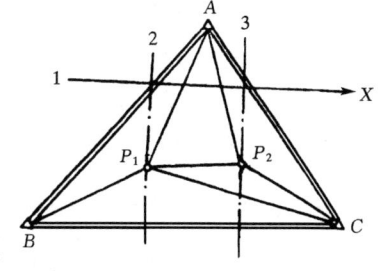

图 6-10

1—坝轴线，亦即施工坐标系的 X 轴；2—1＊ 水轮机的轴线；3—4＊ 水轮机的轴线

点坐标平差协因数阵为：

$$Q_{xx} = \begin{pmatrix} 0.004494 & -0.002082 & -0.000952 & -0.001553 \\ -0.002082 & 0.003806 & 0.002531 & 0.002931 \\ -0.000952 & 0.002531 & 0.007121 & 0.003332 \\ -0.001553 & 0.002931 & 0.003332 & 0.003784 \end{pmatrix}$$

协因数的单位为：$(cm/ ('')\,)^2$。试绘出 P_1、P_2 两点的点位误差椭圆以及 P_1、P_2 两点的相对误差椭圆。并从图上量取两水轮机轴线位置的相对精度。

解：1. 按式（6-20）和（6-27）计算 P_1 点和 P_2 点点位误差椭圆参数

$$\text{tg}2\varphi_{01} = \frac{2Q_{x_1y_1}}{Q_{x_1x_1} - Q_{y_1y_1}} = \frac{2 \times (-0.002082)}{0.00494 - 0.0043806} = -6.052326$$

解得：$\varphi_{01} = 139°41'$ 和 $\varphi_{01} = 229°41'$

因为 $Q_{x_1y_1} < 0$，所以方向在极大值第二、四象限。故有：

$$\varphi_{E1} = 139°41' \text{ 或 } \varphi_{E1} = 319°41'$$

因：
$$K_1 = \sqrt{(0.004494 - 0.003806)^2 + 4 \times (-0.002086)^2} = 0.004228,$$

故：
$$E_1^2 = 5^2 (0.003494 + 0.003806 + 0.004228) /2 = 0.156604cm^2$$

$$E_1 = \pm 0.40cm$$

$$F_1^2 = 5^2 (0.003494 + 0.003806 - 0.004228) /2 = 0.050900cm^2$$

$$F_1 = \pm 0.23cm$$

又：

$$\text{tg}2\varphi_{02} = \frac{2Q_{x_2y_2}}{Q_{x_2x_2} - Q_{y_2y_2}} = \frac{2 \times 0.003332}{0.007121 - 0.003784} = 1.997003$$

解得：$\varphi_{02} = 31°41'$ 和 $\varphi_{02} = 121°42'$

因为 $Q_{x_2y_2} > 0$，所以极大值方向在第一、三象限。故有：

$$\varphi_{E2} = 31°42' \text{ 或 } \varphi_{E2} = 211°42'$$

因：$K_2 = \sqrt{(0.007121 - 0.003784)^2 + 4 \times (0.003332)^2} = 0.007453$

$$E_2^2 = 5^2 (0.007121 + 0.003784 + 0.007453) /2 = 0.229475cm^2$$

$$E_2 = \pm 0.48cm$$

$$F_2^2 = 5^2 (0.007121 + 0.003784 - 0.007453) /2 = 0.043150cm^2$$

$$F_2 = \pm 0.21cm$$

2. 按式（6-36）及（6-38）计算 $Q_{\Delta x\Delta x}$、$Q_{\Delta y\Delta y}$、$Q_{\Delta x\Delta y}$ 及 K

$$Q_{\Delta x\Delta x} = 0.004494 + 0.007121 - 2 \times (0.000952) = 0.013519$$

$$Q_{\Delta y\Delta y} = 0.003784 + 0.003806 - 2 \times 0.002931 = 0.001728$$

$$Q_{\Delta x\Delta y} = -0.002082 - 0.002531 - (-0.001553) + 0.003332 = 0.000272$$

$$K = \sqrt{(0.013519 - 0.001728)^2 + 4 \times (0.000272)^2} = 0.01184$$

3. 按式（6-37）计算相对误差椭圆的参数

$$\text{tg}2\varphi_0 = \frac{2Q_{\Delta x \Delta y}}{Q_{\Delta x \Delta x} - Q_{\Delta y \Delta y}} = \frac{2 \times 0.000272}{0.013519 - 0.001728} = 0.046137$$

解得：$\varphi_0 = 1°19'$ 和 $\varphi_0 = 91°19'$

因为：$Q_{\Delta x \Delta y} > 0$，故极大值方向在第一、三象限。故有：

$\varphi_E = 1°19'$ 或 $\varphi_E = 181°19'$

$E^2 = 5^2 \ (0.013519 + 0.001728 + 0.011804) \ /2 = 0.338138\text{cm}^2$

$E = \pm 0.58\text{cm}$

$F^2 = 5^2 \ (0.013519 + 0.001728 - 0.011804) \ /2 = 0.04308\text{cm}^2$

$F = \pm 0.21\text{cm}$

4. 绘制 P_1、P_2 点的点位误差椭圆和相对误差椭圆

点位误差椭圆绘制在两待定点上，相对误差椭圆绘制在两待定点连线的中央（见图 6-11 所示）。

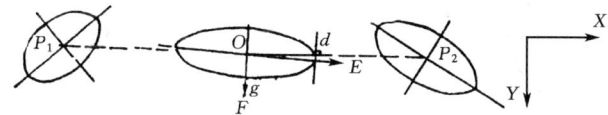

图 6-11

5. 求两轴线的相对位置精度，即求 P_1、P_2 两点间距离平差值的中误差

如图 6-11 所示，作 P_1、P_2 的垂线，并使垂线与相对误差椭圆相切。则垂足 d 至椭圆中心 O 的长度 $\overline{Od}$ 就是 P_1、P_2 两点间距离的中误差，即两轴线的相对位置精度。

由图上量得 $m_{S_{P1P2}} = \pm \overline{Od} = \pm 0.58\text{cm}$

同样也可以量出与 P_1、P_2 连线相垂直方向 OF 上的垂足 g，则 $\overline{Og}$ 就是 P_1P_2 边的横向误差。进而可以求出 P_1P_2 边的方位角误差（参阅式（6-33））。

思考题及习题

6-1 式（6-19）中的 m_φ 的含义是什么？式（6-31）中的 E_θ 的含义又是什么？m_φ 和 E_θ 之间有何关系？

6-2 当用公式 $\text{tg}2\varphi_0 = \frac{2Q_{xy}}{Q_{xx} - Q_{yy}}$ 算出 φ_0 后，如何确定位差的极大值方向 φ_E 与极小值方向 φ_F？

6-3 如何绘制误差曲线？试举例说明从误差曲线上可以求出哪些量的中误差？

6-4 如何根据点位误差椭圆来确定点位在任意方向上的位差？

6-5 φ、φ_E、θ 各是怎样定义的，它们三者有何关系？

6-6 如何计算相对误差椭圆的 3 个参数？

6-7 为什么说用点位中误差表示点位精度是有缺陷的？

6-8 怎样在相对误差椭圆上图解两待定点的相对位置精度？

6-9 在图 6-12 中为了测定 P_1、P_2 点的坐标而进行的同精度观测中，已知 $m = \pm 0.''79$。设 P_1、P_2 坐标改正数分别为 δx_1、δy_1、δx_2、δy_2，其法方程为：

$$\left.\begin{array}{l} 909.8\delta x_1 \quad + 107.8\delta y_1 \quad - 427.1\delta x_2 \quad - 172.5\delta y_2 - 92.4 = 0 \\ 107.8\delta x_1 \quad + 489.5\delta y_1 \quad - 177.3\delta x_2 \quad - 142.8\delta y_2 + 43.0 = 0 \\ -427.1\delta x_1 \quad - 177.3\delta y_1 \quad + 716.1\delta x_2 \quad + 60.7\delta y_2 + 52.1 = 0 \\ -172.5\delta x_1 \quad - 142.8\delta y_1 \quad + 60.7\delta x_2 \quad + 445.4\delta y_2 - 1.1 = 0 \end{array}\right\}$$

试求 P_2 点的点位误差。

6-10 在测定 P 点坐标的同精度观测中，已知 $m = \pm 3''.2$，设 P 点坐标改正数为 δx、δy 时其法方程为：

$$\left.\begin{array}{l} 140.8\delta x - 51.8\delta y + 49.7 = 0 \\ -51.8\delta x + 68.1\delta y + 11.1 = 0 \end{array}\right\}$$

试求 P 点点位中误差。

6-11 试求题 6-10 中的 P 点位差的极值方向和极值 E 和 F。

6-12 绘制题 6-10 中 P 点的误差曲线和误差椭圆。

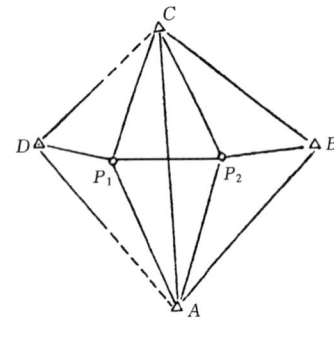

图 6-12

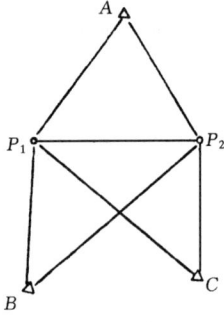

图 6-13

6-13 如图 6-13 所示的某测边网中，经平差得到待定点 P_1、P_2 的坐标的协因数阵为：

$$Q_{xx} = \begin{pmatrix} 0.2677 & 0.1267 & -0.0561 & 0.0806 \\ 0.1267 & 0.7569 & -0.0684 & 0.1626 \\ -0.0561 & -0.0684 & 0.4914 & 0.2106 \\ 0.0806 & 0.1626 & 0.2106 & 0.8624 \end{pmatrix}。\text{平差后单位权中误差 } \mu^2 = 4.5\text{cm}^2$$

试求：（1）P_1 点误差椭圆参数；（2）P_2 点误差椭圆参数；（3）P_1 点与 P_2 点间相对误差椭圆参数；（4）若已知 P_1、P_2 的坐标方位角 $T_{12} = 90°$，边长 $S_{12} = 2.4\text{km}$，并求：（A）P_1、P_2 两点间边长的相对中误差；（B）$P_1 P_2$ 坐标方位角的中误差。

习题参考答案

1-5 真误差不一定相等；最大限差相等；精度相等；相对精度不相等。

1-7 $\sigma_o^2 = 8$；$\sigma_A^2 = 32\ ('')^2$；$\sigma_C^2 = 4\ ('')^2$

1-8 $m_2 = 2.83''$；$m_3 = 2.31''$

1-10 （1）$\dfrac{13}{9}$；   （2）32

1-11 24

1-12 $m_C = \pm 4.0''$

1-13 19；19；17

1-14 $2\sigma^2$； $2\sigma^2$； $-\sigma^2$

1-15 $4L_1^2\sigma_1^2 + \sigma_2^2 + \dfrac{1}{4L_3}\sigma_3^2$

1-16 73.445m；± 0.85mm

1-17 （1）$\dfrac{1}{25p_1} + \dfrac{16}{25p_2} + \dfrac{9}{25p_3}$；   （2）$\dfrac{1}{4p_1} + \dfrac{1}{4p_2} + \dfrac{1}{p_3}$

1-18 $Q_{LL} = \begin{bmatrix} \dfrac{1}{2} & \dfrac{1}{2} \\ \dfrac{1}{2} & 2 \end{bmatrix}$

1-19 $\dfrac{\cos\alpha\sin\alpha}{p_s} - \dfrac{s^2\cos\alpha\sin\alpha}{\rho^2 p_\alpha}$

1-20 $Q_{LL} = \dfrac{1}{3}\begin{bmatrix} 2 & -1 & -1 \\ -1 & 2 & -1 \\ -1 & -1 & 2 \end{bmatrix}$

1-21 ± 10.61mm；± 13.69mm

1-22 $\pm 1.29''$

1-23 13 次

1-24 ± 2.57mm；± 1.82mm；± 5.40mm；± 3.82mm

2-9 $f_1 = 1$；$f_2 = 1$；$f_3 = -1$

2-10 条件方程：$\begin{cases} v_1 + v_7 + v_8 + 9 = 0 \\ v_2 - v_6 + v_8 - 3 = 0 \\ v_1 - v_2 - v_5 - 2 = 0 \\ -v_3 + v_4 + v_5 - 20 = 0 \end{cases}$

$$\text{法方程：}\begin{cases}10K_\text{a}+4K_\text{b}+2K_\text{c}+9=0\\4K_\text{a}+10K_\text{b}+2K_\text{c}-3=0\\2K_\text{a}+2K_\text{b}+8K_\text{c}+4K_\text{d}-2=0\\4K_\text{c}+8K_\text{d}-20=0\end{cases}$$

2-11　$K_\text{a}=5.2464$；　$K_\text{b}=-2.7926$；　$K_\text{c}=-1.1180$；　$K_\text{d}=6.0047$

2-12　$\dfrac{2}{3}$

2-13　（1）$\dfrac{2}{3}$　（2）$\dfrac{2}{3}$

2-14　$\hat{h}_1=10.3556$；$\hat{h}_2=15.0028$；$\hat{h}_3=20.3556$；$\hat{h}_4=14.5007$；$\hat{h}_5=4.6472$；$\hat{h}_6=5.8548$；$\hat{h}_7=10.5020$

　　　$m_{\text{h}_{\text{P}_1\text{P}_2}}=\pm2.2\text{mm}$

3-2　有 n 个误差方程；有 t 个法方程

3-3　未知数有 t 个

3-12　有 t 组权系数方程；共有 t^2 个权系数

3-14　$\begin{cases}3.5\delta x_1-\delta x_2-\delta x_3+4=0\\-\delta x_1+2.67\delta x_2-0.67\delta x_3=0\\-\delta x_1-0.67\delta x_2+2.17\delta x_3+1.67=0\end{cases}$

3-15　$\delta x_1=1.00$；　$\delta x_2=1.00$；　$\delta x_3=2.00$

3-16　$[pvv]=120.5$

3-17　$\dfrac{2}{9}$

3-18　$Q_{11}=0.1271$；$Q_{12}=0.0360$；$Q_{13}=0.0362$；$Q_{22}=0.1271$；$Q_{23}=0.0362$；$Q_{33}=0.1272$

　　　$\delta x_1=-0.9995$；$\delta x_2=-0.9995$；$\delta x_3=-1$

　　　$\dfrac{1}{p_\Phi}=0.5982$

3-19　$\hat{H}_\text{P1}=11.014\text{m}$；$\hat{H}_\text{P2}=22.566\text{m}$；$\hat{H}_\text{P3}=16.160\text{m}$

　　　$m_\text{P1}=\pm2.27\text{mm}$；$m_\text{P2}=\pm2.41\text{mm}$；$m_\text{P3}=\pm2.67\text{mm}$

　　　$\hat{h}=5.151\text{m}$；　$m_{\hat{h}}=\pm1.11\text{mm}$

3-20　$\hat{H}_\text{P1}=12.005\text{m}$；　$\hat{H}_\text{P2}=12.508\text{m}$；　$m_{\hat{H}_\text{P1}}=\pm1.49\text{mm}$；　$m_{\hat{H}_\text{P2}}=\pm2.36\text{mm}$

　　　$m_{\hat{h}_\text{P1P2}}=\pm2.36\text{mm}$

4-1　4 个

4-2　$t=2p$

4-3　中点 n 边形有 $n+2$ 个条件；n 个图形条件；1 个圆周条件；1 个极条件。

4-4　大地四边形的 4 个条件；3 个图形条件；1 个极条件。

4-9　测边大地四边形图形条件、测边中点多边形图形条件；$r=n-2p+1$。

4-10　测边大地四边形、中点多边形图形条件；方位角条件和坐标条件；$r=n-2p$。

4-17　（a）$r=11$；其中：图形条件 7 个；圆周条件 1 个；极条件 3 个。

　　　（b）$r=18$；其中：图形条件 11 个；圆周条件 2 个；极条件 5 个。

4-18　(a) 1个已知点组；有2个附合条件；(b) 2个已知点组；有4个附合条件。

4-19　$\begin{cases} v_1 + v_2 + v_3 + v_4 + 10 = 0 \\ v_3 + v_4 + v_5 + v_6 + 11 = 0 \\ v_5 + v_6 + v_7 + v_8 - 7 = 0 \\ -2.16v_2 + 0.49v_3 - 2.34v_4 + 3.76v_5 + 1.21v_6 + 3.01v_7 - 19.6 = 0 \quad (\text{以 } A \text{ 点为极}) \end{cases}$

4-20　$\begin{cases} v_3 - v_6 + v_9 + 4.53 = 0 \\ 1.95v_1 - 1.61v_2 + 1.44v_4 - 1.96v_5 + 2.47v_7 - 0.96v_8 - 4.7 = 0 \end{cases}$

4-21　(1) $\Delta F = -\delta_1 v_1 - \delta_3 v_3 + \delta_4 v_4 + \delta_{6+7}(v_6 + v_7)$; $f_1 = -\delta_1$; $f_3 = -\delta_3$; $f_4 = \delta_4$; $f_6 = \delta_{6+7}$; $f_7 = \delta_{6+7}$;

　　(2) $\Delta F = v_5$; $f_5 = 1$;

4-22　$\Delta F = 1.06v_1 - 1.86v_4 - 1.86v_5 - 1.96v_2 - 1.96v_3 - 4.51v_6$

4-23　共有5个条件；其中图形条件2个；极条件1个；方位角条件1个；基线条件1个；

$\begin{cases} v_1 + v_5 + v_6 + v_7 + w_1 = 0 \\ v_2 + v_3 + v_4 + w_2 = 0 \\ v_6 + v_7 + w_\alpha = 0 \\ \delta_{1+2}(v_1 + v_2) - \delta_7 v_7 + \delta_6 v_6 + \delta_{4+5}(v_4 + v_5) + \delta_4 v_4 - \delta_2 v_2 + w_{极} = 0 \\ \delta_1 v_1 - \delta_5 v_5 + w_{基} = 0 \end{cases}$

4-24　$\hat{L}_1 = 106°50'39.''6$；$\hat{L}_2 = 42°16'35.''5$；$\hat{L}_3 = 30°52'44.''9$；$\hat{L}_4 = 20°58'20.''3$；$\hat{L}_5 = 125°20'40.''2$；

$\hat{L}_6 = 33°40'59.''5$；$\hat{L}_7 = 28°26'09.''0$；$\hat{L}_8 = 23°45'10.''8$；$\hat{L}_9 = 127°48'40.''2$；$m_{lgS_{BP}} = \pm 9.18$；$\dfrac{m_{lgS_{BP}}}{\mu} = \dfrac{1}{47000}$

4-25　(a) 1个测边图形条件；(b) 3个；1个图形条件；2个正弦条件；(c) 1个测边图形条件。

4-26　$x_p = 57578.858$；$y_p = 70998.218$；

4-27　$\begin{cases} 0.517v_{\beta 1} - 0.678v_{S2} - 0.136v_{\beta 1} - 0.067 = 0 \\ v_{\beta 3} - 1.391v_a + 1.219v_b + 0.316v_c + 8.44 = 0 \\ v_{S1} = 0.819\delta_{xp} + 0.574\delta_{yp} + 0.3\text{cm} \\ v_{\beta 1} = -0.541\delta_{xp} - 0.773\delta_{yp} + 0 \end{cases}$

4-28　$x_p = 9999.914$；$y_p = 10000.115$；$m_x = \pm 0.068\text{m}$；$m_y = \pm 0.057$；$M = \pm 0.089$。

5-4　$\begin{cases} v_{\beta 1} + v_{\beta 2} + v_{\beta 3} + v_{\beta 4} + v_{\beta 5} + w_\alpha = 0 \\ \cos\alpha_1 v_{S1} + \cos\alpha_2 v_{S2} + \cos\alpha_3 v_{S3} + \cos\alpha_4 v_{S4} - \dfrac{(y_5 - y_1)}{\rho}v_{\beta 1} - \dfrac{(y_5 - y_2)}{\rho}v_{\beta 2} - \dfrac{(y_5 - y_3)}{\rho}v_{\beta 3} \\ \quad - \dfrac{(y_5 - y_4)}{\rho}v_{\beta 4} + w_x = 0 \\ \sin\alpha_1 v_{S1} + \sin\alpha_2 v_{S2} + \sin\alpha_3 v_{S3} + \sin\alpha_4 v_{S4} + \dfrac{(x_5 - x_1)}{\rho}v_{\beta 1} + \dfrac{(x_5 - x_2)}{\rho}v_{\beta 2} + \dfrac{(x_5 - x_3)}{\rho}v_{\beta 3} \\ \quad + \dfrac{(x_5 - x_4)}{\rho}v_{\beta 4} + w_y = 0 \end{cases}$

5-6　　$x_2 = 3356647.447$；$y_2 = 69241.434$；$x_3 = 3355331.201$；$y_3 = 73449.768$；$x_4 = 3353602.599$；$y_4 = 75948.693$；$x_5 = 3351256.045$；$y_5 = 80090.294$

$m_{x3} = \pm 1.36\text{cm}$；$m_{y3} = \pm 1.36\text{cm}$；$M_{P3} = \pm 1.92\text{cm}$

5-7　　共列 10 个条件方程；其中：多边形角度闭合条件 3 个；纵、横坐标增量闭合条件各 3 个；圆周条件 1 个。

列 19 个角度误差方程；列 15 个边长误差方程；组成 14 阶法方程。

6-9　　$M_P = \pm 0.055$

6-10　　$M_P = \pm 0.56$

6-11　　$\varphi_E = 62°32'03.''9$　　$E = \pm 0.44$　　$F = \pm 0.34$

6-13　　(1)　$\varphi_{E1} = 76°18'29.''4$　　$E_1 = \pm 1.61$　　$F_1 = \pm 1.42$

　　　　(2)　$\varphi_{E2} = 65°41'13.''4$　　$E_2 = \pm 1.88$　　$F_2 = \pm 1.60$

　　　　(3)　$\varphi_{12} = 61°31'01.''9$　　$E_{12} = \pm 2.37$　　$F_{12} = \pm 2.03$

　　　　(4)　$\dfrac{m_{s12}}{S_{12}} = \dfrac{1}{91000}$　　$m_{a12} = \pm 2.26$